ETRIE DER LAGE.

DIE

GEOMETRIE DER LAGE.

VORTRÄGE

VON

D[R.] THEODOR REYE,

O. PROFESSOR DER MATHEMATIK AN DER UNIVERSITÄT STRASSBURG I. E.

DRITTE ABTHEILUNG

DER

DRITTEN VERMEHRTEN AUFLAGE.

LEIPZIG,

BAUMGÄRTNER'S BUCHHANDLUNG.

1892.

Leipzig. Druck von Grimme & Trömel.

Aus dem Vorwort zur ersten Auflage der zweiten Abtheilung.

Als mein Eigenthum glaube ich auch den grössten Theil der Vorträge 15 bis 20[1]) ansprechen zu dürfen, vor Allem die Lehre von den Strahlencomplexen [zweiten Grades], welche durch collineare räumliche Systeme erzeugt werden. Von grossem Nutzen zeigte sich bei dem Studium dieser Complexe die vorher [in Abtheilung II] erledigte Untersuchung der Sehnen- und Axensysteme der Raumcurven dritter Ordnung; wie denn überhaupt der Ausspruch von Staudt's sich immer wieder bestätigt, dass diese Curven für die Geometrie des Raumes eine ähnliche Bedeutung haben, wie die Kegelschnitte für die der Ebene. Jene Strahlencomplexe liefern mir von den Flächenbüscheln zweiter Ordnung, welche bisher der synthetischen Geometrie schwer zugänglich waren, die Haupteigenschaften, namentlich auch deren projective Beziehungen. Ferner stellt sich heraus, dass die Axen der Kegelschnitte, die auf einer Fläche zweiter Ordnung liegen, einen solchen Strahlencomplex bilden. Daran schliesst sich die Lehre von den homothetischen und den confocalen Flächen zweiter Ordnung, und namentlich ergeben sich über die Nor-

[1]) [Zwei dieser sechs Vorträge liegen den jetzigen Vorträgen 15, 16, 17 der II. Abtheilung über coaxiale und confocale Flächen zweiter Ordnung zu Grunde; aus den vier übrigen sind die Vorträge 1 bis 5 dieser III. Abtheilung hervorgegangen.]

malen dieser Flächen und ihre Fusspunkte viele neue Sätze. Für confocale Flächen habe ich einen Teil dieser Sätze schon in meinem „Beitrag zu der Lehre von den Trägheitsmomenten“[1]) veröffentlicht; mehrere dieser Sätze sind schon früher von Steiner[2]), Joachimsthal[3]) und Clebsch[4]) bewiesen worden.

Die letzten drei Vorträge[5]) handeln von den Flächen dritter Ordnung, welche schon vorher wiederholt sich uns aufdrängten. Da gerade jetzt die Geometer sich lebhaft mit diesen Flächen beschäftigen, so dürfte das folgende Verzeichniss der sie betreffenden Litteratur[6]) von allgemeinem Interesse sein:

Cayley im Cambridge and Dublin Mathem. Journal, vol. IV, Seite 118.

Salmon, ebenda vol. IV, Seite 252 und Philos. Transactions 1860, Seite 229.

Sylvester, ebenda vol. VI, Seite 198 und Comptes rendus 1861, I, Seite 977.

Brioschi in Tortolini, Annali di Matematica, 1855.

Hesse im Journal f. d. r. u. a. Math. Bd. 49, Seite 279.

Grassmann, ebenda Bd. 49, Seite 59.

Steiner, ebenda Bd 53, Seite 133.

Schläfli im Quarterly Journal of Math., vol. II, Seite 56—65 und 110—120.

August, Disquisitiones de superficiebus tertii ordinis (diss. inaug. Berolini 1862).

Clebsch im Journal f. d. r. u. a. Math., 1861 bis 1866, Bd. 58, 59, 63, 65.

Schröter, ebenda Bd. 62, Seite 265.

---

1) Zeitschrift für Mathematik und Physik X, Seite 453.

2) Steiner in Crelle's Journal f. d. r. u. a. Mathematik Bd. 49, S. 346.

3) Joachimsthal, ebenda Bd. 59, Seite 111.

4) Clebsch, ebenda Bd. 62. Seite 64.

5) [Die jetzigen Vorträge 7, 8, 9 der III. Abtheilung].

6) [Fast zugleich mit der ersten Auflage dieses Buches erschien Cremona's „Mémoire sur les Surfaces de troisième ordre“ in dem Journal für die r. u. a. Mathematik, Bd. 68].

Salmon, Geometry of three dimensions; deutsch von Fiedler, Bd. II, Seite 412.

Schläfli in den Philos. Transactions 1863, Seite 193.

Sturm, Synthet. Untersuchungen über Flächen dritter Ordnung, Leipzig 1867.

In den meisten dieser Abhandlungen werden die Beweise durch Rechnung geführt; nur Schröter und Sturm benutzen fast ausschliesslich die Hülfsmittel der synthetischen Geometrie, indem sie der analytischen nur einzelne Sätze entlehnen. Die inhaltsreiche Abhandlung Steiner's giebt bekanntlich viele Hauptsätze über die Flächen dritter Ordnung und ihre 27 Geraden, jedoch ohne Beweis. Das Sturm'sche Werk konnte ich bei der Ausarbeitung meiner Vorträge nicht mehr zu Rathe ziehen, da es erst seit zwei Wochen in meinen Händen ist.

Nachdem schon früher die zweite Steiner'sche Erzeugungsart der Fläche kurz besprochen wurde, gehe ich im 21. [jetzt 7.] Vortrage aus von der Erzeugungsart Grassmann's, von welcher die vierte Steiner'sche ein besonderer Fall ist, d. h. ich betrachte wie Schröter die Fläche dritter Ordnung als Erzeugniss von drei collinearen Strahlenbündeln. Ohne Weiteres gelange ich so zu der bekannten Abbildung der Fläche auf einer Ebene, welche namentlich Clebsch (a. a. O. Bd. 65) eingehend discutirt hat, sowie zu zwei, der Fläche angehörenden Systemen von Raumcurven dritter Ordnung. Eine sofort sich ergebende, höchst einfache Construction der Fläche aus zwei dieser Raumcurven scheint bisher unbemerkt geblieben zu sein. Ich beweise u. A. auch, dass jeder beliebige Punkt der Fläche zum Mittelpunkte von einem der drei erzeugenden Strahlenbündel gewählt werden kann, und dass seine erste Polare hinsichtlich der Fläche eine Fläche zweiter Ordnung ist.

Dem Nachweise der 27 auf der Fläche liegenden Geraden musste eine Theorie der ebenen Curven dritter Ordnung nothwendig vorangeschickt werden, wenn ich nicht mit Schröter und Sturm aus der analytischen Geometrie die folgenden Hauptsätze als bekannt voraussetzen wollte: „Durch neun beliebige Punkte der Ebene lässt sich im Allgemeinen nur eine Curve dritter Ordnung legen; und zwei Curven dritter Ordnung schneiden sich in höchstens neun Punkten.“ Synthetisch sind meines Wissens diese Sätze noch nirgends bewiesen, wenngleich auch Chasles[1]) sie seiner Abhandlung über jene Curven zu Grunde legt. Nach vieler vergeblicher Mühe ist mir der Beweis endlich gelungen; auf ihn hauptsächlich gründet sich die Theorie und Construction jener Curven.

Die Lehre von den 27 Geraden unserer Fläche ergiebt sich dann leicht aus ihrer Abbildung; ich habe neben den Steiner'schen Sätzen auch diejenigen über Schläfli's Doppelsechse entwickelt. Ueberhaupt ist fast Alles, was Steiner von der Fläche dritter Ordnung ausgesagt hat, im letzten [dem jetzigen neunten] Vortrage bewiesen worden, mit Ausnahme der Sätze aus der Polarentheorie. Auf die Untersuchungen Schläfli's über die Realität der 27 Geraden bin ich nicht eingetreten; ebenso habe ich mich hinsichtlich der Knotenpunkte, die in besonderen Fällen auftreten können, auf Andeutungen beschränkt.

Zur Uebung für Studirende habe ich dem Buche 230 Aufgaben und Lehrsätze beigefügt, jedoch nur solche, deren Auflösung oder Beweis sich ohne grosse Schwierigkeit aus den vorgetragenen Lehren ergiebt. Jedem Anfänger rathe ich dringend, die Constructions-Aufgaben wirklich auszuführen, weil das Verständniss der Geometrie der Lage durch das Zeichnen wesentlich erleichtert wird. Die Sammlung enthält viele nützliche Theoreme, welche zum Theil metrische Relationen betreffen. In die

---

[1]) Chasles in den Comptes rendus, T. 41, Seite 1190 (1855).

zweite Hälfte habe ich vorzugsweise solche Sätze aufgenommen, die mir als Ausgangspunkte neuer Theorien geeignet schienen, den Anfänger zu selbständiger Forschung anzuregen. Man findet hier u. A. die Sätze über die Kreisschnitte der Flächen zweiter Ordnung, über die Focalaxen von Kegeln zweiter Ordnung, über das Princip der reciproken Radien, und namentlich diejenigen über den Flächenbündel und das Flächengebüsch zweiter Ordnung.

Diese Flächengebilde zweiter Ordnung habe ich in die Aufgabensammlung verwiesen, weil ich mir hier eine kürzere Beweisführung gestatten und mich häufig auf Andeutungen des Beweises beschränken durfte. Die von mir benutzte Beziehung zwischen dem Flächengebüsche und einem räumlichen Systeme hat bereits Berner[1]) aufgestellt; sie lässt sich auch bei Flächengebüschen $n$ter Ordnung unmittelbar anwenden, und dürfte sich auch bei diesen als fruchtbar erweisen. In sehr einfacher Weise führt sie mich auf die Steiner'sche Fläche vierter Ordnung dritter Classe, welche vor vier Jahren zuerst von Kummer, Weierstrass, Schröter[2]), Cremona[3]) und Cayley[4]) untersucht wurde. Die Abbildung dieser Fläche auf einer Ebene, welche kürzlich von Clebsch[5]) und Cremona[6]) aus schon bekannten Gleichungen oder Eigenschaften der Fläche abgeleitet wurde, ergiebt sich mir unmittelbar, und auf sie gründe ich die Theorie der Steiner'schen Fläche. Ebenso direkt gelange ich zu der

---

[1]) Berner, De transformatione secundi ordinis cet. Diss. inauguralis. Berolini 1865.

[2]) Kummer, Weierstrass und Schröter in den Berliner Monatsberichten 1863 oder im Journal f. d. r. u. a. Math. Bd. 64, Seite 66, 70.

[3]) Cremona im Journal f. d. r. u. a. Math. Bd 63, Seite 315.

[4]) Cayley, ebenda Bd. 64, Seite 172.

[5]) Clebsch, ebenda Bd. 67, Seite 1 (1867).

[6]) Cremona in den Rendiconti del R. Istituto Lombardo vol. IV (1867).

windschiefen Fläche dritter Ordnung und zu mehreren Flächen vierter Ordnung, welche Schaaren von Kegelschnitten enthalten und von Kummer a. a. O. zuerst erörtert worden sind.

Und so wünsche ich denn dem zweiten Theile meines Buches dieselbe günstige Aufnahme, welche der erste Theil gefunden hat. Mögen meine Vorträge mit dazu beitragen, dass der synthetischen Geometrie immer neue Freunde gewonnen werden, und dass das Interesse für diese bedeutende Schöpfung unseres Jahrhunderts immer weitere Kreise durchdringe.

Zürich, den 5. October 1867.

Der Verfasser.

Vorwort zur dritten Abtheilung der dritten Auflage.

Von den neunzehn Vorträgen dieser Abtheilung enthielt die erste Auflage (1868) nur sieben, nämlich die jetzigen Vorträge 1, 2, 3, 5, 7, 8, 9[1]) über die tetraëdralen quadratischen Strahlencomplexe, die F^2-Büschel, ähnliche Flächen zweiter Ordnung und über Flächen und ebene Curven dritter Ordnung. In der zweiten Auflage (1880) kamen hinzu die vier Vorträge 15 bis 18[2]) über Bündel und Gebüsche von Flächen zweiter Ordnung und über die Strahlencongruenz zweiter Ordnung zweiter Classe; doch bildeten ihren Kern drei Abschnitte im Anhange der ersten Auflage. Diese eilf älteren Vorträge sind theils durch Zusätze erweitert, theils schon in der zweiten Auflage umgearbeitet worden. Von den Zusätzen seien erwähnt eine Construction des achten associirten Punktes im zweiten Vortrage, die Construction einer Fläche zweiter Ordnung aus neun ihrer Punkte im dritten, die Bündelnetze im siebenten und die Haupttangentencurven der Steiner'schen Fläche im sechzehnten Vortrage.

In der vorliegenden Abtheilung kommen nunmehr neu

---

[1]) Die Vorträge 18, 19, 20, 22, 24, 25, 26 der zweiten Auflage II. Abtheilung.

[2]) Die Vorträge 27 bis 30 der zweiten Auflage II. Abtheilung.

hinzu die acht Vorträge 4, 6, 10 bis 14 und 19 über die Hauptarten der F^2-Büschel, über Strahlencongruenzen zweiter Classe sechster Ordnung, über Regelflächen dritter Ordnung, über die Polarentheorie der cubischen Fläche, ihre Polhexaëder und das Pentaëder ihrer Kernfläche, über Büschel und Bündel collinearer Räume und die cubische Raumverwandtschaft und über das F^2-Gebüsch mit einer Basisgeraden. Im Anhange sind hinzugefügt die Abschnitte über tetraëdrale Complexe, specielle F^2-Büschel, Flächen dritter Ordnung, associirte Punkte, über F^2-Bündel und F^2-Gebüsche mit Poltetraëder und über vertauschbare Collineationen und Correlationen. Nur der Abschnitt über das F^2-Gebüsch und specielle Flächen vierter Ordnung findet sich schon im Anhange der früheren Auflagen.

Verschiedene ältere Namen und Ausdrücke habe ich in dieser Auflage durch bezeichnendere ersetzt, welche grossentheils von Rudolf Sturm eingeführt worden sind. Von Sturm's reichhaltiger „Liniengeometrie", deren erster Theil gerade in den letzten Tagen herausgekommen ist, konnte ich für mein Buch keinen Nutzen mehr ziehen.

Strassburg i. E., den 30. Juli 1892.

Der Verfasser.

Inhalts-Verzeichniss.

Anhang.

Erster Vortrag.

Strahlencomplexe zweiten Grades, erzeugt durch collineare Räume.

Im ersten Theile dieses Buches haben wir vornehmlich die Curven, Büschel, Kegel und Regelschaaren zweiter Ordnung als Erzeugnisse einförmiger projectiver Grundgebilde untersucht. Der zweite Theil handelte hauptsächlich von den Flächen zweiter Ordnung und den cubischen Raumcurven, welche durch reciproke bezw. collineare Bündel und Felder erzeugt werden. In diesem dritten Theile nun wenden wir uns vor Allem zu den Erzeugnissen collinearer Räume. Von reciproken Räumen nämlich wissen wir schon, dass sie zu zweien i. A. eine Fläche zweiter Ordnung erzeugen und in besonderen Fällen ein räumliches Polarsystem oder aber ein Nullsystem bilden.

Wenn zwei collineare Räume Σ, Σ_1 weder die Ebenen eines Ebenenbüschels noch die Strahlen einer linearen Congruenz entsprechend gemein haben, so erzeugen sie einen „Strahlencomplex", zu welchem wir die dreifach unendlich vielen Schnittlinien von je zwei homologen Ebenen α, α_1 der Räume rechnen. Jeder Strahl s dieses Complexes liegt, wenn wir ihn als Element von Σ und α auffassen, mit dem ihm entsprechenden Strahle s_1 von Σ_1 in einer Ebene α_1 und unterscheidet sich dadurch von einem beliebigen Strahle des Raumes. Rechnen wir den Schnittpunkt ss_1 der beiden homologen Strahlen zu Σ_1, so liegt der ihm entsprechende Punkt von Σ auf dem Strahle s, sodass dieser Complexstrahl auch als Verbindungslinie homologer Punkte von Σ und Σ_1 sich darstellt. Also:

„Der von den collinearen Räumen Σ und Σ_1 erzeugte Strahlen„complex besteht sowohl aus den Schnittlinien homologer Ebenen

„als auch aus den Verbindungslinien homologer Punkte der „Räume, ist demnach zu sich selbst reciprok; er besteht zugleich aus den Geraden, welche die ihnen entsprechenden Geraden schneiden. Durch die Collineation von Σ und Σ_1 wird „er in sich selbst transformirt."
Beiläufig erinnere ich daran, dass der Axencomplex einer Fläche zweiter Ordnung durch collineare Räume erzeugt werden kann (II. Abth. Seite 153).

Zwei homologe Ebenenbündel von Σ und Σ_1 erzeugen mit einander die Sehnencongruenz einer cubischen Raumcurve, welche ich eine „Ordnungscurve" des Strahlencomplexes nenne, weil alle ihre Sehnen dem Complex angehören. Diese Curve kann in eine Gerade und einen Kegelschnitt oder in drei Gerade zerfallen; sie zerfällt allemal, wenn die Räume Σ, Σ_1 gegen die Voraussetzung einen Ebenenbüschel entsprechend gemein haben. Alle durch die Mittelpunkte S, S_1 der Bündel gehenden Sehnen der Raumcurve liegen auf zwei Kegeln zweiter Ordnung. — Zwei homologe ebene Felder von Σ und Σ_1 erzeugen die zu dem Strahlencomplex gehörige Axencongruenz eines cubischen Ebenenbüschels, welchen ich einen „Ordnungs-Ebenenbüschel" des Complexes nenne; die in den beiden Feldern liegenden Axen dieses Büschels bilden zwei Strahlenbüschel zweiter Ordnung (II. Abth. S. 202). Also:

Die durch einen beliebigen Punkt S gehenden Strahlen des Complexes bilden einen Kegel zweiter Ordnung,	Die in einer beliebigen Ebene liegenden Strahlen des Complexes bilden einen Strahlenbüschel zweiter Ordnung,

welcher jedoch in zwei Büschel erster Ordnung zerfallen kann. Wegen dieser Haupteigenschaft nennen wir den Strahlencomplex „vom zweiten Grade", oder „quadratisch". Die in ihm enthaltenen Kegel und Strahlenbüschel heissen „Complexkegel" und „Complexstrahlenbüschel", die von letzteren umhüllten Kegelschnitte heissen „Complexcurven".

Der Strahlencomplex enthält dreifach unendlich viele Kegel und Complexcurven, sowie dreifach unendlich viele cubische Ordnungscurven und Ordnungs-Ebenenbüschel.

Die collinearen Räume Σ und Σ_1 können einzelne Punkte und Ebenen entsprechend gemein haben; dieselben sollen „Hauptpunkte" und „Hauptebenen" des von Σ und Σ_1 erzeugten Strahlencomplexes heissen. Für sie erleiden die eben aufgestellten Sätze eine Ausnahme; denn weil jeder Strahl eines Hauptpunktes oder einer Hauptebene von dem ihm entsprechenden Strahle geschnitten wird, so ergiebt sich:

„Jeder durch einen Hauptpunkt gehende oder in einer Haupt-„ebene liegende Strahl gehört zu dem Strahlencomplexe; jeder „Complexkegel und jede Ordnungscurve des Complexes geht des-„halb durch alle Hauptpunkte, jeder Ordnungs-Ebenenbüschel „enthält alle Hauptebenen des Complexes, und jede Complex-„curve wird von allen Hauptebenen berührt."

Weil die collinearen Felder von Σ und Σ_1, welche in einer Hauptebene aufeinander liegen, mindestens einen Punkt entsprechend gemein haben (II. Abth. S. 70), so muss in jeder Hauptebene mindestens ein Hauptpunkt liegen und ebenso durch jeden Hauptpunkt mindestens eine Hauptebene gehen. Die collinearen Räume Σ, Σ_1 haben der Voraussetzung nach keinen Ebenenbüschel und somit (II. Abth. S. 71) höchstens vier Ebenen entsprechend gemein; der von ihnen erzeugte Complex hat demnach höchstens vier Hauptebenen und vier Hauptpunkte. Wir können nun aber beweisen:

„Der von zwei collinearen Räumen erzeugte quadratische Strah-„lencomplex hat im Allgemeinen vier reelle oder imaginäre „Hauptpunkte und ebenso viele Hauptebenen; dieselben bilden „die Eckpunkte und Flächen eines Tetraëders, des sog. Haupt-„tetraëders, weshalb der Complex ein tetraëdraler genannt „wird. Die beiden collinearen Räume haben dieses Tetraëder „entsprechend gemein."

Sei nämlich k_1^3 eine cubische Ordnungscurve des Complexes und seien S, S_1 die homologen Bündel von Σ und Σ_1, welche die Sehnencongruenz von k_1^3 erzeugen. Dann schneiden sich in jedem Punkte P_1 von k_1^3 zwei homologe Strahlen s, s_1 dieser Bündel; und wenn wir den Punkt P_1 zu Σ_1 und damit zu der Geraden s_1 rechnen, so entspricht ihm in Σ ein Punkt P von s. Der Raumcurve k_1^3 entspricht also in Σ eine zu ihr projective cubische Raumcurve k^3 derartig, dass jeder Strahl des Kegels $S(k_1^3)$ zweiter Ordnung zwei homologe Punkte dieser Curven projicirt. Nun haben aber k^3 und k_1^3 ausser dem Punkte S i. A. vier reelle oder imaginäre Punkte gemein (II. Abth. S. 198); jeder dieser vier Punkte aber entspricht sich selbst als Schnittpunkt beider Raumcurven mit einem Strahle des Kegels $S(k_1^3)$, und ist somit ein Hauptpunkt des Complexes. Auch die vier Verbindungsebenen der vier Hauptpunkte entsprechen in den collinearen Räumen sich selbst und sind die vier Hauptebenen des Complexes. Damit ist der Satz bewiesen.

Zu bemerken ist dazu noch, dass auch dann, wenn das Haupttetraëder imaginär ist, zwei seiner Gegenkanten reell sind (II. Abth. S. 199). Jede reelle Kante des Tetraëders ist der Träger von zwei homologen Punktreihen und von zwei homologen Ebenenbüscheln der collinearen Räume; diese Büschel haben zwei Hauptebenen und jene Punktreihen haben zwei Hauptpunkte der Kante entsprechend gemein. Die Kanten des Haupttetraëders verbinden unendlich viele Paare homologer Punkte, und in ihnen schneiden sich unendlich viele Paare homologer Ebenen von Σ und Σ_1; sie mögen deshalb „Doppelstrahlen" des Complexes heissen.

Jenachdem die vier Hauptpunkte reell oder paarweise imaginär sind, oder zu zweien oder dreien oder endlich alle vier zusammenfallen, ergeben sich verschiedene Arten des tetraëdralen Complexes. Beispielsweise hat der Axencomplex eines Paraboloides zwei mit dem unendlich fernen Punkte der Hauptaxe zusammenfallende Hauptpunkte.

„Wenn ein Strahlenbüschel S erster Ordnung mehr als zwei „Strahlen des Complexes enthält, so besteht er aus lauter Com„plexstrahlen; sein Mittelpunkt liegt in einer Hauptebene, seine „Ebene aber geht durch einen Hauptpunkt des Complexes."
Alsdann muss nämlich der Strahlenbüschel S von Σ mit dem entsprechenden Büschel S_1 von Σ_1 entweder concentrisch oder in einer Ebene oder perspectiv liegen, damit wirklich jeder Strahl von S den entsprechenden Strahl von S_1 schneidet. In dem ersten Falle ist der Mittelpunkt des Büschels ein Hauptpunkt und liegt in einer Hauptebene, in dem zweiten ist seine Ebene eine Hauptebene und geht durch einen Hauptpunkt (Seite 3). Der letzte Theil des Satzes ist also nur noch für den dritten Fall zu beweisen, in welchem die Büschel S, S_1 weder concentrisch noch in einer Ebene, wohl aber perspectiv liegen. Nun entspricht aber dem Strahle SS_1 von Σ ein durch S_1 gehender Strahl von Σ_1, welcher mit SS_1 in einer Hauptebene liegt; denn die Verbindungs-Ebene dieser beiden homologen Strahlen enthält noch zwei andere, den beiden Büscheln angehörige homologe Strahlen, sodass in ihr zwei Strahlen von Σ und zugleich die entsprechenden beiden Strahlen von Σ_1 liegen. Auf ähnliche Weise ergiebt sich, dass die Gerade von Σ, in welcher die Ebenen der beiden perspectiven Büschel sich schneiden, mit ihrer homologen Geraden einen Hauptpunkt gemein hat.

Man nennt jeden Punkt, dessen Complexkegel in zwei Strahlenbüschel zerfällt, einen „singulären" Punkt, und jede Ebene deren Complexstrahlenbüschel aus zwei Büscheln erster Ordnung besteht, eine „singuläre" Ebene des Complexes. Aus dem Vorhergehenden aber folgt der Satz:

„Den Ort der singulären Punkte des Complexes bilden die „vier Hauptebenen, und den Ort der singulären Ebenen bilden „die vier Hauptpunkte."

Bezieht man zwei Räume collinear so auf einander, dass sie die Eckpunkte A, B, C, D eines Tetraëders entsprechend gemein haben, und dass zwei Punkte E, E_1, die ausserhalb der Tetraëderflächen und mit keiner Tetraëderkante in einer Ebene liegen, einander entsprechen, so erzeugen diese Räume einen tetraëdralen Strahlencomplex, von welchem $ABCD$ das Haupttetraëder und EE_1 ein beliebiger Strahl ist. — Der Axencomplex einer centrischen Fläche zweiter Classe gehört zu den tetraëdralen Strahlencomplexen; sein Haupttetraëder wird von den drei Symmetrie-Ebenen und der unendlich fernen Ebene gebildet. Die Pole einer veränderlichen Ebene bezüglich confocaler Flächen zweiter Classe sind homologe Punkte collinearer Räume, welche den Axencomplex dieser Flächen erzeugen (II. Abth. Seite 153).

Sind α, α_1 und β, β_1 zwei paar homologe Ebenen von Σ und Σ_1, die in den beiden Complexstrahlen a und b sich schneiden, so sind $\alpha\beta$ und $\alpha_1\beta_1$ die Axen von zwei homologen Ebenenbüscheln der collinearen Räume; diese Ebenenbüschel aber erzeugen eine „in dem Strahlencomplex enthaltene" Regel- oder Kegelfläche zweiter Ordnung, welche durch a, b und alle Hauptpunkte geht. Also:

„Zwei beliebige Complexstrahlen a, b können allemal durch „eine Fläche zweiter Ordnung verbunden werden, welche eine „Schaar von Complexstrahlen sowie alle Hauptpunkte ent„hält."

Weil $\alpha\beta$ eine ganz beliebige Gerade des Raumes Σ ist, so enthält der Complex vierfach unendlich viele Flächen zweiter Ordnung. — Durch a und b geht ebenso eine in dem Complexe enthaltene Fläche zweiter Classe, welche alle Hauptebenen berührt.

Jene durch a, b und alle Hauptpunkte gehende Fläche zweiter Ordnung kann durch zwei projective Ebenenbüschel a, b erzeugt werden, von welchen in jedem Hauptpunkte zwei homologe Ebenen sich schneiden. Für den Fall eines reellen Haupttetraëders ergeben sich somit die folgenden Fundamental-Eigenschaften*) des tetraëdralen Complexes:

Die Eckpunkte des Haupttetraëders werden aus je zwei Strahlen des Complexes durch projective Ebenenbüschel projicirt.	*Die Flächen des Haupttetraëders werden von je zwei Strahlen des Complexes in projectiven Punktreihen geschnitten.*

Durch diese Sätze erhält die Aufgabe 15 im Anhange der „Systemat. Entwickelung . . .“ eine andere Auflösung, als Jacob Steiner erwartete. Die Geraden, welche die vier Ebenen eines Tetraëders in einem gegebenen Doppelverhältnisse schneiden, berühren nämlich nicht eine Fläche, wie Steiner annahm, sondern sie bilden einen quadratischen Complex. Das Doppelverhältniss ist (II. Abth. Seite 11) eine Invariante des Complexes.

„Ein tetraëdraler Complex ist bestimmt, sobald von ihm das „reelle Haupttetraëder $ABCD$ und ein Strahl s gegeben ist, „welcher keine Kante des Tetraëders schneidet.“

Denn jeder andere Strahl t des Complexes muss der Bedingung $t\,(ABCD) \barwedge s\,(ABCD)$ genügen und unterscheidet sich dadurch von den nicht dem Complexe angehörigen Geraden. Der Complex wird erzeugt durch zwei collineare Räume, welche das Tetraëder $ABCD$ entsprechend gemein haben, und von denen zwei homologe Punkte beliebig auf s angenommen werden.

Die folgenden Betrachtungen führen noch zu anderen Constructionen dieses Complexes. Zunächst ist der Complexkegel eines jeden auf s gelegenen Punktes S durch seine fünf Strahlen s, SA, SB, SC und SD bestimmt. Der Kegel zerfällt, wenn S in einer Hauptebene, etwa in BCD liegt, in zwei Strahlenbüschel, von welchen der eine in BCD und der andere in der Ebene As liegt. In der That enthält der letztere Büschel drei Strahlen des Complexes, nämlich SA, s und den in der Hauptebene BCD liegenden Strahl, und besteht folglich aus lauter Complexstrahlen. Beiläufig ergiebt sich hieraus:

„Die Complexstrahlen, welche eine Fläche des Haupttetraëders „in einem beliebigen Punkte schneiden, bilden einen Strahlen„büschel, dessen Ebene durch den gegenüberliegenden Haupt„punkt geht. Zu jeder Geraden a, welche durch einen Haupt„punkt A geht und in einer Hauptebene ACD liegt, kann

*) Dieselben werden zuerst von Herrn H. Müller ausgesprochen in den „Mathemat. Annalen“, Bd. I.

„folglich eine Gerade b construirt werden, welche in der Haupt-„ebene BCD liegt und durch den Hauptpunkt B geht, sodass „alle mit a und b incidenten Strahlen dem Complexe angehören. „Die Geraden a und b sind homologe Strahlen von zwei projec-„tiven Büscheln A und B.“

Zur Begründung dieser letzten Behauptung sei bemerkt, dass die Complexstrahlen, welche die dritte Hauptebene DAB in einem gegebenen Punkte schneiden, mit je zwei zusammengehörigen Geraden a, b incident sind und einen zu A und B perspectiven Büschel bilden. Die Regelschaaren und Kegel des Complexes sind zu den Büscheln A und B projectiv und erzeugen mit ihnen projective Kegelschnitte. — Der tetraëdrale Complex enthält also unendlich viele lineare Congruenzen; er kann auf sechs Arten durch eine lineare Congruenz beschrieben werden. Von dem Haupttetraëder $ABCD$ und dem Complexstrahle s ausgehend kann man diese Congruenzen und damit den ganzen Complex ohne Schwierigkeit linear construiren.

Aus dem vorhergehenden Satze folgt:

Die Complexkegel, deren Mittelpunkte mit einem Hauptpunkte A in einer Geraden liegen, schneiden alle die gegenüberliegende Hauptebene BCD in demselben Kegelschnitt.

Die Complexcurven, deren Ebenen sich auf einer Hauptebene schneiden, werden alle aus dem gegenüberliegenden Hauptpunkte durch denselben Kegel projicirt.

Für jeden durch collineare Räume Σ, Σ_1 erzeugten Strahlencomplex gilt der Satz:

„Drei beliebige Complexstrahlen a, b, c, die nicht auf einer in „dem Complexe enthaltenen Fläche zweiter Ordnung oder zwei-„ter Classe liegen, bestimmen eine cubische Ordnungscurve des „Complexes, von welcher sie Sehnen, und einen cubischen Ord-„nungs-Ebenenbüschel, von welchem sie Axen sind.“

Nämlich die drei paar homologen Ebenen von Σ und Σ_1, welche in a, b und c sich schneiden, gehören zu zwei bestimmten homologen Strahlenbündeln von Σ und Σ_1, und diese erzeugen die durch a, b, c bestimmte Ordnungscurve und deren Sehnencongruenz. Wenn zwei der Strahlen a, b, c sich schneiden, so geht die Ordnungscurve durch den Schnittpunkt P; und da der Complexkegel P durch homologe Ebenenbüschel von Σ und Σ_1 erzeugt wird, so ergiebt sich:

„Durch einen Complexstrahl a und einen ausserhalb a liegenden

„Punkt P ist eine cubische Ordnungscurve des Complexes be-
„stimmt, welche durch P geht und a zur Sehne hat. Durch
„je zwei Punkte P, P_1 eines Complexstrahles a geht allemal
„eine Ordnungscurve."

Jedoch darf a weder durch einen Hauptpunkt gehen noch in einer Hauptebene liegen.

„Wenn zwei Complexkegel oder überhaupt zwei in dem Com-
„plexe enthaltene Flächen zweiter Ordnung sich in einem Com-
„plexstrahle a und einer cubischen Raumcurve schneiden, so ist
„letztere eine Ordnungscurve des Complexes."

Denn diese Raumcurve fällt zusammen mit derjenigen Ordnungscurve, welche durch a und zwei andere auf den beiden Flächen liegende Complexstrahlen b, c bestimmt ist.

Zwei beliebige Ordnungscurven k^3 und l^3 werden durch zwei paar homologe Strahlenbündel K, K_1 und L, L_1 von Σ und Σ_1 erzeugt; sie haben jede Sehne mit einander gemein, in welcher zwei homologe Ebenen der Büschel KL und $K_1 L_1$ sich schneiden. Da die beiden Büschel i. A. eine Regelschaar erzeugen, so ergiebt sich:

Zwei beliebige Ordnungscurven des Complexes haben allemal eine Schaar gemeinsamer Sehnen und liegen mit dieser Schaar auf einer Regelfläche zweiter Ordnung, die aber in einen Kegel ausarten kann.

Zwei beliebige Ordnungs-Ebenenbüschel des Complexes haben eine Schaar gemeinsamer Axen und sind einer Regelfläche fläche zweiter Classe umschrieben, welche in eine Curve zweiter Classe ausarten kann.

Der Strahlencomplex ist bestimmt, wenn von ihm irgend zwei Ordnungscurven k^3 und l^3 gegeben sind. Verbindet man nämlich k^3 und l^3 mit irgend einer ihrer gemeinschaftlichen Sehnen s durch zwei Flächen zweiter Ordnung, was auf unendlich viele Arten möglich ist, so schneiden sich diese, weil sie in dem Complexe enthalten sind, im Allgemeinen in s und einer von k^3 und l^3 verschiedenen Ordnungscurve. Die so bestimmten Ordnungscurven nun haben mit einer beliebigen Ebene mindestens je eine Sehne gemein, welche die Complexcurve der Ebene berührt; und da diese Curve von der zweiten Classe ist, so wird sie durch fünf ihrer Tangenten bestimmt. Durch k^3 und l^3 sind also alle in einer beliebigen Ebene liegenden und folglich überhaupt alle Complexstrahlen bestimmt.

Wir können nunmehr den folgenden Satz aufstellen, dessen

Beweis für den Fall eines reellen Haupttetraëders schon vorhin (Seite 6) geführt worden ist:

Sollen zwei Räume collinear auf einander bezogen werden, so dass sie einen gegebenen Strahlencomplex zweiten Grades erzeugen, so kann man zwei Punkte P *und* P_1, *die auf einem beliebigen Complexstrahle liegen, oder zwei Ebenen, die sich in einem Complexstrahle schneiden, oder endlich zwei in einer Ebene liegende Complexstrahlen als entsprechende einander zuweisen. Dadurch ist aber zu jedem Elemente des einen Raumes das entsprechende Element des anderen völlig bestimmt.*

Die Punkte P und P_1 nämlich, die in den Räumen Σ und Σ_1 einander entsprechen sollen, sind die Mittelpunkte von zwei Bündeln, deren collineare Verwandtschaft durch den gegebenen Strahlencomplex festgestellt wird. Denn jeder Complexstrahl von P liegt mit dem entsprechenden Strahle des Bündels P_1 in einer Ebene; die Complexkegel P und P_1, welche den Strahl PP_1 und noch eine durch P und P_1 gehende cubische Raumcurve k^3 gemein haben, sind also in der Weise projectiv auf einander zu beziehen, dass je zwei homologe Strahlen derselben sich auf der Ordnungscurve k^3 schneiden. Dadurch sind zugleich die Bündel P, P_1 collinear auf einander bezogen, so dass je zwei homologe Ebenen derselben eine Sehne von k^3 mit einander gemein haben.

Sei nun l^3 eine von k^3 verschiedene Ordnungscurve des Complexes, und seien Q und Q_1 die noch unbekannten Mittelpunkte der collinearen Bündel von Σ und Σ_1, durch welche die Sehnen der cubischen Raumcurve l^3 erzeugt werden. Die gemeinschaftlichen Sehnen von k^3 und l^3 bilden entweder eine Regelschaar oder einen Kegel zweiter Ordnung, und werden folglich aus P und P_1 durch zwei Ebenenbüschel projicirt. Die Axen dieser Ebenenbüschel sind Leitstrahlen der Regelschaar resp. Strahlen des Kegels, und haben nur je einen (von dem Mittelpunkte des Kegels i. A. verschiedenen) Punkt mit der Curve l^3 gemein (II. Abth. Seite 195). Wir müssen diese beiden Punkte als Mittelpunkte der gesuchten Bündel Q und Q_1 annehmen, so dass PQ und P_1Q_1 die Axen jener Ebenenbüschel sind. Beziehen wir die Bündel Q, Q_1 collinear so auf einander, dass ihre homologen Ebenen in je einer Sehne der Ordnungscure l^3 sich schneiden, so entspricht dem gemeinschaftlichen Ebenenbüschel PQ der Bündel P und Q der gemeinschaftliche Ebenenbüschel P_1Q_1 der Bündel P_1 und Q_1; und dieses ist nothwendig und hinreichend, damit durch die Bündel

P und Q von Σ und die zu ihnen collinearen Bündel P_1 und Q_1 von Σ_1 auch die Räume Σ und Σ_1 collinear auf einander bezogen werden (vergl. II. Abth. Seite 25). Der von Σ und Σ_1 erzeugte Strahlencomplex aber ist identisch mit dem gegebenen, weil er mit ihm alle Sehnen der Ordnungscurven k^3 und l^3 gemein hat.

Beiläufig ergiebt sich aus diesem Beweise:

„Zwei beliebige Raumcurven dritter Ordnung k^3 und l^3, deren „gemeinschaftliche Sehnen eine Regelschaar oder einen Kegel „zweiter Ordnung bilden, können als Ordnungscurven eines „durch sie bestimmten quadratischen Strahlencomplexes be„trachtet werden.“

Werden nicht zwei Punkte P, P_1 eines Complexstrahles, sondern zwei sich schneidende Complexstrahlen s, s_1, oder auch zwei Ebenen π, π_1 eines Complexstrahles als homologe Elemente der collinearen Räume Σ, Σ_1 angenommen, so können wir diese Fälle sofort auf den soeben erledigten zurückführen. Nämlich einem Punkte P von s entspricht der Punkt P_1 von s_1, welcher mit P auf einem dritten Complexstrahle der Ebene ss_1 liegt; und weil der Complexstrahlenbüschel in ss_1 als Theil des Complexes gegeben ist, so kann zu P der entsprechende Punkt P_1 sofort gefunden werden. Ebenso kann zu jedem Complexstrahle s der Ebene π der entsprechende s_1 von π_1 leicht gefunden werden, da beide sich auf der Geraden $\pi\pi_1$ schneiden müssen; dem Schnittpunkte P von zwei Complexstrahlen der Ebene π entspricht aber der Schnittpunkt P_1 der homologen Complexstrahlen von π_1. Da je zwei die Ebenen π und π_1 enthaltende homologe Bündel der collinearen Räume eine durch ihre Mittelpunkte P, P_1 gehende Ordnungscurve erzeugen, von welcher die Gerade $\pi\pi_1$ eine Sehne ist, so ergiebt sich beiläufig:

„Zwei durch einen Complexstrahl a gehende Ebenen werden „von den Ordnungscurven, welche a zur Sehne haben, in colli„nearen Punktfeldern geschnitten.“

Construiren wir zu einem Raume Σ alle möglichen collinearen Räume, welche mit Σ einen gegebenen Strahlencomplex erzeugen, so liegen die Punkte, welche einem gegebenen Punkte P von Σ entsprechen, auf dem Complexkegel von P, weil jeder von ihnen mit P einen Complexstrahl bestimmt; die Ebenen, welche einer gegebenen Ebene π von Σ entsprechen, gehen durch die Complexstrahlen von π; von den Complexstrahlen, welche einem gegebenen

Complexstrahle s von Σ entsprechen und also denselben schneiden, bilden die durch einen Punkt von s gehenden einen Kegel zweiter Ordnung, und die in einer Ebene von s liegenden einen Strahlenbüschel zweiter Ordnung.

Je zwei dieser zu Σ collinearen Räume sind auch zu einander collinear; sie erzeugen jedoch nur in besonderen Fällen denselben Strahlencomplex mit einander, welchen jeder von ihnen mit Σ erzeugt. Sollen nämlich je zwei der collinearen Räume Σ, Σ_1 und Σ_2 einen gegebenen quadratischen Complex erzeugen, und sind P, P_1, P_2 drei homologe Punkte, π, π_1, π_2 drei homologe Ebenen, und s, s_1, s_2 drei homologe Complexstrahlen von resp. Σ, Σ_1 und Σ_2, so muss Folgendes eintreten: Die homologen Punkte P, P_1, P_2 liegen entweder auf einem und demselben Complexstrahle oder auf einer und derselben Ordnungscurve, weil die Complexkegel P und P_1 die resp. Strahlen PP_2 und P_1P_2 enthalten, also beide durch P_2 gehen, und ausserdem den Strahl PP_1 mit einander gemein haben; ebenso liegen die homologen Ebenen π, π_1, π_2 entweder in einem und demselben Ordnungs-Ebenenbüschel, weil jede ihrer drei Schnittlinien ein Complexstrahl ist, oder sie schneiden sich in einem und demselben Complexstrahle; endlich müssen die homologen Complexstrahlen s, s_1, s_2, weil jeder von ihnen die beiden anderen schneidet, entweder in einer und derselben Ebene liegen und deren Complexcurve berühren, oder sie müssen durch einen und denselben Punkt gehen und dessen Complexkegel angehören. Wenn die homologen Ebenen π, π_1, π_2 durch einen Complexstrahl a gehen, so liegen je drei homologe Punkte P, P_1, P_2 derselben auf einer Ordnungscurve k^3, welche a zur Sehne hat, und je drei durch resp. P, P_1, P_2 gehende homologe Ebenen von Σ, Σ_1 und Σ_2 schneiden sich in einer Sehne von k^3; je drei einander entsprechende Complexstrahlen dieser Ebenen aber gehen, weil sie sich schneiden müssen, durch einen und denselben Punkt der Sehne. Ueberhaupt ergiebt sich der Satz:

Werden zu einem Raume Σ alle diejenigen collinearen Räume construirt, welche nicht blos mit Σ, sondern auch zu zweien mit einander einen gegebenen quadratischen Strahlencomplex erzeugen, so findet einer der folgenden beiden Fälle Statt:

1) Entweder bildet jede Ebene von Σ mit allen ihr entsprechenden Ebenen einen Büschel erster Ordnung, dessen Axe ein Complexstrahl ist, und jeder Punkt von Σ bildet mit seinen homologen Punkten eine cubische Ordnungscurve, jeder Com-

plexstrahl aber mit seinen homologen Strahlen einen Complexkegel;

2) Oder jede Ebene von Σ bildet mit den ihr entsprechenden Ebenen einen cubischen Ordnungs-Ebenenbüschel, jeder Punkt von Σ liegt mit seinen homologen Punkten auf einem Complexstrahle, und jeder Complexstrahl von Σ umhüllt mit seinen homologen Strahlen eine Complexcurve zweiter Classe.

Die Gesammtheit dieser Räume nenne ich im ersteren Falle einen „Büschel" und im letzteren Falle eine „Schaar collinearer Räume." Der Büschel (die Schaar) ist durch zwei seiner (ihrer) collinearen Räume bestimmt.

Zum Schlusse sei noch bemerkt, dass von zwei collinearen Räumen, welche einen Ebenenbüschel v und also (II. Abth. Seite 72) auch eine Punktreihe u entsprechend gemein haben, ein zerfallender quadratischer Complex erzeugt wird. Derselbe hat alle Punkte von u zu Hauptpunkten und alle Ebenen von v zu Hauptebenen und zerfällt deshalb in die speciellen linearen Complexe u und v. Die Verbindungslinien homologer Punkte der beiden Räume schneiden die Axe v, und die Schnittlinien homologer Ebenen schneiden die Gerade u. Der Axencomplex einer Rotationsfläche zweiter Ordnung zerfällt auf diese Art.

Zweiter Vortrag.

Büschel von Flächen zweiter Ordnung; Schaaren von Flächen zweiter Classe. Raumcurven und Ebenenbüschel vierter Ordnung erster Art.

Unsere Theorie der quadratischen, von collinearen Räumen erzeugten Strahlencomplexe gewinnt an Anschaulichkeit und Bedeutsamkeit und wird zugleich fruchtbar für die Flächen zweiter Ordnung oder Classe, wenn wir die erzeugenden collinearen Räume Σ, Σ_1 auf einen dritten Raum Σ' reciprok beziehen. Zunächst wird dadurch der von Σ und Σ_1 erzeugte Complex in zweifacher

Weise projectiv auf Σ' bezogen. Nämlich jedem Punkte von Σ' entsprechen zwei homologe Ebenen von Σ und Σ_1 und damit zugleich der Complexstrahl, in welchem sie sich schneiden; und wenn ein Punkt eine beliebige Gerade g' oder Ebene α' in Σ' durchläuft, so beschreibt der ihm entsprechende Complexstrahl i. A. eine zu g' projective Regelschaar oder Kegelfläche resp. die zu α' projective Sehnencongruenz einer cubischen Ordnungscurve. Ebenso entsprechen jeder Ebene von Σ' zwei homologe Punkte von Σ und Σ_1 und der sie verbindende Complexstrahl; und wenn die Ebene sich um einen auf ihr liegenden Punkt A' dreht, so beschreibt dieser Strahl die zum Bündel A' projective Axencongruenz eines Ordnungs-Ebenenbüschels des Complexes. Jedem Complexstrahle von Σ und Σ_1 entsprechen in Σ' zwei sich schneidende Strahlen, ihr Schnittpunkt und ihre Verbindungs-Ebene. Der von Σ und Σ_1 erzeugte Strahlencomplex ist, wie man zu sagen pflegt, sowohl auf den Punktraum Σ' als auch auf den Ebenen-Raum Σ' projectiv „abgebildet“.

Wir wollen nun voraussetzen, die zu Σ' reciproken Räume Σ und Σ_1 liegen involutorisch zu Σ' und bilden mit Σ' zwei räumliche Polarsysteme. Als Ordnungsflächen der letzteren können wir zwei beliebige nicht singuläre Flächen zweiter Ordnung willkürlich annehmen. Dann ergiebt sich:

„Zwei räumliche Polarsysteme erzeugen im Allgemeinen einen „Strahlencomplex zweiten Grades; derselbe enthält jede Gerade, „deren zwei Polaren sich schneiden. Jedem Punkte ist ein ihm „zweifach conjugirter Complexstrahl zugeordnet, nämlich die „Schnittlinie seiner beiden Polarebenen; ebenso entspricht jeder „Ebene ein ihr zweifach conjugirter Complexstrahl, nämlich die „Verbindungslinie ihrer beiden Pole.“

Einem Complexstrahle g' ist hiernach in beiden Polarsystemen sowohl eine Ebene γ als auch ein Punkt G conjugirt; durch G gehen und in γ liegen die beiden Polaren g und g_1 von g'. Suchen wir von g die beiden Polaren, so fällt die eine mit g' zusammen, die andere liegt mit g' in der einen Polarebene von G und schneidet g' in dem einen Pole von γ. Daraus folgt:

„Der Strahlencomplex ist in jedem der beiden Polarsysteme sich „selbst zugeordnet, indem die Polaren jedes Complexstrahles „wiederum Complexstrahlen sind.“

Wenn ein Punkt eine Gerade l' durchläuft, so beschreiben seine Polarebenen zwei projective Büschel l, l_1 und der ihm conjugirte Complexstrahl beschreibt einen Kegel oder eine Regelschaar zweiter Ordnung, jenachdem die beiden Polaren l, l_1 von l' sich schneiden oder nicht. Im ersteren Falle ist l' selbst ein Complexstrahl; also:

„Die beiden Complexstrahlen, welche zwei beliebigen Punkten „P, Q doppelt conjugirt sind, schneiden sich nur dann, wenn „die Gerade PQ dem Complexe angehört."

In jedem Hauptpunkte des Strahlencomplexes vereinigen sich die beiden Pole einer Ebene, und diese ist eine Hauptebene des Complexes, weil in ihr die beiden Polaren des Hauptpunktes zusammenfallen. Also:

„Jedem Hauptpunkte A des Complexes ist in den beiden Polar„systemen eine und dieselbe Hauptebene α als Polare zugeordnet."

Wenn ein Punkt P eine durch den Hauptpunkt A gehende Gerade l durchläuft, so beschreibt der ihm zweifach conjugirte Complexstrahl p eine durch A gehende Ebene λ. Denn die beiden Polarebenen von P beschreiben zwei perspective Ebenenbüschel, welche die Hauptebene α entsprechend gemein haben, und die Schnittlinie p dieser Ebenen beschreibt demnach einen Strahlenbüschel erster Ordnung; die Ebene λ des letzteren aber geht durch A, weil dem Schnittpunkte von l und α ein durch A gehender Complexstrahl entspricht. Jedem in λ enthaltenen Punkte Q ist ein Punkt P von l und ein durch P gehender Complexstrahl q doppelt conjugirt; und wenn Q in λ die Gerade $AQ = m$ durchläuft, so beschreibt q eine durch l gehende Ebene μ. Damit ist die linke Hälfte des Doppelsatzes bewiesen:

Die Complexstrahlen und die ihnen zweifach conjugirten Punkte werden aus jedem Hauptpunkte A durch zugeordnete Elemente eines polaren Bündels, d. h. durch Ebenen des Bündels und durch deren Polstrahlen projicirt.

Die Complexstrahlen und die ihnen zweifach conjugirten Ebenen werden von jeder Hauptebene α in zugeordneten Elementen eines polaren Feldes, d. h. in Punkten des Feldes und in deren Polstrahlen geschnitten.

Durch den Ordnungskegel des polaren Bündels wird aus A die Raumcurve projicirt, in welcher die Ordnungsflächen der beiden Polarsysteme sich schneiden. Denn einem beliebigen Punkte P dieser Curve ist die Gerade p doppelt conjugirt, welche die beiden Ordnungsflächen und die Curve in P berührt; und P wird demnach aus A durch einen Strahl des Ordnungskegels, p aber durch dessen

Berührungsebene projicirt. — Die Ordnungscurve des polaren Feldes in α (rechts) wird von den gemeinsamen Berührungsebenen der beiden Ordnungsflächen umhüllt, wie analog sich ergiebt.

Wir schliessen wie im letzten Vortrage den singulären Fall vorläufig aus, in welchem der Strahlencomplex unendlich viele Hauptpunkte und Hauptebenen hat. Der Complex hat dann höchstens vier Hauptpunkte und vier Hauptebenen, und das von ihnen gebildete Haupttetraëder ist ein gemeinsames Poltetraëder der beiden Polarsysteme, indem jeder Eckpunkt von der ihm gegenüberliegenden Ebene der Pol ist. Die soeben gemachte Annahme, dass nur einzelne Hauptpunkte und Hauptebenen vorhanden sein sollen, lässt sich deshalb auch so ausdrücken:

„Die beiden Polarsysteme sollen höchstens ein Poltetraëder „*ABCD* gemein haben, sodass von keinem fünften Punkte die „Polarebenen zusammenfallen."

Ist dieses Haupttetraëder reell, so werden seine Eckpunkte aus je zwei Complexstrahlen durch projective Ebenenbüschel projicirt, seine Flächen aber werden von je zwei Complexstrahlen in projectiven Punktreihen geschnitten (Seite 6).

Den Punkten einer beliebigen Ebene η sind in den beiden Polarsystemen die Sehnen einer Ordnungscurve k^3 des Complexes conjugirt, welche durch alle Hauptpunkte geht. Umgekehrt: Den Sehnen und Punkten jeder cubischen Ordnungscurve sind die Punkte und Complexstrahlen einer Ebene zweifach conjugirt.

Den Ebenen eines beliebigen Punktes sind in den beiden Polarsystemen die Axen eines Ordnungs-Ebenenbüschels des Complexes conjugirt. Umgekehrt: Den Axen und Ebenen jedes cubischen Ordnungs-Ebenenbüschels sind die Ebenen und Complexstrahlen eines Punktes zweifach conjugirt.

Wenn nämlich ein Punkt die Ebene η durchläuft, so beschreiben seine beiden Polarebenen zwei collineare Bündel, und diese erzeugen die Ordnungscurve k^3 und ihre Sehnencongruenz. Ist umgekehrt k^3 gegeben, so bestimme man zu drei beliebigen Sehnen a, b, c von k^3 die ihnen zweifach conjugirten Punkte und verbinde letztere durch eine Ebene; den Punkten dieser Ebene sind dann die Sehnen einer Ordnungscurve conjugirt, welche mit k^3 die Sehnen a, b, c gemein hat und folglich mit k^3 identisch ist (Seite 7). Jeder Punkt der Ebene η ist dem Punkte der Ebene zweifach conjugirt, durch welchen die ihm conjugirte Sehne von k^3 geht. Die in der Ebene liegenden Punkte und Sehnen von k^3 sind paarweise conjugirt und bilden i. A. ein gemeinsames Poldreieck der beiden Polarsysteme.

Der Strahlencomplex wird erzeugt durch zwei collineare Räume Σ und Σ_1, welche zu einem dritten Σ' reciprok sind und mit Σ' die beiden Polarsysteme bilden. Construiren wir jetzt einen zu Σ und Σ_1 collinearen Raum Σ_2, welcher mit jedem der Räume Σ und Σ_1 den gegebenen Complex erzeugt, so gehen (Seite 11) entweder je drei homologe Ebenen von Σ, Σ_1 und Σ_2 durch einen und denselben Complexstrahl, oder je drei homologe Punkte dieser Räume liegen auf einem Complexstrahle. In beiden Fällen lässt sich beweisen, dass auch Σ_2 zu dem ihm reciproken Raume Σ' involutorische Lage hat und mit letzterem ein Polarsystem bildet. Dieses leuchtet von selbst ein, wenn der Complex ein reelles Haupttetraëder besitzt, indem dasselbe auch von dem dritten Polarsysteme ein Poltetraëder bildet. Ist das Haupttetraëder imaginär oder ein ausgeartetes, so führen wir den Beweis auf folgende Weise.

Im ersteren der genannten Fälle entsprechen jedem Punkte P von Σ' drei Ebenen π, π_1 und π_2 in resp. Σ, Σ_1 und Σ_2, welche sich in einem Complexstrahle schneiden; und jedem Punkte R dieses Strahles entsprechen drei Ebenen ρ, ρ_1 und ρ_2, welche sich in einem durch P gehenden Complexstrahle schneiden, weil P und R in den gegebenen beiden Polarsystemen conjugirt sind. Da also auch in Σ_2 jedem der Punkte P und R von Σ' eine durch den anderen gehende Ebene entspricht, so liegt die Punktreihe $\overline{PR}$ von Σ' involutorisch zu dem ihr entsprechenden Ebenenbüschel $\pi_2\rho_2$ von Σ_2. Das Gleiche gilt von jeder Punktreihe, welche zwei zweifach conjugirte Punkte verbindet. Ist nun in Σ' ein ebenes Feld η gegeben, und entspricht demselben in Σ_2 ein Strahlenbündel E_2, dessen Mittelpunkt nicht in η liegt, so können auf diese Weise in η zweifach unendlich viele Punktreihen angegeben werden, welche zu den entsprechenden Ebenenbüscheln von E_2 involutorische Lage haben. Lägen η und E_2 nicht involutorisch, so würden in η nur einfach unendlich viele solche Punktreihen vorkommen, und zwar in den Strahlen eines Büschels erster Ordnung (II. Abth. Seite 118); es liegen also η und E_2 involutorisch. Weil aber das Gleiche von jedem ebenen Felde in Σ' und dem entsprechenden Strahlenbündel in Σ_2 gilt, so haben auch Σ' und Σ_2 involutorische Lage, wie behauptet wurde. — Für den zweiten der beiden genannten Fälle, welcher aus dem ersteren auch mittelst des Princips der Dualität sich ergiebt, kann der Beweis auf analoge Weise geführt werden.

Mit Berücksichtigung der letzten Sätze des vorhergehenden Vortrages (Seite 11) ergiebt sich hieraus Folgendes:

„Zwei gegebene räumliche Polarsysteme bestimmen einen „**Büschel** und eine **Schaar** von einfach unendlich vielen Polar- „systemen, von denen je zwei denselben quadratischen Strahlen- „complex erzeugen wie die beiden gegebenen."

„Bezüglich der Polarsysteme des Büschels gehen die Polar- „ebenen eines beliebigen Punktes alle durch einen Complexstrahl; „die Pole einer beliebigen Ebene liegen auf einer cubischen Ord- „nungscurve des Complexes, und die Polaren eines beliebigen „Complexstrahles bilden einen Complexkegel zweiter Ordnung."

„Bezüglich der Polarsysteme der Schaar bilden die Polar- „ebenen eines beliebigen Punktes einen cubischen Ordnungs- „Ebenenbüschel des Complexes; die Pole einer beliebigen Ebene „liegen auf einem Complexstrahle, und die Polaren eines be- „liebigen Complexstrahles umhüllen eine Complexcurve zweiter „Classe."

Die Gesammtheit der Ordnungsflächen eines Büschels resp. einer Schaar räumlicher Polarsysteme nennen wir einen Büschel von Flächen zweiter Ordnung F^2 resp. eine Schaar von Flächen zweiter Classe Φ^2, oder kürzer einen „F^2-**Büschel**" resp. eine „Φ^2-**Schaar**". Unter anderen bilden confocale Flächen zweiter Classe eine Φ^2-Schaar. Für diese Flächen-Mannigfaltigkeiten gilt nach Obigem der Satz:

„Durch zwei Flächen zweiter Ordnung ist ein F^2-Büschel und „durch zwei Flächen zweiter Classe ist eine Φ^2-Schaar bestimmt, „worin die heiden Flächen enthalten sind."

Ferner ergiebt sich aus dem Vorhergehenden (Seite 14, vgl. II. Abth. Seite 137):

Jeder Hauptpunkt A des Strahlencomplexes ist bezüglich aller Flächen des F^2-Büschels einer und derselben Hauptebene α als Pol zugeordnet. Er ist Doppelpunkt eines ausgearteten Polarsystemes des Büschels, und Mittelpunkt eines reellen oder imaginären Kegels zweiter Ord-

Jede Hauptebene α des Strahlencomplexes ist bezüglich aller Flächen der Φ^2-Schaar einem und demselben Hauptpunkte A als Polare zugeordnet. Sie ist Doppelebene eines ausgearteten Polarsystemes der Schaar und enthält einen reellen oder imaginären Kegelschnitt, welcher als

nung, welcher als *Ordnungsfläche* dieses Polarsystemes dem F^2-Büschel angehört.

singuläre Ordnungsfläche dieses Polarsystemes der Φ^2-Schaar angehört.

„Die Flächen des F^2-Büschels resp. der Φ^2-Schaar haben dem-
„nach das Haupttetraëder des Strahlencomplexes zum gemein-
„schaftlichen Poltetraëder*)."

Die Polarebenen eines beliebigen Punktes P bezüglich der Polarsysteme eines F^2-Büschels bilden einen Ebenenbüschel erster Ordnung, von welchem durch P i. A. nur eine Ebene π geht; der Punkt P aber liegt auf der Ordnungsfläche des Polarsystemes, in welchem P der Pol von π ist. Wenn jedoch P auf der Axe des Ebenenbüschels und somit auf allen seinen Polarebenen liegt, so gehen die Ordnungsflächen aller Polarsysteme des Büschels durch P. Die Pole einer beliebigen Ebene π liegen auf einer cubischen Raumcurve; und weil diese höchstens drei Punkte und mindestens einen reellen Punkt mit π gemein hat, so giebt es unter den Polarsystemen des Büschels mindestens eines und höchstens drei, deren *reelle Ordnungsflächen die Ebene* π, *und zwar in jenen Punkten*, berühren. Also:

Von einem F^2-Büschel geht durch einen beliebigen Punkt P nur eine Fläche, falls nicht P auf jeder Fläche des Büschels liegt. Eine beliebige Ebene π wird von höchstens drei Flächen des Büschels und von mindestens einer derselben berührt.

Von einer Φ^2-Schaar wird nur eine Fläche von der beliebigen Ebene π berührt, falls nicht jede Fläche der Schaar die Ebene berührt. Durch einen beliebigen Punkt gehen höchstens drei Flächen der Schaar, und mindestens eine.

Wenn zwei Flächen eines F^2-Büschels sich schneiden, so geht also jede Fläche des Büschels durch die Schnittcurve. Diese Curve heisst die „Grundcurve, Knotenlinie oder Basis" des F^2-Büschels; sie ist im Allgemeinen eine Raumcurve vierter Ordnung, *welche mit keiner Ebene mehr als vier, und mit keiner Geraden mehr als zwei Punkte gemein hat.* Nämlich die beiden Flächen zweiter Ordnung werden von einer Ebene in zwei Curven zweiter Ordnung geschnitten, welche höchstens vier Punkte gemein haben, wenn sie nicht zusammenfallen. Die Curve vierter Ordnung kann, wie wir gesehen haben (II. Abth. Seite 38 und 221), in zwei Kegel-

*) Die Entdeckung des gemeinsamen Poltetraëders zweier Flächen zweiter Ordnung verdanken wir Poncelet (Traité des propriétés projectives des figures, Paris 1822 Nos 615, 616).

schnitte oder in eine Gerade und eine cubische Raumcurve oder in vier Gerade zerfallen; wir gehen aber hier auf diese speciellen Fälle nicht näher ein. Jede Tangente der Curve hat mit ihren Polaren bezüglich der beiden Flächen ihren Berührungspunkt gemein, weil sie in ihm auch diese Flächen tangirt. Daraus folgt (Seite 13):

„Die Tangenten der biquadratischen Schnittcurve zweier Flächen „zweiter Ordnung liegen in dem quadratischen Strahlencom- „plexe, welchen die Polarsysteme der beiden Flächen erzeugen."

Die gemeinschaftlichen Berührungs-Ebenen von zwei Flächen zweiter Ordnung bilden im Allgemeinen einen Ebenenbüschel vierter Ordnung, von welchem i. A. durch keinen Punkt P mehr als vier Ebenen gehen. Nämlich die beiden Kegel zweiter Ordnung, welche aus dem Punkte P den gegebenen Flächen zweiter Ordnung umschrieben werden können, haben höchstens vier Berührungs-Ebenen gemein, wenn sie nicht zusammenfallen. — Ueber diese „biquadratischen" Raumcurven und Ebenenbüschel giebt uns der vorige Doppelsatz folgende Aufschlüsse:

Durch eine Raumcurve k^4 vierter Ordnung erster Art*), in welcher nämlich zwei Flächen zweiter Ordnung F^2 und F^2_1 sich schneiden, und durch einen ausserhalb k^4 gelegenen Punkt P kann eine dritte Fläche zweiter Ordnung F^2_2 gelegt werden. Diese liegt in dem durch F^2 und F^2_1 bestimmten F^2-Büschel.	Einem Ebenenbüschel vierter Ordnung erster Art, welcher nämlich zwei Flächen zweiter Classe Φ^2 und Φ^2_1 umschrieben ist, kann eine dritte Fläche zweiter Classe Φ^2_2 so eingeschrieben werden, dass sie eine gegebene Ebene berührt. Die Fläche Φ^2_2 liegt in der durch Φ^2 und Φ^2_1 bestimmten Φ^2-Schaar.

Wählen wir links den Punkt P so, dass er mit zwei Punkten der Curve k^4 in einer Geraden g liegt, so wird die Fläche F^2_2 eine geradlinige, weil sie drei und folglich alle Punkte von g enthält. Jede durch g gelegte Ebene, welche k^4 in zwei anderen Punkten Q, R schneidet, hat mit F^2_2 ausser g die Gerade QR gemein; denn

*) Eine Regelschaar erzeugt mit einem zu ihr projectiven Ebenenbüschel zweiter Ordnung eine Raumcurve vierter Ordnung zweiter Art, welche die Leitstrahlen der Regelschaar zu Doppelsehnen hat, und durch welche nur eine Fläche zweiter Ordnung, nämlich die der Regelschaar, gelegt werden kann. Dieselbe Raumcurve erzeugt der Büschel zweiter Ordnung mit zwei zu ihm projectiven Ebenenbüscheln erster Ordnung, die zu der Regelschaar perspectiv sind.

diese Gerade enthält von F_2^2 die Punkte Q und R nebst einem Punkte von g, und liegt deshalb ganz auf F_2^2. Also:

„Alle Sehnen QR der biquadratischen Raumcurve, welche von „einer gegebenen Sehne g ausserhalb der Curve geschnitten „werden, bilden eine Regelschaar oder ausnahmsweise einen „Kegel zweiter Ordnung. Die Sehnencongruenz der Curve ist „von der zweiten Ordnung und der sechsten Classe“;

denn durch den beliebigen Punkt P gehen höchstens zwei und in einer beliebigen Ebene liegen höchstens sechs Sehnen der Curve. Diese sechs Sehnen sind die Seiten eines der Curve eingeschriebenen Vierecks.

Liegen jene Sehnen QR auf einem Kegel zweiter Ordnung, so ist der Mittelpunkt A desselben ein Hauptpunkt des Strahlencomplexes; denn auf jeder dieser Sehnen giebt es einen Punkt, welcher durch zwei Punkte der Raumcurve und somit durch jede der Flächen F^2 und F_1^2 harmonisch von A getrennt ist, und alle diese vierten harmonischen Punkte liegen in der Polarebene des Punktes A bezüglich der beiden Flächen F^2 und F_1^2. Umgekehrt:

Wenn zwei Flächen zweiter Ordnung, die ein gemeinschaftliches reelles Poltetraëder $ABCD$ besitzen,

sich in einer biquadratischen Raumcurve k^4 schneiden, so wird diese aus jedem Eckpunkte des Poltetraëders durch einen Kegel zweiter Ordnung projicirt.

einem biquadratischen Ebenenbüschel eingeschrieben sind, so wird dieser von jeder Fläche des Poltetraëders in einem Büschel zweiter Ordnung geschnitten.

Nämlich jede Gerade, welche den Eckpunkt A mit irgend einem Punkte Q der Curve k^4 verbindet, enthält noch einen zweiten Curvenpunkt R; und zwar sind Q und R harmonisch getrennt durch den Punkt A und seine Polarebene BCD. Eine durch A gehende Sehne g wird also von jeder anderen Sehne, welche mit g in einer Ebene liegt, aber keinen Punkt der Curve k^4 mit g gemein hat, im Punkte A geschnitten.

Die biquadratische Schnittcurve zweier Flächen zweiter Ordnung wird übrigens auch dann, wenn die Flächen kein reelles Poltetraëder gemein haben, aus jedem reellen Hauptpunkte, d. h. aus jedem Punkte, dessen Polarebenen bezüglich der beiden Flächen zusammenfallen, durch einen Kegel zweiter Ordnung projicirt (Seite 14). Dieser Kegel liegt mit den beiden Flächen in einem F^2-Büschel.

Zwei Raumcurven vierter Ordnung erster Art, k^4 und l^4, können nicht mehr als acht Punkte mit einander gemein haben.

Zwei Ebenenbüschel vierter Ordnung erster Art können nicht mehr als acht Ebenen mit einander gemein haben.

Denn seien P, Q, R irgend drei gemeinschaftliche Punkte der Raumcurven k^4 und l^4; dann kann die Sehne PQ mit den beiden Curven durch zwei geradlinige Flächen zweiter Ordnung verbunden werden, welche ausser PQ nur noch eine cubische Raumcurve gemein haben. Diese Raumcurve hat PQ zur Sehne (II. Abth. Seite 197) und geht durch R und durch jeden anderen, von P und Q verschiedenen, gemeinschaftlichen Punkt von k^4 und l^4. Nun liefert uns aber die Sehne PR auf ganz dieselbe Weise eine zweite cubische Raumcurve, welche ebenfalls durch alle von P, Q und R verschiedenen Schnittpunkte der Curven k^4 und l^4 geht. Zwei cubische Raumcurven, die nicht identisch sind, haben aber höchstens fünf Punkte gemein; also giebt es ausser P, Q und R höchstens fünf Punkte, welche auf beiden Raumcurven vierter Ordnung liegen. Zugleich folgt aus dem Beweise:

„Wenn zwei biquadratische Raumcurven erster Art acht Punkte „gemein haben, so hat die cubische Raumcurve, welche durch „beliebige sechs dieser Punkte geht, die Verbindungslinie der „übrigen beiden Punkte zur Sehne.“ *)

Wenn in dem Beweise des vorhergehenden Satzes statt der biquadratischen Raumcurve l^4 eine cubische Raumcurve nebst einer ihrer Sehnen angenommen wird, so ergiebt sich:

„Eine cubische Raumcurve kann mit einer biquadratischen „erster Art nicht mehr als sechs Punkte gemein haben“,

wovon übrigens einer ein Doppelpunkt der biquadratischen Raumcurve sein kann. Eine cubische Raumcurve wird daher von einer nicht durch sie gehenden Fläche zweiter Ordnung in höchstens sechs Punkten geschnitten.

Drei Flächen zweiter Ordnung, welche weder eine Gerade, noch eine Curve zweiter, dritter oder vierter Ordnung mit einander gemein haben, besitzen

Drei Flächen zweiter Classe, deren gemeinschaftliche Berührungsebenen weder einen Büschel erster, zweiter, dritter noch vierter Ordnung bilden, haben höch-

*) Diese wichtige Eigenschaft der acht Schnittpunkte von drei Flächen zweiter Ordnung wurde wohl zuerst von Hesse (in Crelle's Journal f. Math., Bd. 26) veröffentlicht.

höchstens acht gemeinschaftliche Punkte. | *stens acht gemeinschaftliche Berührungs-Ebenen.*

Denn wenn eine der drei Flächen zweiter Ordnung von den beiden übrigen in biquadratischen Raumcurven geschnitten wird, so ist der Satz links eine unmittelbare Folge der vorhergehenden. Zerfällt aber eine oder jede der beiden Schnittcurven in Gerade oder Kegelschnitte, oder in eine Gerade und eine cubische Raumcurve, so ergiebt sich der sehr leichte Beweis des Satzes theils aus dem Vorhergehenden, theils aus den bekanntesten Eigenschaften der Curven zweiter, dritter und vierter Ordnung.

„Durch sieben beliebige Punkte ist im Allgemeinen ein achter „associirter Punkt bestimmt, welcher auf allen durch die sieben „Punkte gehenden Flächen zweiter Ordnung liegt."

Wenn von den sieben Punkten drei in einer Geraden oder fünf auf einem Kegelschnitte oder alle sieben auf einer cubischen Raumcurve liegen, so kann jeder Punkt dieser Linie erster, zweiter oder dritter Ordnung als der durch die sieben Punkte (unvollständig) bestimmte achte Punkt aufgefasst werden. Wenn keiner dieser besonderen Fälle eintritt, so ist der achte Punkt eindeutig bestimmt und wird durch folgende lineare Construction gefunden. Man lege durch sechs von den sieben Punkten eine cubische Raumcurve und ziehe an diese aus dem siebenten Punkte eine Sehne s (vergl. II. Abth. Seite 195), wiederhole sodann diese Construction unter Vertauschung des siebenten Punktes mit einem der sechs übrigen; die so erhaltenen Sehnen s schneiden sich in dem gesuchten achten Punkte. Dass die zuerst construirte Sehne mit einer beliebig durch die sieben Punkte gelegten Fläche zweiter Ordnung diesen so construirten Punkt gemein hat, ergiebt sich sofort aus einem der obigen Sätze und daraus, dass die Sehne mit der zugehörigen cubischen Raumcurve durch einen Büschel von Flächen zweiter Ordnung verbunden werden kann.

Eine andere vollständig durchgeführte Construction des achten associirten Punktes *8* zu sieben gegebenen Punkten *1*, *2*, *3*, . . ., *7* ist die folgende.*) Aus sechs der gegebenen Punkte bilden wir drei Paare *12*, *34*, *56* so, dass deren drei Verbindungslinien sich nicht schneiden, ziehen aus den Punkten i, k eines jeden dieser

*) Vgl. Crelle's Journal Bd. 100. Andere lineare Constructionen geben Hesse, Caspary, Schröter, Picquet, Sturm und Zeuthen in Crelle's Journal Bd. 99. Ein bemerkenswerther Satz von Hesse nebst zugehöriger Construction des achten Punktes findet sich unten im Anhange dieses Buches.

Paare zwei „Transversalen“ (d. h. schneidende Gerade) durch die Geraden, in denen die anderen beiden Punktepaare liegen, und sodann durch den Punkt *7* eine Gerade (*ik*), welche diese beiden Transversalen schneidet. Wir erhalten auf diese Weise drei durch *7* gehende Gerade (*12*), (*34*), (*56*), die Kanten eines Dreikants. Bringen wir nun die Geraden *12*, *34*, *56* zum Durchschnitt mit den Ebenen des Dreikants, welche den resp. Kanten (*12*), (*34*), (*56*) gegenüber liegen, und sodann das Dreikant selber mit der Ebene der drei Schnittpunkte, so erhalten wir ein Dreieck, dessen Seiten die resp. Geraden *12*, *34*, *56* in jenen Punkten schneiden und mit ihnen drei durch den gesuchten Punkt *8* gehende Ebenen bestimmen. — In den sieben gegebenen und dem so bestimmten achten Punkte *8* schneiden sich nämlich die drei durch die Strahlentripel:

12, *34*, (*56*); *12*, (*34*), *56* und (*12*), *34*, *56*

gehenden Flächen zweiter Ordnung; denn die drei durch *8* gehenden Transversalen der Strahlenpaare *34.56*, *56.12* und *12.34* liegen auf diesen Flächen, schneiden die resp. Geraden (*12*), (*34*) und (*56*) in den Eckpunkten jenes Dreiecks, und liegen zu zweien in jenen drei Ebenen der Geraden *12*, *34* und *56*. Die Dreiecksebene ist unvollständig bestimmt, wenn ihre drei auf *12*, *34* und *56* construirten Punkte in einer Geraden liegen; dann aber haben die drei Flächen zweiter Ordnung eine Linie erster, zweiter oder dritter Ordnung gemein, von welcher jeder Punkt als der gesuchte achte betrachtet werden kann.

Durch acht beliebige Punkte, von denen keine fünf in einer Ebene und keine drei in einer Geraden liegen, kann im Allgemeinen eine einzige biquadratische Raumcurve erster Art gelegt werden; denn wenn zwei solche Curven in jenen acht Punkten sich schneiden, so haben die Punkte eine besondere Lage, indem jede Raumcurve dritter Ordnung, welche durch sechs der Punkte geht, die Verbindungslinie der übrigen beiden Punkte zur Sehne hat. Wir können die biquadratische Raumcurve als bestimmt ansehen, sobald irgend zwei Flächen zweiter Ordnung gegeben sind, welche in ihr sich schneiden; solche Flächen aber erhalten wir durch Lösung der folgenden Aufgabe:

„Durch acht beliebig gegebene Punkte, von denen keine sechs „in einer Ebene und keine vier in einer Geraden liegen, Regel„flächen zweiter Ordnung zu legen.“

Im Allgemeinen können unter den acht Punkten sechs auf

verschiedene Art so gewählt werden, dass keine vier von ihnen in einer Ebene liegen. Wir verbinden die sechs Punkte durch eine cubische Raumcurve, ziehen an diese aus dem siebenten und dem achten Punkte Sehnen und legen alsdann durch letztere und die cubische Raumcurve eine Regelfläche II. O. Durch eine andere Gruppirung der gegebenen acht Punkte gelangen wir zu einer zweiten Regelfläche. Die verlangte Gruppirung ist nicht immer möglich, wenn die acht Punkte auf den vier Kanten a, b, c, d eines windschiefen Vierecks liegen. In diesem Falle schneiden wir zwei Gegenkanten a und c des Vierecks mit einer Geraden f, welche durch keinen der vier Eckpunkte geht; die Regelschaar, welcher die drei Strahlen b, d, f angehören, liegt alsdann auf einer durch alle acht Punkte gehenden Regelfläche. Liegen irgend drei der acht Punkte in einer Geraden g, so gehört diese allen verlangten Regelflächen an. Wenn zugleich die übrigen fünf Punkte in einer Ebene ε liegen, also auf einem Kegelschnitt $\varkappa$, der in zwei Gerade zerfallen kann, und wenn der Schnittpunkt von g und ε dem Kegelschnitt $\varkappa$ nicht angehört, so zerfällt jede durch die acht Punkte gelegte Fläche zweiter Ordnung in zwei Ebenen, von denen ε die eine ist; denn ε hat mit der Fläche zweiter Ordnung sechs Punkte gemein, die nicht auf einem Kegelschnitt liegen. Sind die acht Punkte auf vier, durch einen Punkt gehenden Geraden gelegen, von denen eine drei jener Punkte enthält, so liegen diese Geraden auf allen durch die acht Punkte gehenden Flächen zweiter Ordnung, und letztere sind Kegel.

Durch neun beliebig gegebene Punkte eine Fläche zweiter Ordnung zu legen.

An neun beliebig gegebene Berührungs-Ebenen eine Fläche zweiter Classe zu legen.

Durch acht der gegebenen Punkte legen wir zwei Regelflächen F^2 und F_1^2, und suchen sodann diejenige Fläche F_2^2 des durch F^2 und F_1^2 bestimmten Flächenbüschels, welche durch den neunten Punkt geht. Wie diese Fläche F_2^2 am leichtesten construirt werden kann, werden wir unten (Seite 32) sehen.

Durch neun beliebig gegebene Punkte kann eine und im Allgemeinen nur eine Fläche zweiter Ordnung gelegt werden.

Durch neun beliebig gegebene Ebenen kann ein und im Allgemeinen nur ein Ebenenbündel zweiter Ordnung gelegt werden.

Gehen nämlich mehrere Flächen zweiter Ordnung durch die neun Punkte, so liegen die Punkte auf der Raumcurve vierter Ordnung, in welcher zwei der Flächen sich schneiden, und welche durch acht der Punkte i. A. eindeutig bestimmt ist. Bei gewissen Lagen der neun Punkte, z. B. wenn sechs von ihnen in einer Ebene liegen, zerfällt die Fläche zweiter Ordnung in zwei Ebenen.

Das berühmte Problem, durch neun gegebene Punkte eine Fläche zweiter Ordnung zu legen, wird in erschöpfender Weise gelöst durch eine vollständig durchgeführte Construction des zehnten Punktes der Fläche, welcher mit einem der neun Punkte auf einer gegebenen Geraden liegt. Ich besitze solche Constructionen, doch sind dieselben zu verwickelt, um mich zu befriedigen; den Vergleich mit der Pascal'schen Construction eines Kegelschnittes aus fünf seiner Punkte halten sie nicht entfernt aus. Ich beschränke mich deshalb hier auf eine lineare Bestimmung der Kegelschnitte, welche die Fläche mit den Verbindungsebenen der neun Punkte gemein hat. Diese Construction führt indirekt zu einer Construction auch jenes zehnten Punktes der Fläche und beruht auf folgenden Eigenschaften der biquadratischen Raumcurven erster Art.

„Wenn eine biquadratische Raumcurve k^4 erster Art und eine „cubische Raumcurve k^3 einem räumlichen Fünfeck umschrieben „sind und eine Sehne s gemein haben, die durch keinen der „fünf Eckpunkte geht, so liegen sie mit s auf einer Fläche „zweiter Ordnung.“

Nämlich k^4 kann mit s durch eine Fläche zweiter Ordnung verbunden werden, diese aber enthält eine cubische Raumcurve k_1^3, welche dem Fünfeck umschrieben ist und s zur Sehne hat (II. Abth. S. 199). Weil jedoch diesen letzteren Bedingungen nur eine cubische Raumcurve genügt, so muss k_1^3 mit k^3 zusammenfallen.

Die cubischen Raumcurven, welche dem Fünfeck umschrieben werden können, schneiden eine beliebige Ebene η in Poldreiecken eines polaren Feldes (II. Abth. Seite 225); die 10 Kanten und die ihnen gegenüberliegenden 10 Ebenen des Fünfecks aber haben mit η je einen Punkt des Feldes und dessen Polare gemein, und bestimmen das polare Feld durch ihre Spuren in η. Wenn nun die biquadratische Raumcurve k^4 vier Punkte A, B, C, D mit η gemein hat, so bilden diese ein Polviereck des polaren Feldes, d. h. ein Viereck $ABCD$, dessen Gegenseiten conjugirt sind bezüglich des Feldes. Denn eine jener cubischen Raumcurven hat z. B. die Viereckseite AB zur Sehne, schneidet η in dem Pole P von AB und liegt mit AB und k^4 auf einer Fläche zweiter Ordnung; und weil diese Fläche mit η nur die beiden Sehnen AB und CD von k^4, zugleich aber den Punkt P gemein hat, so liegt P auf

CD, sodass die Gegenseiten AB und CD des Vierecks in der That conjugirt sind. Also:

„Die einem Fünfeck umschriebenen biquadratischen Raumcurven „erster Art schneiden eine beliebige Ebene η in Polvierecken „des polaren Feldes, welches durch den Schnitt von η mit den „Kanten und Ebenen des Fünfecks bestimmt ist.“

Dieser Satz enthält eine Eigenschaft von 9 Punkten einer biquadratischen Raumcurve k^4 erster Art für den Fall, dass vier dieser Punkte in einer Ebene liegen.

Sind nun von der Raumcurve k^4 acht beliebige Punkte gegeben, so bestimmen fünf derselben in der Ebene η der drei übrigen A, B, C ein polares Feld, mit dessen Hülfe der in η enthaltene neunte Curvenpunkt D leicht zu construiren ist. Verbindet man nämlich in η jeden Eckpunkt des Dreiecks ABC mit dem Pole der gegenüberliegenden Dreieckseite, so erhält man drei in D sich schneidende Gerade (I. Abth. S. 221). Wenn zwei Seiten des Dreiecks conjugirt sind bezüglich des polaren Feldes, so liegt der Pol der dritten Seite auf der Tangente von k^4 im gegenüberliegenden Eckpunkte, und man erhält diese Tangente durch die Construction.

Wenn von einer Fläche zweiter Ordnung neun Punkte beliebig gegeben sind, die nicht auf einer biquadratischen Raumcurve liegen, so bestimmt man die Schnittlinie dieser Fläche mit der Verbindungsebene von irgend drei A, B, C dieser Punkte auf folgende Weise. Man construirt die vierten Schnittpunkte D, D_1 der Ebene ABC mit zwei biquadratischen Raumcurven erster Art, welche A, B und C mit je fünf der übrigen sechs gegebenen Punkte verbinden; dann ist der Kegelschnitt, welcher durch die fünf Punkte A, B, C, D, D_1 geht, die gesuchte und völlig bestimmte Schnittlinie*). Sobald auf diese Weise drei Kegelschnitte der Fläche bestimmt sind, gelangt man mittelst einer früheren Construction zu jedem Punkte der Fläche (vgl. II. Abth. S. 38).

---

*) Diese und die vorhergehende Construction verdanken wir von Staudt (Beiträge zur Geometrie der Lage, Nürnberg 1856—60, Nr. 591).

Dritter Vortrag.

Projective Beziehungen der F^2-Büschel und der Kegelschnittbüschel.

Ausser den allgemeinen F^2-Büscheln, zu denen wir im letzten Vortrage gelangt sind, haben wir früher (II. Abth. Seite 38 und 221) zwei specielle kennen gelernt, deren Grundcurven in zwei Kegelschnitte oder in eine cubische Raumcurve und eine Sehne derselben zerfallen. Aus diesen speciellen F^2-Büscheln aber ergeben sich verschiedene andere, wenn auch die Kegelschnitte und die cubische Raumcurve zerfallen.

Allen Büscheln von Flächen zweiter Ordnung nun kommt folgende charakteristische Eigenschaft zu (vgl. Seite 17), welche als Definition der F^2-Büschel dienen kann:

„Die Polarebenen eines beliebigen Punktes P bezüglich der „Flächen eines F^2-Büschels bilden i. A. einen Ebenenbüschel „erster Ordnung und fallen ausnahmsweise nur dann zusammen, „wenn P ein Hauptpunkt, d. h. Doppelpunkt einer singulären „Fläche des Büschels ist.“

Wir legen diesen Satz der Theorie des F^2-Büschels zu Grunde. Schon im letzten Vortrage folgerten wir daraus (Seite 18):

„Durch jeden Punkt, der nicht auf allen Flächen des F^2-Bü„schels liegt, geht eine einzige dieser Flächen.“

Auf die Φ^2-Schaar lassen sich alle projectiven Eigenschaften des F^2-Büschels leicht dual übertragen; und da wir zudem die besonders wichtige Schaar confocaler Flächen zweiter Classe bereits im 16. und 17. Vortrage der zweiten Abtheilung eingehend untersucht haben, so gehen wir hier auf die Φ^2-Schaar nicht näher ein.

Wir nennen zwei Punkte „conjugirt bezüglich des F^2-Büschels,“ wenn jeder von ihnen auf allen Polarebenen des andern liegt. Aus dem obigen Satze folgt dann:

„Zwei Punkte sind bezüglich des F^2-Büschels conjugirt, wenn „sie in Bezug auf irgend zwei Flächen F^2 und F_1^2 des Büschels „conjugirt sind. Einem beliebigen Punkte P sind alle Punkte „einer Geraden p conjugirt“;

und zwar schneiden sich in p die Polaren von P in Bezug auf F^2 und F_1^2. Wenn nun P eine Gerade g durchläuft, so beschreiben diese beiden Polaren zwei zu g projective Ebenenbüschel, und die zu P conjugirte Gerade p beschreibt einen Kegel zweiter Ordnung oder eine Regelschaar, jenachdem die Axen der beiden Ebenenbüschel sich schneiden oder nicht. Daraus folgt:

„Den Punkten einer beliebigen Geraden g sind hinsichtlich des „F^2-Büschels die Strahlen einer zu g projectiven Regelschaar „oder Kegelfläche zweiter Ordnung conjugirt. Die Polaren von „g bezüglich der Flächen des Büschels sind Leitstrahlen der „Regelschaar resp. Strahlen des Kegels. Der Kegel zerfällt in „zwei Ebenen, wenn g durch einen Hauptpunkt des F^2-Bü„schels geht."

Sind irgend zwei Punkten P, Q von g die resp. Strahlen p, q conjugirt, so liegt also die Polare von g bezüglich einer beliebigen Fläche F^2 des Büschels entweder in einer Regelschaar, von welcher p und q zwei Leitstrahlen sind, oder auf einem durch p und q gehenden Kegel zweiter Ordnung; die Ebenen aber, welche diese Polare mit p und q verbinden, sind die Polaren von P und Q bezüglich F^2. Da nun eine Regelschaar aus je zwei Leitstrahlen und ein Kegel zweiter Ordnung aus je zwei seiner Strahlen durch projective Ebenenbüschel projicirt wird, so ergiebt sich:

„Die beiden Ebenenbüschel p, q, welche von den Polaren be„liebiger Punkte P, Q gebildet werden, sind projectiv, indem „die Polaren von P und Q bezüglich der einzelnen Flächen des „F^2-Büschels einander entsprechen."

Dreht die Polare von P sich stetig um p, so dreht sich also auch die entsprechende Polare jedes anderen Punktes Q stetig um die ihm conjugirte Gerade q; zugleich ändern sich folglich das zugehörige Polarsystem und seine Ordnungsfläche in dem F^2-Büschel stetig.

Auf den vorigen Satz stützt sich folgende Definition:

„Vier Flächen des F^2-Büschels heissen harmonisch, wenn die „vier Polaren eines und folglich jedes Punktes bezüglich der „Flächen einen harmonischen Ebenenbüschel bilden."

Ausgenommen sind auch hier die Hauptpunkte des F^2-Büschels, deren Polaren ja zusammenfallen. Wir können nunmehr auf die F^2-Büschel den Begriff der projectiven Verwandtschaft (I. Abth. Seite 52 und 125) anwenden, und dieselben auf beliebige Elementargebilde projectiv beziehen. Weisen wir z. B. jeder Fläche F^2 des

Flächenbüschels die Ebene zu, welche von einem beliebigen Punkte P die Polare ist in Bezug auf F^2, so ist der F^2-Büschel projectiv auf den Büschel p dieser Polarebenen bezogen; und mit Hülfe dieses Ebenenbüschels kann der F^2-Büschel auch auf jedes andere Elementargebilde projectiv bezogen werden. Wenn in dem F^2-Büschel imaginäre Flächen vorkommen als Ordnungsflächen reeller Polarsysteme, so werden sie durch diese Polarsysteme vertreten.

Ohne Weiteres folgt aus dem Vorhergehenden:

„Die Polaren einer beliebigen Geraden g bezüglich der Flächen „eines F^2-Büschels bilden eine zu dem Büschel projective Regel„schaar oder Kegelfläche zweiter Ordnung.“

Die Fläche zweiter Ordnung, auf welcher diese Polaren liegen, hat mit der Grundcurve k^4 des Büschels höchstens acht Punkte gemein (Seite 21). Jeder dieser Punkte ist Berührungspunkt einer durch g gehenden Berührungsebene von k^4, und die beliebige Gerade g wird sonach von höchstens acht Tangenten der Raumcurve k^4 geschnitten. Also:

„Die Tangentenfläche der biquadratischen Raumcurve k^4 erster „Art ist von der achten Ordnung. Die Berührungspunkte von „acht Tangenten, welche eine beliebige Gerade schneiden, sind „acht associirte Curvenpunkte.“

Die Pole einer beliebigen Ebene hinsichtlich der Flächen des F^2-Büschels construiren wir, indem wir in der Ebene die Eckpunkte P, Q, R eines Dreiecks annehmen und deren drei Polaren bezüglich jeder Fläche des Büschels zum Durchschnitt bringen. Die drei Ebenenbüschel, welche von diesen Polaren gebildet werden, sind zu dem Flächenbüschel und zu einander projectiv, und es ergiebt sich:

„Die Pole einer beliebigen Ebene hinsichtlich der Flächen „eines F^2-Büschels bilden im Allgemeinen eine zu dem Büschel „projective cubische Raumcurve. Den Punkten der Ebene sind „die Sehnen der Raumcurve conjugirt (II. Abth. Seite 197). Die „Ebene berührt höchstens drei reelle Flächen des Büschels und „mindestens eine; die Berührungspunkte liegen auf der Raum„curve.“

Zu demselben Resultat gelangen wir auch, wenn wir zu jedem Punkte der Ebene die Polarebenen bestimmen in Bezug auf irgend zwei Flächen des Büschels. Diese Polarebenen bilden zwei collineare Bündel, welche die cubische Raumcurve und deren Sehnencongruenz erzeugen. — Geht die Ebene durch einen Hauptpunkt des Büschels, so tritt eine Ausnahme ein. Sei R dieser Hauptpunkt und ρ seine Polare hinsichtlich der Flächen des Büschels. Dann erzeugen die beiden Büschel der Polaren von P und Q eine zum Flächenbüschel projective Regelschaar oder Kegelfläche zweiter Ordnung, welche mit ρ die Pole der gegebenen Ebene gemein hat; also:

„Die Pole einer Ebene, welche durch einen Hauptpunkt des „Flächenbüschels geht, bilden einen zum Büschel projectiven „Kegelschnitt."

Auch hier treten leicht zu erkennende Ausnahmen ein, wenn die Ebene zwei Hauptpunkte enthält oder eine Hauptebene des Büschels ist.

Liegt die gegebene Ebene im Unendlichen, so fallen ihre Pole mit den Mittelpunkten der Flächen zweiter Ordnung zusammen. Also:

„Die Mittelpunkte der Flächen eines F^2-Büschels liegen i. A. „auf einer cubischen Raumcurve und nur dann auf einem Kegel„schnitt, wenn der Büschel einen unendlich fernen Hauptpunkt „besitzt. Der F^2-Büschel enthält i. A. höchstens drei Para„boloide und mindestens ein solches."

Der Schnitt eines F^2-Büschels mit einer beliebigen Ebene wird ein „Kegelschnittbüschel" genannt. Durch jeden Punkt der Ebene, welcher nicht auf allen Kegelschnitten dieses Büschels liegt, geht ein einziger derselben. Zwei Punkte sind conjugirt in Bezug auf alle Kegelschnitte des Büschels, sobald sie bezüglich zwei dieser Kegelschnitte conjugirt sind (Seite 27). Zugleich gelten die Sätze (Seite 28):

„Die Punkte, welche in Bezug auf einen Kegelschnittbüschel „den Punkten einer Geraden g der Ebene conjugirt sind, bilden „im Allgemeinen eine zu g projective Curve zweiter Ordnung; „diese Curve ist zugleich der Ort der Pole von g bezüglich der „Kegelschnitte des Büschels. Die Polaren von zwei beliebigen „Punkten P, Q der Ebene in Bezug auf diese Kegelschnitte „bilden zwei projective Büschel erster Ordnung; und zwar ent„sprechen einander die Polaren von P und Q in Bezug auf je „einen der Kegelschnitte."

Sind also irgend drei Kegelschnitte des Büschels gegeben, so ist die projective Beziehung der Polaren-Büschel beliebiger Punkte völlig bestimmt, und man kann in Bezug auf irgend einen Kegelschnitt des Büschels die Polare eines jeden Punktes der Ebene linear construiren, sobald die Polare eines beliebigen Punktes gegeben ist. Daraus folgt, dass der Büschel durch drei seiner Kegelschnitte völlig bestimmt ist.

Wir können nun aber zeigen, dass der Kegelschnittbüschel sogar schon durch beliebige zwei seiner Kegelschnitte bestimmt ist. Durch einen passend gewählten Punkt P der Ebene kann man unendlich viele Gerade legen, welche entweder keinen oder einen oder jeden der beiden Kegelschnitte in reellen Punkten schneiden, und zwar im letzten Falle so, dass das eine Paar von Schnittpunkten durch das andere nicht getrennt ist. Auf jeder so durch P gelegten Geraden s der Ebene giebt es (I. Abth. Seite 174) zwei reelle Punkte M, N, welche hinsichtlich der beiden Kegelschnitte und somit bezüglich des Kegelschnittbüschels conjugirt sind; der Punkt, in welchem s den durch P gehenden Kegelschnitt des Büschels zum zweiten Male trifft, ist demnach völlig bestimmt, weil er von P durch die beiden conjugirten Punkte M und N harmonisch getrennt ist. Durch die beiden Kegelschnitte des Büschels ist also dessen durch P gehender Kegelschnitt und damit der ganze Büschel bestimmt. Daraus folgt:

„Zwei Kegelschnittbüschel sind identisch, wenn sie irgend „zwei Kegelschnitte gemein haben. Wenn zwei Flächen eines „F^2-Büschels durch zwei Kegelschnitte eines Kegelschnittbüschels „gehen, so ist letzterer ein Schnitt des F^2-Büschels."

Zwei beliebig in der Ebene angenommene Kegelschnitte bestimmen einen durch sie gehenden Kegelschnittbüschel; derselbe ist ein Schnitt jedes F^2-Büschels, von welchem zwei Flächen durch die beiden Kegelschnitte gehen.

Ein Kegelschnittbüschel, dessen Curven einen reellen Punkt U mit einander gemein haben, kann aufgefasst werden als Schnitt eines F^2-Büschels, dessen Flächen sich in einer Geraden und einer cubischen Raumcurve schneiden. Legt man nämlich durch U eine Gerade a, die nicht in der Ebene des Büschels liegt, und verbindet dieselbe mit irgend zwei Kegelschnitten des Büschels durch Flächen zweiter Ordnung, so haben letztere ausser a noch eine cubische Raumcurve k^3 gemein, von welcher a eine Sehne ist; der Kegelschnittbüschel aber ist von dem durch a und k^3 gehenden F^2-Büschel ein Schnitt. Von dem Schnitte eines solchen F^2-Büschels haben wir früher (II. Abth. Seite 238) den Satz bewiesen:

„Ein Kegelschnittbüschel wird von jeder Geraden, die durch

„keinen gemeinschaftlichen Punkt seiner Kegelschnitte geht, in „einer Punktinvolution geschnitten, deren Punktepaare auf je „einem Kegelschnitte des Büschels liegen.“

Nach dem Vorhergehenden gilt dieser Satz für jeden Kegelschnittbüschel, dessen Curven einen reellen Punkt mit einander gemein haben; er gilt aber auch für jeden anderen Kegelschnittbüschel. Wenn nämlich zwei Kegelschnitte eines Büschels sich weder in reellen Punkten schneiden noch berühren, so werden sie von keiner Geraden der Ebene in Punktepaaren geschnitten, die sich gegenseitig trennen, und es giebt folglich in jeder Geraden der Ebene zwei Punkte M, N, die in Bezug auf jene beiden und folglich bezüglich aller Kegelschnitte des Büschels conjugirt sind. Diese beiden Punkte M, N sind die Doppelpunkte der Involution, in welcher der Kegelschnittbüschel von der Geraden geschnitten wird.

Da ein F^2-Büschel mit einer Ebene allemal einen Kegelschnittbüschel gemein hat, so ergiebt sich aus dem obigen Satze:

„Ein F^2-Büschel wird von jeder Geraden, die durch keinen „gemeinschaftlichen Punkt seiner Flächen geht, in einer Punkt„involution geschnitten; die Gerade wird von höchstens zwei „Flächen des Büschels berührt, und zwar in den Doppelpunkten „der Involution.“

Aus dieser Eigenschaft der F^2-Büschel lässt sich eine sehr einfache Lösung der schon früher (Seite 24) berührten Aufgabe ableiten:

„Die Fläche zweiter Ordnung zu construiren, welche mit „zwei gegebenen Flächen F^2 und F_1^2 in einem F^2-Büschel liegt „und durch einen beliebig angenommenen Punkt P geht.“

Man lege durch P Gerade, welche die Flächen F^2 und F_1^2 in je zwei reellen Punkten schneiden. Jede dieser Geraden wird von dem F^2-Büschel in einer Involution geschnitten, welche durch jene zwei paar Schnittpunkte völlig bestimmt ist; die gesuchte Fläche aber geht durch den Punkt, welcher in der Involution dem Punkte P zugeordnet ist. — Die Construction ist nur dann nicht immer unmittelbar anwendbar, wenn die Flächen F^2 und F_1^2 sich gegenseitig ausschliessen. In diesem Falle construiren wir zunächst auf die angegebene Weise innerhalb F^2 irgend eine dritte Fläche F_2^2 des Büschels; alsdann können durch P unendlich viele Secanten an F^2 und F_2^2 gezogen werden, und die Construction führt zum Ziele.

Einen für Kegelschnittbüschel früher (II. Abth. Seite 238) bewiesenen Satz können wir wie folgt auf den F^2-Büschel übertragen:

„Durch den F^2-Büschel werden alle Geraden, welche die Grund-
„curve des Büschels in je einem Punkte schneiden, projectiv
„auf einander und perspectiv auf den F^2-Büschel bezogen, so-
„dass auf jeder Fläche des Büschels eine Gruppe homologer
„Punkte dieser Geraden liegt.“

Vierter Vortrag.

Erzeugniss eines F^2-Büschels mit einem zu ihm projectiven Ebenenbüschel. Die vier Hauptarten der F^2-Büschel.

Die projective Verwandtschaft, welche sich zwischen den F^2-Büscheln und beliebigen Elementargebilden aufstellen lässt, führt uns zu einer Fülle von neuen interessanten Aufgaben. Wir wollen von denselben nur die folgende besprechen:

„Von welcher Ordnung ist die Fläche, welche ein F^2-Büschel
„mit einem zu ihm projectiven Ebenenbüschel erster Ordnung
„erzeugt?“

Die so erzeugte Fläche geht durch jeden Kegelschnitt, den irgend eine Fläche des F^2-Büschels mit der ihr entsprechenden Ebene gemein hat; sie enthält deshalb die Axe des Ebenenbüschels und die Grundcurve des F^2-Büschels. Eine Gerade, welche die Axe des Ebenenbüschels schneidet, hat ausser dem Schnittpunkte noch höchstens zwei Punkte mit der Fläche gemein, wenn sie nicht ganz auf ihr liegt. Wir werden zeigen, dass die Fläche mit einer beliebigen, nicht auf ihr liegenden Geraden g höchstens drei Punkte und mindestens einen reellen Punkt gemein hat, also von der dritten Ordnung ist.

Die Gerade g wird von dem Ebenenbüschel in einer zu ihm und dem Flächenbüschel projectiven Punktreihe geschnitten. Wir wollen nun zunächst beweisen:

„Wenn eine gerade Punktreihe g auf einen F^2-Büschel pro-„jectiv bezogen ist, und man construirt zu jedem Punkte P „von g die Polare in Bezug auf die ihm entsprechende Fläche „π^2 des Büschels, so bilden diese Polaren einen zu g projectiven „Ebenenbüschel zweiter Ordnung, und nur in ganz speciellen „Fällen schneiden sie sich alle in einer Geraden."

Zu dem Punkte P von g construiren wir die Polarebene hinsichtlich der ihm entsprechenden Fläche π^2, indem wir die Polare von g in Bezug auf π^2 mit der Geraden verbinden, welche dem Punkte P hinsichtlich des Flächenbüschels conjugirt ist. Den Punkten von g sind die Strahlen einer zu g projectiven Regelschaar oder Kegelfläche zweiter Ordnung conjugirt; und die Polaren von g bilden eine zweite, zu dem Flächenbüschel projective Regelschaar resp. Kegelfläche zweiter Ordnung. Diese beiden Strahlengebilde sind projectiv, weil die Punktreihe g und der Flächenbüschel es sind; und sie erzeugen (I. Abth. Seite 133) im Allgemeinen einen zu g projectiven Ebenenbüschel zweiter Ordnung, weil im ersten Fall jede der Regelschaaren die Leitschaar der anderen ist und weil im zweiten Falle die beiden Kegel zweiter Ordnung conjectiv sind (Seite 28). Nur dann gehen die Verbindungs-Ebenen von je zwei homologen Strahlen alle durch eine Gerade, wenn im letzteren Falle die Kegel involutorisch liegen.

Die Punktreihe g liegt nun entweder perspectiv zu jenem Ebenenbüschel zweiter Ordnung, oder mindestens ein reeller Punkt und höchstens drei Punkte von g liegen in den ihnen entsprechenden Ebenen des Büschels (I. Abth. Seite 129)*). Jeder solche Punkt ist aber sich selbst conjugirt hinsichtlich der ihm entsprechenden Fläche des F^2-Büschels. Also:

„Wenn eine Punktreihe erster Ordnung g auf einen F^2-Bü-„schel projectiv bezogen ist, so liegen höchstens drei Punkte „von g auf den ihnen entsprechenden Flächen und mindestens „ein reeller Punkt, es sei denn, dass die Punktreihe zu dem „Flächenbüschel perspective Lage hat."

*) Entsprechen der Geraden g zwei involutorisch liegende Kegel zweiter Ordnung, so gelangen wir zu demselben Ergebniss wie folgt. Wir projiciren aus der Involutionsaxe der Kegel die Punktreihe g durch einen Ebenenbüschel. Dieser ist auch zu den Kegeln projectiv und folglich gehen höchstens drei seiner Ebenen durch die entsprechenden Strahlen der Kegel und mindestens eine.

Daraus ergiebt sich nunmehr als Lösung der vorhin gestellten Aufgabe der Satz:

„Ein F^2-Büschel erzeugt mit einem zu ihm projectiven Ebenen- „büschel erster Ordnung eine Fläche dritter Ordnung, welche „mit jeder nicht auf ihr gelegenen Geraden höchstens drei Punkte „und mindestens einen Punkt gemein hat. Diese cubische Fläche „geht durch die Grundcurve des F^2-Büschels und durch die Axe „a des Ebenenbüschels. Von den Ebenen des letzteren wird sie „in a und je einer Curve zweiter Ordnung geschnitten; diese „Curven schneiden die Axe a in einer Punktinvolution" (Seite 32).

Besteht der Ebenenbüschel aus den Polaren eines Punktes bezüglich der Flächen des F^2-Büschels, so ergiebt sich:

„Die Berührungspunkte der Tangenten, welche aus einem „beliebigen Punkte an die Flächen eines F^2-Büschels gezogen „werden können, liegen auf einer Fläche dritter Ordnung. Die- „selbe geht durch die Grundcurve des Büschels, durch jenen „Punkt und durch die ihm conjugirte Gerade a, und hat mit „den durch a gelegten Ebenen je einen Kegelschnitt gemein."

Wir wollen noch einige Folgerungen aus dem Satze ableiten, dass die Polaren beliebiger Punkte bezüglich der Flächen eines F^2-Büschels projective Ebenenbüschel bilden. Die Polaren von vier beliebigen Punkten bilden darnach vier projective Ebenenbüschel; es giebt aber (II. Abth. Seite 201) i. A. vier Punkte, in denen je vier homologe Ebenen dieser Büschel sich schneiden, und jeder dieser Punkte ist Doppelpunkt einer singulären Fläche des F^2-Büschels. Umgekehrt gehen durch den Doppelpunkt jedes in dem F^2-Büschel enthaltenen Kegels die Polaren der vier Punkte bezüglich dieses Kegels. Daraus folgt (vgl. Seite 20):

„Der F^2-Büschel enthält i. A. vier Kegel zweiter Ordnung."

Er ist singulär, wenn er mehr als vier Kegel oder ein Ebenenpaar enthält.

Weil die Mittel- oder Doppelpunkte von zwei Kegeln zweiter Ordnung bezüglich beider Kegel conjugirt sind (II. Abth. Seite 137), so ergiebt sich (Seite 27):

„Die Doppelpunkte der Kegel eines F^2-Büschels sind conjugirt „bezüglich des Büschels und Hauptpunkte desselben."

Wenn ihrer vier reelle existiren, so bilden sie also, wie wir auch sonst schon wissen (Seite 20), die Eckpunkte eines Poltetraëders des F^2-Büschels. Fallen von den Kegeln des Büschels zwei zusammen, so ist ihr Doppelpunkt sich selbst conjugirt bezüglich aller Flächen des Büschels, und seine Polarebene berührt in ihm diese Flächen. Also:

„Wenn zwei Kegel des F^2-Büschels zusammenfallen, so be-
„rühren sich in deren Doppelpunkte die übrigen Flächen des
„Büschels. Der F^2-Büschel ist in diesem Falle ein specieller.“

Dass umgekehrt ein Punkt, in welchem zwei Flächen des Büschels sich berühren, ein Hauptpunkt des Büschels, Doppelpunkt eines seiner Kegel und gemeinsamer Berührungspunkt seiner übrigen Flächen ist, folgt daraus, dass die Polaren des Punktes mit seiner Berührungsebene zusammenfallen.

„Der allgemeine F^2-Büschel enthält unendlich viele Regel-
„flächen, und zwar wird eine beliebige Ebene ε von mindestens
„einer derselben berührt.“

Denn der Kegelschnittbüschel, in welchem ε den F^2-Büschel schneidet, enthält (I. Abth. Seite 235) mindestens ein reelles Strahlenpaar, und dieses liegt i. A. auf einer Regelfläche und nur bei besonderer Lage von ε auf einem Kegel des F^2-Büschels. Besteht der F^2-Büschel ausschliesslich aus Regelflächen, so wird sein Schnitt mit ε von lauter reellen Kegelschnitten gebildet, und diese haben, da sie einen Büschel bilden, entweder zwei oder vier reelle Punkte gemein, die aber bei besonderer Lage von ε zum Theil oder alle zusammenfallen können. Also:

„Wenn ein F^2-Büschel ausschliesslich aus Regelflächen besteht,
„so ist seine Grundcurve reell und hat mit jeder Ebene reelle
„Punkte gemein.“

Die Polarsysteme und Flächen eines F^2-Büschels folgen stetig auf einander (Seite 28); eine reelle nicht geradlinige Fläche desselben aber kann in ihm nur dadurch in eine Regelfläche oder in eine imaginäre Fläche des Büschels stetig übergehen, dass sie die Uebergangsform eines reellen bezw. eines imaginären Kegels zweiter Ordnung annimmt. Wir schliessen daraus:

„Die Regelflächen eines allgemeinen F^2-Büschels sind durch
„reelle Kegel von den übrigen reellen Flächen des Büschels ge-
„trennt, letztere aber sind durch imaginäre Kegel, deren Doppel-
„punkte und polare Bündel reell sind, von den imaginären
„Flächen getrennt, welche etwa in dem F^2-Büschel als Ord-
„nungsflächen reeller Polarsysteme vorkommen. Der Büschel
„enthält deshalb ausschliesslich Regelflächen, wenn er keine
„reellen Hauptpunkte hat; und nur dann, wenn er vier reelle

„Hauptpunkte hat, kann er Polarsysteme mit imaginären Ord-„nungsflächen enthalten."

Hat der F^2-Büschel eine reelle Grundcurve k^4, so wird diese aus jedem Hauptpunkte durch einen Kegel des Büschels projicirt; die Strahlen dieses Kegels zweiter Ordnung bestehen aus eigentlichen oder uneigentlichen Sehnen von k^4, und seine Tangentialebenen berühren die Grundcurve doppelt. Mit einer beliebigen Sehne oder Tangente kann k^4 durch eine Regelfläche des Büschels verbunden werden; dieselbe enthält alle Sehnen und Tangenten von k^4, welche jene Sehne oder Tangente ausserhalb der Curve schneiden (Seite 20). Jede Ebene, welche k^4 in zwei Punkten P, Q berührt, geht durch einen Hauptpunkt des F^2-Büschels; denn die Fläche des Büschels, welche k^4 mit der Berührungssehne PQ verbindet, berührt die Ebene in P und in Q und folglich längs der Geraden PQ, ist also ein Kegel. Daraus folgt:

„Eine beliebige Tangente der Grundcurve k^4 schneidet so viele „andere reelle Tangenten der Curve, als der F^2-Büschel reelle „Hauptpunkte hat. Eine Regelfläche des Büschels, die durch „eine Tangente von k^4 geht, enthält in jeder ihrer beiden „Regelschaaren so viele reelle Tangenten von k^4, als der Bü-„schel reelle Hauptpunkte hat; wenn aber gar keine reellen „Hauptpunkte vorhanden sind, so enthält nur eine dieser Regel-„schaaren reelle Tangenten von k^4."

Die Strahlen einer solchen Regelschaar sind Sehnen von k^4; die zwei oder vier reellen Tangenten der Schaar trennen die eigentlichen Sehnen der Schaar von den uneigentlichen und begrenzen auf der Regelfläche einen resp. zwei Flächenstreifen, worauf die Raumcurve k^4 liegt.

Wenn jede der beiden Regelschaaren vier reelle Tangenten enthält, so werden diese aus den vier Tangenten der anderen Schaar und aus deren übrigen Strahlen durch projective Ebenenbüschel projicirt, und zwar aus den Tangenten durch Büschel, welche zugleich die Hauptpunkte projiciren.

„Diese Büschel von je vier Ebenen sind zu denen projectiv, „durch welche die vier Hauptpunkte aus beliebigen Tangenten „von k^4 projicirt werden, und ihr Doppelverhältniss ist deshalb „eine Invariante des F^2-Büschels und seiner Grundcurve k^4." Nämlich die Tangenten von k^4 berühren zugleich die Flächen des Büschels und werden von ihren Polaren bezüglich dieser Flächen in ihren resp. Berührungspunkten geschnitten; sie gehören deshalb zu dem quadratischen Complexe der Geraden, deren Polaren sich schneiden, und aus ihnen werden folglich die vier Hauptpunkte durch projective Ebenenbüschel projicirt (Seite 15).

Auf Grund der vorhergehenden Sätze und Bemerkungen können wir nun die folgenden vier Hauptarten*) des allgemeinen F^2-Büschels unterscheiden, abgesehen von zahlreichen Uebergangsarten und speciellen F^2-Büscheln, deren Flächen sich berühren.

Der F^2-Büschel erster Art hat vier reelle Hauptpunkte und enthält zwei reelle und zwei imaginäre Kegel; seine Grundcurve ist imaginär. Er ist der einzige, dessen Polarsysteme zum Theil imaginäre Ordnungsflächen haben. Er wird bestimmt durch zwei beliebige Flächen zweiter Ordnung, die keine reellen Punkte mit einander gemein haben.

Der F^2-Büschel zweiter Art hat wie der vorhergehende ein reelles Poltetraëder, enthält aber vier reelle Kegel. Seine Grundcurve ist „zweizügig", sie besteht aus zwei reellen paaren Zweigen oder Zügen, die mit einer beliebigen Ebene je eine gerade Anzahl (0, 2 oder 4) reeller Schnittpunkte gemein haben. Der Büschel wird bestimmt durch zwei Flächen zweiter Ordnung, von denen eine die andere durchbohrt.

Der F^2-Büschel dritter Art hat nur zwei reelle Hauptpunkte und enthält zwei reelle Kegel; seine Grundcurve hat einen reellen Zweig und ist eine paare einzügige Raumcurve. Der Büschel wird bestimmt durch zwei Flächen zweiter Ordnung, die in einander seitlich einschneiden oder einseitig eingreifen, ohne sich zu durchbohren.

Der F^2-Büschel vierter Art hat keine reellen Hauptpunkte und enthält ausschliesslich Regelflächen. Seine Grundcurve ist zweizügig und besteht aus zwei unpaaren Zweigen, die mit einer beliebigen Ebene je eine ungerade Anzahl (1 oder 3) reeller Schnittpunkte gemein haben und sich folglich beide in das Unendliche erstrecken. Der Büschel wird bestimmt durch zwei Regelflächen

*) Auf dieselben machten gleichzeitig aufmerksam R. Sturm in seinen Synth. Untersuchungen über Flächen dritter Ordnung (Lpz. 1867) S. 304—309 und Cremona in Crelle's Journal 68 S. 124; wenig später sodann Painvin in den Nouv. Annales de Mathém., 2e Série VII p. 481. Die drei Hauptarten der biquadratischen Raumcurve erster Art hat Herr Hermann Wiener durch sehr schöne Fadenmodelle dargestellt (Verlag von L. Brill in Darmstadt).

zweiter Ordnung, von denen die eine irgend zwei Strahlen der anderen trennt. Seine Grundcurve hat mit jeder Ebene mindestens zwei reelle Punkte gemein, die auf je einem der beiden Zweige liegen, und durch jeden Punkt geht eine reelle Gerade, welche beide Zweige dieser Raumcurve schneidet.

Diesen Hauptarten des F^2-Büschels sind die analogen vier Hauptarten der Φ^2-Schaar reciprok. Jede Φ^2-Schaar erster oder zweiter Art hat demnach ein reelles Poltetraëder, dagegen hat eine Φ^2-Schaar dritter oder vierter Art nur zwei resp. keine reellen Hauptebenen und Hauptpunkte. Nur die Φ^2-Schaaren der letzten drei Arten sind reellen Ebenenbüscheln vierter Ordnung eingeschrieben. Da jeder Hauptpunkt zweier Flächen zweiter Ordnung bezüglich derselben eine Hauptebene zur Polare hat, so ergiebt sich leicht:

„Zwei nicht singuläre Flächen einer Φ^2-Schaar erster oder zwei- „ter Art bestimmen allemal einen F^2-Büschel erster oder zwei- „ter Art, und schneiden sich demnach entweder garnicht oder „in zwei paaren Linienzügen. Zwei beliebige Flächen einer „Φ^2-Schaar dritter Art bestimmen einen F^2-Büschel dritter „Art und schneiden sich in einer einzügigen paaren Raumcurve. „Eine Φ^2-Schaar vierter Art enthält ausschliesslich Regelflächen; „zwei beliebige dieser Flächen aber bestimmen einen F^2-Büschel „vierter Art, und schneiden sich in zwei unpaaren Linienzügen."

Fünfter Vortrag.

Aehnliche, concentrisch und ähnlich liegende Flächen zweiter Ordnung und ihre Normalen.

Confocale Flächen zweiter Classe haben nach dem sechzehnten Vortrage der II. Abtheilung denselben Axencomplex; eine „Schaarschaar" coaxialer Flächen zweiter Classe besteht demnach aus unendlich vielen Schaaren confocaler Flächen. Wir wollen nunmehr nachweisen, dass die coaxialen Flächen auch unendlich viele F^2-Büschel bilden, und werden diese speciellen Flächenbüschel näher untersuchen. Wir beweisen zunächst den folgenden Satz:

„Sind von einer Fläche zweiter Ordnung die Symmetrie-„Ebenen und derjenige Durchmesser gegeben, welcher einer be-„liebig angenommenen, zu keiner Hauptaxe parallelen oder „senkrechten Ebene ε conjugirt ist, so sind dadurch der Axen-„complex der Fläche und die Axen jedes auf der Fläche lie-„genden Kegelschnittes bestimmt."

Der Pol der Ebene ε liegt auf dem ihr conjugirten Durchmesser; und weil die Senkrechte, welche aus diesem Pol auf ε gefällt werden kann, eine Axe der Fläche ist, so muss (II. Abth. Seite 143) jede zu ε normale Gerade, welche jenen Durchmesser schneidet, eine Axe sein. Der Axencomplex ist daher völlig bestimmt (II. Abth. Seite 145). Die Mittelpunkte aller Curven, in welchen die Fläche zweiter Ordnung von parallelen Ebenen geschnitten wird, liegen auf einem, den Ebenen conjugirten Durchmesser. Um den letzten Theil des Satzes zu beweisen, brauchen wir also nur noch zu zeigen, dass zu jeder durch einen Punkt P gelegten Ebene der conjugirte Durchmesser eindeutig bestimmt ist. Denn die Axen des in der Ebene gelegenen Kegelschnittes der Fläche zweiter Ordnung schneiden den conjugirten Durchmesser und sind als Strahlen des Axencomplexes mit bestimmt.

Nun ist jeder Hauptaxe der Fläche die zu der Hauptaxe normale Ebene des Punktes P conjugirt, und jeder zu einer Symmetrie-Ebene parallelen Ebene von P ist der Durchmesser conjugirt, welcher zu der Symmetrie-Ebene rechtwinklig ist (und also im Falle des Paraboloides unendlich fern liegt in der anderen Symmetrie-Ebene). Von der zu ε parallelen Ebene des Punktes P ist der conjugirte Durchmesser ebenfalls bekannt, und somit kennen wir für vier durch P gehende Ebenen, von denen keine drei in einer Geraden sich schneiden, die conjugirten Durchmesser. Bekanntlich ist aber der Bündel P reciprok auf den Durchmesserbündel bezogen, wenn jeder Ebene von P der ihr conjugirte Durchmesser zugewiesen wird; und da wir von vier Ebenen des Punktes P die conjugirten Durchmesser schon kennen, so ist die reciproke Verwandtschaft der beiden Bündel völlig festgestellt. Also kann wirklich zu jeder Ebene von P der conjugirte Durchmesser durch lineare Constructionen gefunden werden; der Satz ist damit bewiesen.

Seien a, a_1 zwei parallele Axen des Complexes und A, A_1 ihre Schnittpunkte mit einem Durchmesser. Wir können dann zwei Flächen zweiter Ordnung construiren, denen der gegebene

Axencomplex zugehört, und zu welchen die Axen a, a_1 in den resp. Punkten A, A_1 normal sind. Die Berührungs-Ebenen dieser Flächen in A und A_1 sind parallel und dem nämlichen Durchmesser AA_1 conjugirt; nach dem Vorhergehenden müssen deshalb je zwei Durchmesser, welche parallelen Ebenen in Bezug auf die beiden Flächen conjugirt sind, zusammenfallen, und folglich ebenso je zwei Durchmesser-Ebenen, die parallelen Geraden conjugirt sind. Wir nennen diese Flächen zwei „ähnliche, concentrisch und ähnlich liegende", oder kürzer „homothetische coaxiale" Flächen zweiter Ordnung, und können die soeben gefundenen Eigenschaften derselben wie folgt aussprechen:

„Die Mittelpunkte und Axen der Kegelschnitte, in welchen ho-„mothetische coaxiale Flächen zweiter Ordnung von einer Ebene „geschnitten werden, fallen zusammen. Die Berührungs-Ebenen „der Punkte, in welchen die Flächen von einem Durchmesser „geschnitten werden, sind parallel. Die Halbirungspunkte pa-„ralleler Sehnen der Flächen liegen in einer und derselben „Durchmesser-Ebene. Haben die Flächen einen Mittelpunkt, „so sind folglich ihre polaren Durchmesserbündel und ihre „Asymptotenkegel identisch; die Flächen berühren sich also in „ihren unendlich fernen Punkten."

Von einem Bündel paralleler Sehnen gehen zwei durch A und A_1 und schneiden die beiden Flächen zweiter Ordnung zum zweiten Male in den resp. Punkten B und B_1. Und da nicht blos A und A_1, sondern auch die Mittelpunkte der Sehnen AB und A_1B_1 auf einem Durchmesser liegen, so muss auch durch B und und B_1 ein Durchmesser gehen. Haben die Flächen zweiter Ordnung einen Mittelpunkt M, so schliessen wir aus der Aehnlichkeit der Dreiecke AMB und A_1MB_1:

$$MA : MA_1 = MB : MB_1.$$

„Die Durchmesser ähnlicher, concentrisch und ähnlich liegender „Ellipsoide oder Hyperboloide werden also von den Flächen pro-„portional getheilt."

Sind dagegen die Flächen Paraboloide, so sind die Durchmesser AA_1 und BB_1 parallel und das Viereck AA_1B_1B ist ein Parallelogramm. Die Strecken AA_1 und BB_1 sind folglich gleich, und es ergiebt sich:

„Zwei homothetische coaxiale Paraboloide sind congruent und „können zur Deckung gebracht werden, indem das eine in der „Richtung der Durchmesser verschoben wird."

Concentrische Hyperboloide, deren Asymptotenkegel zusammenfallen, sind coaxial und werden von jeder Ebene in concentrischen Curven mit gemeinschaftlichen Axen geschnitten. Denn durch den Asymptotenkegel ist zu jeder Ebene ε des Raumes der conjugirte Durchmesser bestimmt, also auch der Mittelpunkt von ε und die zu ε normalen Axen. Ein Hyperboloid ist völlig bestimmt, sobald der Asymptotenkegel und ausserhalb oder innerhalb desselben ein Punkt P des Hyperboloides gegeben ist. Denn jede durch P und den Mittelpunkt gehende Ebene, welche den Asymptotenkegel in zwei Strahlen a, b schneidet, hat mit dem Hyperboloid eine Hyperbel gemein, die durch P geht und von welcher a, b die Asymptoten sind; diese Hyperbel aber ist völlig bestimmt und leicht construirbar.

Werden zu einer Fläche zweiter Ordnung alle mit ihr homothetischen coaxialen Flächen hinzugefügt, so geht von denselben eine durch jeden Punkt des Raumes, falls die gegebene Fläche ein Ellipsoid oder ein Paraboloid ist; ist sie dagegen ein ein- oder zweifaches Hyperboloid, so geht durch jeden Punkt ausserhalb resp. innerhalb des Asymptotenkegels eine jener Flächen. Wir wollen im letzteren Falle alle übrigen Hyperboloide, die mit dem ersteren den Asymptotenkegel gemein haben, hinzufügen, so dass wir eine Schaar von ähnlichen einfachen und eine Schaar von ähnlichen zweifachen Hyperboloiden erhalten. Die Gesammtheit dieser Flächen, von denen durch jeden eigentlichen Punkt nur eine geht, nennen wir einen „Büschel homothetischer coaxialer Flächen zweiter Ordnung;" derselbe ist durch eine beliebige seiner Flächen bestimmt.

Jede Ebene wird von einer einzigen Fläche des Büschels berührt, und zwar in dem gemeinschaftlichen Mittelpunkte der Curven zweiter Ordnung, in welchen die übrigen Flächen von der Ebene geschnitten werden; denn die Pole der Ebene in Bezug auf die Flächen des Büschels liegen auf dem zu der Ebene conjugirten Durchmesser. Die Polarebenen eines Punktes P in Bezug auf die Flächen des Büschels sind parallel und einem und demselben Durchmesser conjugirt. Fällt man aus P eine Normale auf diese Ebenen, so erhält man eine beliebige Axe der Flächen, und da P deren Pol ist, so ergiebt sich:

„Durch die homothetischen coaxialen Flächen wird jeder Axe „ein und derselbe Pol zugewiesen."

Jede Axe steht zu einer der Flächen in ihrem Pole P normal; und dieser Pol oder Fusspunkt wird construirt, indem man die Axe mit dem Durchmesser zum Durchschnitt bringt, welchem die zu der Axe normalen Ebenen conjugirt sind. Die in irgend einer Ebene liegenden Axen umhüllen nach früheren Sätzen i. A. eine Parabel; also:

„Die Normalen, welche in einer beliebigen Ebene ε an einen „Büschel homothetischer coaxialer Flächen zweiter Ordnung ge- „zogen werden können, umhüllen i. A. eine Parabel. Die Fuss- „punkte dieser Normalen sind zugleich deren Pole und liegen „auf einer Tangente der Parabel“ (II. Abth. Seite 142).

Der Satz erleidet Ausnahmen, wenn die Ebene ε eine Durchmesserebene oder zu einer Symmetrie-Ebene γ normal ist. Nämlich im letzteren Falle gehen die in ε liegenden Normalen alle durch einen Punkt von γ und ihre Fusspunkte liegen in einer zu γ normalen Geraden (II. Abth. Seite 143); im ersteren Falle sind sie parallel und ihre Fusspunkte oder Pole liegen in einem Durchmesser.

Weil eine Gerade mit einer Fläche des Büschels höchstens zwei Punkte gemein hat, wenn sie nicht ganz auf ihr liegt, so folgt:

„In einer beliebigen Ebene ε liegen im Allgemeinen und „höchstens zwei Normalen einer Fläche zweiter Ordnung.“

Eine Ausnahme machen nur die Symmetrie-Ebenen, und bei den Kegeln zweiter Ordnung die Normalebenen, welche in den Strahlen des Kegels die zugehörigen Berührungsebenen rechtwinklig schneiden. Sucht man zu den Geraden, welche auf der Ebene ε senkrecht stehen, die conjugirte Durchmesserebene und bringt man diese mit ε zum Durchschnitt, so geht die Schnittlinie durch die Fusspunkte der beiden in ε gelegenen Normalen der Fläche. Diese Punkte sind demnach leicht zu construiren.

„Alle durch einen Punkt P gehenden Normalen ähnlicher, „concentrisch und ähnlich liegender Flächen zweiter Ordnung „liegen auf einem Kegel zweiter Ordnung (II. Abth. Seite 142), „falls P weder unendlich fern, noch in einer Symmetrie-Ebene „liegt; der Ort ihrer Fusspunkte ist eine durch P und den „Mittelpunkt der Flächen gehende räumliche Hyperbel, deren „drei Asymptoten zu den Hauptaxen parallel resp. zu den Sym- „metrie-Ebenen normal sind.“

Der zweite Theil des Satzes ergiebt sich auf folgendem Wege. Legt man normal zu den Strahlen jenes Kegels P zweiter Ordnung durch einen beliebigen Punkt Ebenen, so bilden diese einen

Büschel zweiter Ordnung (I. Abth. Seite 188), und die ihnen conjugirten Durchmesser bilden folglich einen Kegel oder Cylinder M zweiter Ordnung. Derselbe hat mit dem Kegel P den Durchmesser MP gemein; denn die conjugirten Normalstrahlen der zu MP conjugirten Ebenen schneiden alle den Durchmesser MP und einer von ihnen liegt folglich auf dem Kegel P, weshalb MP auf dem Kegel oder Cylinder M liegen muss. Da nun jede Normale n in ihrem Fusspunkte von dem Durchmesser geschnitten wird, welcher den zu n rechtwinkligen Ebenen conjugirt ist, so liegen die Fusspunkte aller durch P gehenden Normalen auf der cubischen Raumcurve, welche die Kegel M und P noch ausser dem Durchmesser MP mit einander gemein haben. Beide Kegel gehen durch die Pole der Symmetrie-Ebenen und die unendlich fernen Punkte der Hauptaxen; also auch ihre Schnittcurve. Diese Curve ist demnach auch dann eine räumliche Hyperbel mit drei zu einander rechtwinkligen Asymptoten, wenn die homothetischen coaxialen Flächen Paraboloide sind. Im Punkte P wird die räumliche Hyperbel von der zu den Polarebenen von P normalen Geraden berührt.

Mit einer einzelnen von den homothetischen Flächen hat die räumliche Hyperbel höchstens sechs Punkte gemein (Seite 21), und im Falle des Paraboloides ist der unendlich ferne Punkt der Hauptaxe einer dieser Punkte; also:

„Aus keinem Punkte P können mehr als sechs Normalen an „eine Fläche zweiter Ordnung gezogen werden; im Falle des „Paraboloides ist eine dieser Normalen ein Durchmesser und „ihr Fusspunkt unendlich ferne.“

Dieser Satz und die vorhergehenden gelten nicht für Rotations-Flächen zweiter Ordnung, welche früher (II. Abth. S. 143) ausdrücklich ausgeschlossen wurden.

Wir können aus den noch übrigen Sätzen des fünfzehnten Vortrages der II. Abtheilung die folgenden über die Normalen von Flächen zweiter Ordnung ableiten:

„Sind von einem Büschel homothetischer coaxialer Flächen „zweiter Ordnung die Symmetrie-Ebenen und eine beliebige „Normale gegeben, so sind dadurch alle Normalen der Flächen „bestimmt. Die Normalen, welche eine Gerade g schneiden, „liegen so zu einander, dass alle durch einen beliebigen Punkt „P von g gehenden Normalen einen Kegel zweiter Ordnung „bilden, und alle in einer beliebigen Ebene ε von g liegenden „Normalen eine Parabel umhüllen. Nur wenn P unendlich fern

„oder in einer Symmetrie-Ebene liegt, zerfällt der Kegel in zwei „Strahlenbüschel erster Ordnung; und ebenso erhalten wir in „ε statt der Parabel-Tangenten zwei Strahlenbüschel erster Ord„nung, wenn ε eine Durchmesserebene der Flächen oder zu „einer Symmetrie-Ebene normal ist. Die Fusspunkte aller Nor„malen, welche die Gerade g schneiden, erfüllen einen Kegel „oder eine Regelfläche zweiter Ordnung, je nachdem g selbst „zu einer Fläche des Büschels normal ist oder nicht; wenn je„doch g unendlich fern liegt, so erfüllen jene Fusspunkte eine „Durchmesserebene, und wenn g in einer Symmetrie-Ebene „liegt, so sind die Fusspunkte theils in dieser, theils in einer „zu der Symmetrie-Ebene senkrechten Ebene enthalten."

Der letzte Theil des Satzes folgt daraus, dass der geometrische Ort der Fusspunkte mit jeder durch g gelegten Ebene ε eine Gerade gemein hat und mit einem Axenkegel P, dessen Mittelpunkt auf g liegt, i. A. eine cubische Raumcurve. Die Ausführung des Beweises überlasse ich dem Leser.

Sechster Vortrag.

Strahlencongruenzen zweiter Classe, erzeugt durch collineare Flächen zweiter Ordnung*).

Ein durch collineare Räume Σ, Σ_1 erzeugter quadratischer Complex Γ ist durch seine Erzeugungsart projectiv auf den Punktraum Σ und ebenso auf Σ_1 bezogen. Da nämlich ein beliebiger Strahl s von Γ zwei homologe Punkte S, S_1 der collinearen Räume verbindet, so entsprechen ihm diese Punkte in Σ und Σ_1. Wir nennen der Kürze wegen S den „Pol" des Complexstrahles s im Raume Σ. Rechnen wir den Strahl s zu Σ_1 und damit zum Bündel S_1, so schneidet er in seinem Pole S den entsprechenden Strahl von Σ. Jeder Hauptpunkt des Complexes ist Pol aller durch ihn gehenden Strahlen; jeder andere Punkt des Raumes Σ

*) Vgl. meinen Aufsatz in Crelle's Journal für die r. u. a. Mathematik 93, S. 81—86 (1882).

ist der Pol eines einzigen Complexstrahles. Zwei Complexstrahlen s, t, deren Pole S, T keine Hauptpunkte sind, schneiden sich nur dann, wenn die Verbindungslinie ST ihrer Pole dem Complexe angehört; denn nur in diesem Falle liegt ST mit dem entsprechenden Strahle $S_1 T_1$ von Σ_1 in einer Ebene (Seite 1). Die speciellen Fälle, in welchem Σ und Σ_1 unendlich viele Elemente entsprechend gemein haben, wollen wir wiederum ausschliessen.

Ersetzen wir Σ_1 durch einen der Räume Σ_2, welche mit Σ und Σ_1 in einer Schaar collinearer Räume liegen (Seite 12), so bleibt der quadratische Complex Γ derselbe, und auch die Pole seiner Strahlen in Σ bleiben ungeändert. Denn in den collinearen Räumen dieser Schaar entsprechen jedem Punkte S von Σ die Punkte des Complexstrahles s, von welchem S der Pol ist. Einer beliebigen Geraden von Σ entsprechen die Strahlen einer Regelschaar, deren Leitschaar dem Complexe angehört; zwei beliebigen Punkten (oder Geraden oder Ebenen) von Σ entsprechen folglich die Elemente von zwei projectiven Punktreihen (resp. Regelschaaren oder cubischen Ebenenbüscheln). Einer beliebigen Fläche F^2 zweiter Ordnung von Σ entspricht in Σ_1 und in jedem anderen Raume Σ_2 der Schaar eine zu ihr collineare Fläche F_1^2 resp. F_2^2; alle diese collinearen Flächen aber erzeugen zu zweien mittelst ihrer homologen Punkte eine und dieselbe in dem Complexe Γ enthaltene Strahlencongruenz $[a]$; und zwar besteht $[a]$ aus den Strahlen von Γ, deren Pole auf der Fläche F^2 liegen. In einem wichtigen Specialfalle besteht die Congruenz, wie wir sehen werden, aus den Normalen einer Fläche zweiter Ordnung.

Der näheren Untersuchung dieser Congruenz $[a]$ schicken wir einige Sätze über die Strahlen des quadratischen Complexes Γ und ihre Pole voraus. Die Pole aller in einer Ebene ε_1 enthaltenen Complexstrahlen liegen auf einem dieser Strahlen, nämlich auf dem Strahle $\varepsilon_1 \varepsilon$, welchen die Ebene ε_1 von Σ_1 mit der entsprechenden Ebene ε von Σ gemein hat; wir nennen $\varepsilon \varepsilon_1$ die „Polgerade" der Ebene ε_1. Von einer Hauptebene jedoch ist jeder Punkt der Pol eines in ihr liegenden Complexstrahles. Die Pole aller durch einen Punkt A gehenden Complexstrahlen liegen auf einer cubischen Ordnungscurve α^3 des Complexes Γ, welche die „Polcurve des Punktes" heissen möge; in derselben wird der Complexkegel des Punktes, den wir zu Σ_1 rechnen, von dem entsprechenden Kegel des Raumes Σ geschnitten. Die Polcurve α^3 eines beliebigen Punktes A geht durch alle Hauptpunkte des Complexes und berührt in A den Complexstrahl, von welchem A der Pol ist; die Polgeraden aller durch A gehenden Ebenen sind die Sehnen der Polcurve α^3. Die Pole aller Complexstrahlen, welche eine Gerade g schneiden, liegen mit g auf einer Fläche G^2 zweiter Ordnung, der „Polfläche von g"; dieselbe hat nach dem Vorhergehenden mit jeder durch g gelegten Ebene ε_1 einen Complexstrahl $\varepsilon_1\varepsilon$ gemein, wird durch homologe Ebenenbüschel der Räume Σ und Σ_1 erzeugt und enthält die Polcurven aller Punkte von g sowie alle Hauptpunkte des Complexes Γ. Ist g ein Complexstrahl, so fällt seine Polfläche G^2 mit dem Complexkegel seines Poles zusammen. Beschreibt die Gerade g einen Strahlenbündel A oder in einer Ebene ε_1 einen Büschel A, so beschreibt ihre Polfläche G^2 einen Bündel resp. Büschel, welcher die cubische Polcurve des Punktes A resp. diese Curve nebst ihrer in ε_1 liegenden Sehne $\varepsilon_1\varepsilon$ zur Grundcurve hat.

Die collinearen Flächen zweiter Ordnung F^2 und F_1^2 erzeugen nun die Congruenz $[a]$ derjenigen Complexstrahlen, deren Pole auf F^2 liegen; und da F^2 mit der Polgeraden einer beliebigen Ebene höchstens zwei und mit der cubischen Polcurve eines Punktes höchstens sechs Punkte gemein hat, so ergiebt sich:

„Die Congruenz $[a]$ ist von der zweiten Classe und der sechsten „Ordnung*). Zwei ihrer Strahlen liegen nur dann in einer „Ebene ε_1, wenn die Verbindungslinie ihrer auf F^2 liegenden „Pole dem quadratischen Complexe Γ angehört (als Polgerade „$\varepsilon\varepsilon_1$ von ε_1). Die sechs durch einen beliebigen Punkt A gehen„den Strahlen der Congruenz liegen auf einem Kegel von Γ, „und ihre Pole liegen mit A und den Hauptpunkten von Γ „auf der Polcurve α^3 von A, also auf einer cubischen Ord„nungscurve des Complexes Γ."

Eine Gerade g wird von unendlich vielen Strahlen der Congruenz $[a]$ geschnitten; die Pole dieser Strahlen sind die gemeinschaftlichen Punkte der Fläche F^2 und der quadratischen Polfläche G^2 von g, ihr Ort ist demnach eine Raumcurve vierter Ordnung. Da nun diese Raumcurve mit der Polfläche einer anderen Geraden g_1 höchstens acht Punkte gemein hat, so giebt es höch-

---

*) Dieselbe ist nach Kummer's Bezeichnung von der ersten Art (s. Abhandlungen der Berliner Akademie 1866 S. 94—102). Die Congruenzen zweiter Classe sechster Ordnung zweiter Art werden wir im siebenzehnten Vortrage kennen lernen.

stens acht Strahlen von [a], welche g und zugleich g_1 schneiden. Die mit einer Geraden g incidenten Strahlen der Congruenz [a] liegen demnach auf einer Fläche achter Ordnung. — Wenn die Gerade a zu [a] gehört und A ihr Pol ist, so fällt ihre Polfläche mit dem Kegel A des Complexes Γ zusammen, und dieser Kegel schneidet die Fläche F^2 in den Polen aller mit a incidenten Strahlen von [a]. Da aber F^2 in dem beliebig auf ihr anzunehmenden Punkte A im Allgemeinen von zwei Strahlen dieses Kegels berührt wird, so ergiebt sich:

„Ein beliebiger Strahl a der Congruenz [a] wird i. A. von zwei „ihm unendlich nahen Strahlen der Congruenz geschnitten."

Die übrigen ihm unendlich nahen Strahlen der Congruenz sind windschief zu a; ihre Pole liegen auf F^2 in unmittelbarer Nähe von A, jedoch in den Richtungen der übrigen Tangenten dieses Punktes. Wir bezeichnen mit Kummer als „Brennpunkte" und „Focalebenen" von a die beiden Schnittpunkte und Verbindungs-Ebenen dieses Strahles mit jenen beiden ihm unendlich nahen Strahlen der Congruenz. Zu jeder Focalebene φ von a „gehört" der Brennpunkt, in welchem a von dem in φ liegenden Nachbarstrahle geschnitten wird. Ohne Weiteres ergiebt sich:

„Jede Focalebene der Congruenz [a] hat eine Tangente der „Fläche F^2 zur Polgeraden und verbindet diese mit der ent„sprechenden Tangente von F_1^2. Die Polcurve jedes Brenn„punktes von [a] berührt die Fläche F^2 in dem Pole des zu„gehörigen Strahles von [a]; sie berührt in demselben Punkte „die Polgerade der zugehörigen Focalebene."

Die Polgeraden aller Ebenen einer Geraden g bilden auf der Polfläche von g i. A. eine Regelschaar, und ihre Polaren hinsichtlich F^2 bilden eine zu jener projective Regelschaar; es giebt deshalb unter diesen Polgeraden höchstens vier, welche ihre Polaren schneiden (I. Abth. Seite 133) oder, was dasselbe ist, die Fläche F^2 berühren. Durch die beliebige Gerade g gehen demnach höchstens vier Focalebenen von [a], oder:

„Die Focalebenen der Congruenz [a] umhüllen eine Fläche Φ^4 „vierter Classe, die s. g. Brennfläche von [a]."

Die Polfläche G^2 von g enthält nur dann die Pole A, A_1, A_2 des Congruenzstrahles a und seiner ihn schneidenden beiden Nachbarstrahlen, wenn diese drei Strahlen von der Geraden g geschnitten werden. Mit anderen Worten, die Polfläche G^2 von g berührt nur dann die Fläche F^2 im Punkte A, wenn g in einer

Focalebene von a liegt und zugleich durch den zu der anderen Focalebene gehörigen Brennpunkt von a geht.

Seien nun φ, φ' zwei nahe benachbarte Focalebenen der Congruenz $[a]$, g ihre Schnittlinie und resp. a, a' die in ihnen liegenden Strahlen von $[a]$; dann berühren die Polgeraden dieser Ebenen, welche in der Polfläche G^2 von g liegen, die Fläche F^2 in den beiden Polen A und A' von a und a'. Wenn nun φ' der Ebene φ unbegrenzt sich nähert, so wird AA' zu einer gemeinsamen Tangente der Flächen F^2 und G^2; letztere berühren sich schliesslich in A, während zugleich g als Schnittlinie consecutiver Berührungsebenen von Φ^4 in eine Tangente der Fläche Φ^4 übergeht. Also die Polfläche G^2 einer beliebigen Tangente g der Brennfläche Φ^4 berührt die Fläche F^2. Durch den Berührungspunkt A geht auch die auf G^2 liegende Polcurve des Punktes $g \cdot a$; sie berührt in ihm die Fläche F^2. Der Punkt $g a$ ist folglich einer der Brennpunkte des Strahles a und zwar gehört er nach einer vorhergehenden Bemerkung zu der von φ verschiedenen Focalebene von a. Durch diesen Brennpunkt gehen alle Tangenten der Brennfläche Φ^4, in denen φ von den benachbarten Focalebenen geschnitten wird. Kurz:

„Die Brennfläche Φ^4 der Congruenz $[a]$ ist auch der Ort aller „Brennpunkte von $[a]$. Jede der beiden Focalebenen eines Strahles „von $[a]$ berührt die Fläche in dem zu der anderen gehörigen „Brennpunkte. Die Congruenz $[a]$ besteht demnach aus Doppel-„tangenten von Φ^4. Die Polfläche einer beliebigen Tangente „dieser Fläche berührt die Fläche F^2."

Jede Hauptebene α des quadratischen Complexes Γ ist eine singuläre Ebene der Congruenz und möge eine „Hauptebene von $[a]$" heissen; sie enthält von $[a]$ einen Strahlenbüschel vierter Ordnung. Denn da die Ebene α sich selbst entspricht, so hat sie mit den collinearen Flächen F^2 und F_1^2 zwei homologe Kegelschnitte gemein, diese aber erzeugen einen Strahlenbüschel vierter Ordnung (II. Abth. Seite 232). Die sechs Kanten des Haupttetraëders von Γ sind Doppelstrahlen der Congruenz, weil sie je zwei paar homologe Punkte von F^2 und F_1^2 enthalten.

Wir wollen nunmehr annehmen, die collinearen Flächen F^2, F_1^2, F_2^2, ..., welche paarweise mit einander die Congruenz $[a]$ erzeugen, seien Regelflächen zweiter Ordnung. Dann bilden ihre homologen Regelschaaren zwei andere Congruenzen $[b]$ und $[c]$, welche zu einander und zu $[a]$ sehr innige Beziehungen haben. Nämlich jede der erwähnten Regelschaaren von $[b]$ ist die Leitschaar einer Regelschaar von [c], indem sie mit ihr auf einer der collinearen Flächen liegt; andererseits bildet jede Gerade b oder c der Fläche F^2 mit den ihr entsprechenden Geraden der anderen Flächen eine Regelschaar, deren Leitschaar der Congruenz [a] angehört (Seite 46). Jede der drei Congruenzen [a], [b], [c] kann also auf zweifache Art durch eine Regelschaar beschrieben werden, und zwar so, dass deren Leitschaar zugleich die eine oder die andere von den beiden übrigen Congruenzen beschreibt; dabei geht die Regelschaar durch jeden einfachen Strahl der Congruenz einmal.

So oft nun von der veränderlichen Regelschaar ein Strahl durch einen Punkt P geht oder in eine Ebene π fällt, ebenso oft geht durch P oder fällt in π auch ein Leitstrahl derselben. Die Congruenzen [b] und [c] sind deshalb ebenso wie [a] von der zweiten Classe und der sechsten Ordnung; auch haben sie dieselbe Brennfläche Φ^4 wie [a], weil jede Focalebene und jeder Brennpunkt von [a] mit zwei zusammenfallenden Strahlen von [a] und folglich auch mit zwei zusammenfallenden von [b] resp. [c] incident ist. Damit ist zugleich bewiesen, dass die Congruenzen [b] und [c] ebenso wie [a] aus Doppeltangenten der Fläche Φ^4 bestehen. Die Polfläche einer Geraden von [b] oder [c] berührt in der That die Fläche F^2 doppelt, denn sie schneidet dieselbe in der Geraden und in einer cubischen Raumcurve, welche diese Gerade zur Sehne hat.

Die zu [c] gehörige Regelschaar der Fläche F^2 wird von ihren Leitstrahlen b in projectiven Punktreihen geschnitten, und letztere erzeugen mit den entsprechenden Punktreihen von F_1^2 projective Regelschaaren der Congruenz [a]. Aber auch die Leitschaaren dieser Regelschaaren sind projectiv, weil sie den Geraden b in den collinearen Räumen Σ_1, Σ_2, ... entsprechen (Seite 46). Durch diese projectiven Schaaren werden die sie enthaltenden Regelflächen collinear auf einander bezogen (II. Abth. Seite 30); und da jeder Strahl von [c] homologe Strahlen der Schaaren schneidet, so verbindet er zugleich homologe Punkte dieser Flächen. Wie [a], so kann also auch die Congruenz [c] und ebenso [b] durch collineare Flächen zweiter Ordnung erzeugt werden.

Eine Hauptebene von [b] oder [c] möge mit β resp. γ bezeichnet werden; sie ist ebenso, wie jede Hauptebene α von [a], eine gemeinschaftliche singuläre Ebene der drei Congruenzen [a], [b], [c], weil sie von einer und folglich von jeder derselben unendlich viele Strahlen enthält. Jede singuläre Ebene von [a] geht durch unendlich viele Paare homologer Punkte von F^2 und F_1^2 und schneidet folglich diese collinearen Flächen entweder in homologen Kegelschnitten oder in zwei homologen Geraden. Im ersteren Falle ist sie eine Hauptebene α von $[a]$ und enthält einen Strahlenbüschel vierter Ordnung von $[a]$; im letzteren Falle ist sie eine der höchstens acht Ebenen β und γ, und enthält einen Büschel zweiter Ordnung der Congruenz $[a]$. Dass die beiden Regelschaaren der Fläche F^2 höchstens je vier Strahlen enthalten, welche die ihnen entsprechenden Strahlen von F_1^2 schneiden, ist bekannt (I. Abth. Seite 133). — Jede der Ebenen β schneidet die collinearen Flächen F^2, F_1^2, F_2^2 ... in homologen Geraden c, welche mit den Verbindungslinien a ihrer homologen Punkte einem in $[a]$ und zugleich in $[c]$ enthaltenen Büschel zweiter Ordnung angehören. Von den sich selbst entsprechenden Ebenen α werden diese Geraden c in homologen Punkten geschnitten, ebenso aber von den Ebenen γ, weil diese die collinearen Flächen F^2, F_1^2, F_2^2, ... in homologen Geraden b schneiden.

Ueberhaupt ergiebt sich für den Fall, dass die Ebenen α, β, γ je ein reelles Tetraëder bilden, Folgendes. Die vier Ebenen eines beliebigen dieser drei Tetraëder schneiden die acht Ebenen der beiden übrigen in je acht Strahlen von vier Büscheln zweiter Ordnung; diese Büschel sind in zwei der Congruenzen $[a]$, $[b]$, $[c]$ enthalten, ihre vier Ebenen aber bilden das Haupttetraëder der dritten Congruenz und enthalten von letzterer je einen Büschel vierter Ordnung mit drei Doppelstrahlen. Die acht Flächen von je zwei dieser Tetraëder bilden eine Gruppe associirter Ebenen, und jede von ihnen ist durch die sieben übrigen bestimmt; denn sie berühren die collinearen Flächen zweiter Ordnung, welche paarweise die zu dem dritten Tetraëder gehörige Congruenz erzeugen.

Ein Strahl der Congruenz $[a]$ beschreibt eine Fläche F^4 vierter Ordnung, wenn sein Pol auf der Fläche F^2 einen Kegelschnitt $\varkappa$ beschreibt; denn die Polfläche G^2 einer beliebigen Geraden hat mit $\varkappa$ höchstens vier Punkte gemein. Wenn nun $\varkappa$ die Pole von drei durch einen Punkt P gehenden Congruenzstrahlen verbindet, so kann durch P eine Gerade d gelegt werden, welche noch zwei andere Strahlen jener Fläche F^4 schneidet; dann aber enthält die Polfläche D^2 von d fünf und folglich (als Fläche zweiter Ordnung) alle Punkte des Kegelschnitts $\varkappa$, die Gerade d schneidet alle Strahlen der Fläche F^4 und enthält unendlich viele dreifache Punkte derselben. Die Polfläche D^2 von d aber hat mit der Fläche

F^2 zweiter Ordnung ausser $\varkappa$ noch einen Kegelschnitt $\varkappa_1$ gemein und berührt F^2 doppelt, nämlich in den beiden gemeinschaftlichen Punkten von $\varkappa$ und $\varkappa_1$. Folglich ist die Gerade d eine Doppeltangente der Brennfläche Φ^4 (Seite 48, 49).

Weil nun durch einen Punkt P höchstens sechs Strahlen der Congruenz $[a]$ gehen und weil die Pole dieser Strahlen zu dreien durch höchstens 20 Ebenen oder 10 paar Kegelschnitte $\varkappa$, $\varkappa_1$ der Fläche F^2 verbunden werden können, so ergiebt sich:

„Die Fläche Φ^4 hat ausser den Strahlen der drei Congruenzen „$[a]$, $[b]$, $[c]$ noch unendlich viele Doppeltangenten d, und zwar „bilden diese eine Congruenz zehnter Ordnung. Durch einen „beliebigen Punkt gehen höchstens $3 \cdot 6 + 10 = 28$ Doppel-„tangenten an die Brennfläche vierter Classe Φ^4." —

Die Normalen einer Fläche F^2 zweiter Ordnung und Classe bilden, wie schon gesagt, einen Specialfall der Congruenz $[a]$. Ist nämlich Φ^2 eine zu F^2 confocale Fläche zweiter Classe, so liegen die Pole einer beliebigen Ebene α in Bezug auf F^2 und Φ^2 in einer zu α normalen Geraden a, einer gemeinschaftlichen Axe von F^2 und Φ^2; und wenn α die Fläche F^2 in A berührt, so ist a die Normale von F^2 im Punkte A und geht zugleich durch den Pol A_1 von α hinsichtlich Φ^2. Die Pole aller Berührungsebenen von F^2 in Bezug auf Φ^2 liegen aber auf einer zu F^2 collinearen Fläche F_1^2, und diese erzeugt mit F^2 die Congruenz der Normalen von F^2. Also:

„Die Normalen einer beliebigen Fläche F^2 zweiter Ordnung und „Classe bilden eine Congruenz $[a]$ zweiter Classe sechster Ord-„nung. Dieselbe ist in dem tetraëdralen Axencomplexe der Fläche „enthalten, ihre Brennfläche vierter Classe Φ^4 ist der Ort der „Krümmungsmittelpunkte von F^2 (vgl. II. Abth. Seite 157 und „288) sowie der Ebenen, welche die zu F^2 confocalen Flächen Φ^2 „in ihren Schnittpunkten mit F^2 berühren. Die Polaren der beiden „Regelschaaren von F^2 bezüglich der confocalen Flächen Φ^2 „bilden die beiden zugehörigen Congruenzen $[b]$ und $[c]$; letztere „bestehen wie $[a]$ aus Doppeltangenten von Φ^4 und haben diese „Fläche vierter Classe zur Brennfläche."

„Die Symmetrie-Ebenen von F^2 und die unendlich ferne Ebene „sind die Hauptebenen α der Normalen-Congruenz $[a]$. Jede „von ihnen enthält einen Strahlenbüschel vierter Ordnung von „$[a]$ und einen gemeinschaftlichen Büschel zweiter Ordnung von

„[b] und [c]. Die Hauptebenen β und γ der letzteren Congruen-„zen sind imaginär."

„Die Fusspunkte oder Pole aller eine Gerade g schneidenden „Normalen der Fläche F^2 liegen auf einer biquadratischen Raum-„curve. Dieselbe hat einen Doppelpunkt, wenn g die Krümmungs-„mittelpunktsfläche Φ^4 berührt, zerfällt in eine Gerade und eine „cubische Raumcurve, wenn g einer der Congruenzen [b] und [c] „gehört, und besteht aus zwei Kegelschnitten, wenn g zu einer „gewissen Congruenz zehnter Ordnung gehört, die auch lauter „Doppeltangenten von Φ^4 enthält."

Wenn zwei collineare Flächen zweiter Ordnung n Punkte entsprechend gemein haben, so zerfällt die von ihnen erzeugte Congruenz in die n Strahlenbündel, deren Centra diese n Punkte sind, und eine Congruenz zweiter Classe $(6-n)$ter Ordnung. Denn jeder Strahl eines solchen Hauptpunktes enthält zwei zusammenfallende homologe Punkte der beiden Flächen. Nun wird aber die Normalencongruenz eines Paraboloides, wie aus dem Obigen sich ergiebt, erzeugt durch collineare Paraboloide, welche den unendlich fernen Punkt ihrer Hauptaxe entsprechend gemein haben. Zu dieser Congruenz gehören deshalb alle Durchmesser des Paraboloides; und in der That können die Durchmesser als Normalen der Fläche in dem unendlich fernen Punkte der Hauptaxe aufgefasst werden. Die übrigen, eigentlichen Normalen des Paraboloides bilden eine Congruenz zweiter Classe fünfter Ordnung.

Siebenter Vortrag.

Flächen dritter Ordnung, ihre Abbildung auf einer Ebene und die zugehörigen Bündelnetze.

Sind im Raume drei collineare Bündel S, S_1, S_2 gegeben, die weder perspectiv noch concentrisch noch in einer Bündelreihe liegen, so schneiden sich deren homologe Ebenen in je einem Punkte und nur ausnahmsweise in einer Geraden. Die Schnittpunkte homologer Ebenen der Bündel erfüllen eine Fläche F^3, mit deren Untersuchung wir in diesem Vortrage uns beschäftigen wollen.

Zunächst bestimmen wir die Ordnung der Fläche F^3, d. h. die Anzahl der Punkte, welche F^3 mit einer Geraden g gemein hat. Wenn in einem Punkte P von g zwei homologe Strahlen der Bündel S und S_1 sich schneiden, so liegt P auf der Fläche F^3; denn den Ebenenbüscheln SP und S_1P entspricht im Bündel S_2 ein dritter Büschel, von welchem eine Ebene durch den Punkt P geht, so dass P als Schnittpunkt von drei homologen Ebenen der Bündel S, S_1, S_2 sich darstellt. Wir schliessen daraus:

„Die Fläche F^3 geht durch die drei cubischen Raumcurven, „deren Sehnen von je zwei der collinearen Strahlenbündel S, „S_1, S_2 erzeugt werden.“

Schneiden sich in g zwei homologe Ebenen der Bündel S und S_1, so hat die Gerade g mit einer der drei Raumcurven zwei Punkte gemein und wird von der entsprechenden Ebene des Bündels S_2 in noch einem Punkte der Fläche F^3 geschnitten. Tritt der genannte Fall nicht ein, so projiciren wir g aus dem Punkte S durch einen Strahlenbüschel und suchen zu diesem in dem Bündel S_1 den entsprechenden Strahlenbüschel. Der letztere ist projectiv zu g und erzeugt mit g im Allgemeinen einen Ebenenbüschel zweiter Ordnung, dessen Ebenen von den entsprechenden des Bündels S in je einem Punkte von g geschnitten werden. Dem Ebenenbüschel zweiter Ordnung entspricht aber in S_2 ein gleichfalls zu g projectiver Ebenenbüschel zweiter Ordnung, und von diesem gehen höchstens drei Ebenen durch die ihnen entsprechenden Punkte von g und mindestens eine reelle Ebene (I. Abth. Seite 130), falls nicht jeder Punkt von g auf der ihm entsprechenden Ebene von S_2 liegt. In jedem solchen Punkte von g schneiden sich drei homologe Ebenen der Bündel S, S_1, S_2, der Punkt liegt demnach auf der Fläche F^3. Statt der Ebenenbüschel zweiter Ordnung erhalten wir drei zu g projective Ebenenbüschel erster Ordnung, wenn in einem Punkte P von g zwei homologe Strahlen der Bündel S und S_1 sich schneiden. Zwei von diesen Ebenenbüscheln liegen perspectiv zu der Punktreihe g, und der dritte, zum Bündel S_2 gehörige liegt entweder ebenfalls perspectiv zu g, oder es gehen höchstens zwei Ebenen des Büschels durch die ihnen entsprechenden Punkte von g, so dass in diesem Falle die Gerade g höchstens zwei von P verschiedene Punkte mit der Fläche F^3 gemein hat. Aus dem Allen folgt:

„Die Fläche F^3 hat mit jeder Geraden g, die nicht ganz auf

„ihr liegt, mindestens einen reellen Punkt und höchstens drei „Punkte gemein. Drei collineare, nicht concentrische Bündel „S, S_1, S_2 erzeugen also eine Fläche F^3 dritter Ordnung (eine „cubische Fläche), in deren Punkten je drei homologe Ebenen „der Bündel sich schneiden" (Grassmann).

Eine Abweichung von diesem Satze tritt ein, wenn die collinearen Bündel eine und dieselbe Strahlencongruenz erster Ordnung mit einander erzeugen, und somit in einer Bündelreihe liegen. Dieser Fall wurde schon früher (II. Abth., 20. Vortrag) erledigt und soll von jetzt an ausgeschlossen bleiben.

Wir können eine cubische Fläche durch Bewegung eines Punktes beschreiben auf Grund des Satzes:

„Wenn die vier Ebenen eines veränderlichen Tetraëders um „vier gegebene Punkte sich drehen und drei Eckpunkte des „Tetraëders auf den Kanten eines gegebenen Dreikants sich be- „wegen, so beschreibt der vierte Eckpunkt eine Fläche dritter „Ordnung."

Denn die vier Ebenen beschreiben um die vier Punkte vier collineare Bündel, von denen drei zum vierten perspective Lage haben und die Fläche erzeugen. Letztere geht übrigens durch die Kanten des Dreikants und ist deshalb eine specielle cubische Fläche.

Zu vielen wichtigen Eigenschaften der cubischen Fläche F^3 gelangen wir am einfachsten, indem wir die Fläche in folgender Art auf ein ebenes Feld η projectiv beziehen oder auf der Ebene η abbilden. Wir beziehen η reciprok auf die drei collinearen Bündel S, S_1, S_2; dann entsprechen jedem Punkte von η drei homologe Ebenen der Bündel und zugleich deren in F^3 liegender Schnittpunkt. Umgekehrt kann zu jedem Punkte P von F^3 der entsprechende Punkt von η gefunden werden mittelst der drei homologen Ebenen der Bündel, welche in P sich schneiden. Jeder geraden Punktreihe von η entsprechen in S, S_1, S_2 drei projective Ebenenbüschel und in F^3 eine cubische Raumcurve l^3, welche von den Ebenenbüscheln erzeugt wird (II. Abth. Seite 197). Mit einem Worte:

„Die cubische Fläche F^3 ist auf das ebene Feld η in der „Weise bezogen, dass jedem Punkte von F^3 ein Punkt von η „entspricht, und jeder cubischen Raumcurve von F^3, welche „durch drei homologe Ebenenbüschel von S, S_1, S_2 erzeugt „wird, eine zu ihr projective gerade Punktreihe von η. Den „so erzeugten cubischen Raumcurven l^3 von F^3 entsprechen alle „Geraden von η."

Wir wollen die cubischen Raumcurven von F^3, welche so den Geraden von η entsprechen, unter dem Namen „erstes Curvennetz der Fläche dritter Ordnung“ zusammenfassen. Wir werden auf der Fläche noch ein zweites Netz von cubischen Raumcurven kennen lernen, deren Erzeugungsart eine ganz andere ist. Für dieses erste Curvennetz gelten die Sätze:

„Zwei Raumcurven des ersten Netzes haben allemal einen „Punkt mit einander gemein“;

denn die entsprechenden Geraden von η schneiden sich.

„Zwei beliebige Punkte der cubischen Fläche F^3 können durch „eine einzige Raumcurve dieses Netzes mit einander verbunden „werden“;

denn durch die entsprechenden beiden Punkte von η kann eine Gerade gelegt werden.

Den Geraden eines Punktes von η entsprechen auf F^3 die Curven des ersten Netzes, welche durch den entsprechenden Punkt gehen; dieselben bilden einen „Curvenbüschel“. Durch einen Strahlenbüschel von η werden alle nicht durch seinen Mittelpunkt gehenden Geraden des Feldes perspectiv auf einander bezogen; und da jede der Geraden zu der ihr entsprechenden cubischen Raumcurve projectiv ist, so folgt:

„Durch einen Curvenbüschel des ersten Netzes von F^3 werden alle übrigen Raumcurven dieses Netzes projectiv auf einander bezogen.“

Vier Curven des Büschels sollen „vier harmonische Raumcurven“ des ersten Netzes genannt werden, wenn sie von einer und folglich von jeder Curve l^3 des Netzes, die nicht dem Curvenbüschel angehört, in vier harmonischen Punkten geschnitten werden. Jede dieser Curven l^3 erscheint als Schnitt des Curvenbüschels und ist projectiv auf den Büschel bezogen. Ebenso ist der Curvenbüschel projectiv zu dem ihm entsprechenden Strahlenbüschel der Ebene η, weil je vier harmonischen Curven des ersteren vier harmonische Gerade des letzteren entsprechen. Ueberhaupt können wir gemäss der allgemeinen Definition der projectiven Verwandtschaft diese Curvenbüschel auf einander und auf beliebige Elementargebilde projectiv beziehen.

Die Fläche dritter Ordnung wird von einer beliebigen Ebene in einer Curve dritter Ordnung geschnitten; und jede Raumcurve des ersten Netzes hat mit der Ebene und folglich mit der Schnittcurve mindestens einen reellen Punkt und höchstens drei Punkte gemein; also:

„Einer ebenen Curve dritter Ordnung der Fläche F^3 ent-„spricht in η eine Curve dritter Ordnung, welche mit jeder „Geraden von η mindestens einen reellen Punkt und höchstens „drei Punkte gemein hat.“

Wir können die Fläche F^3 in der hier angegebenen Weise projectiv auf η beziehen, indem wir in F^3 irgend vier Punkte annehmen, von denen keine drei auf einer Raumcurve des ersten Netzes enthalten sind, und ihnen die Eckpunkte irgend eines in η gelegenen Vierecks willkürlich zuweisen. Hierdurch ist nämlich η auf die collinearen Bündel S, S_1, S_2 reciprok bezogen, also auch projectiv auf F^3.

Die collinearen Bündel S, S_1 erzeugen die Sehnencongruenz einer auf F^3 liegenden cubischen Raumcurve k_1^3, und bestimmen eine Reihe $|S_1|$ von ∞^1 collinearen Bündeln, durch welche diese Congruenz aus den Punkten von k_1^3 projicirt wird (II. Abth. S. 205). Die Reihe $|S_1|$ enthält die Bündel S, S_1, und ist durch ihre Ordnungscurve k_1^3 völlig bestimmt; die Mittelpunkte ihrer ∞^1 collinearen Bündel liegen auf k_1^3, und die homologen Ebenen derselben schneiden sich in je einer Sehne von k_1^3. Der Bündel S_2 erzeugt deshalb mit je zwei Bündeln dieser Reihe $|S_1|$ dieselbe cubische Fläche F^3, wie mit S und S_1; der Bündel S kann also mit einem beliebigen Bündel von $|S_1|$ und sein Mittelpunkt kann mit einem beliebigen Punkte der Raumcurve k_1^3 vertauscht werden, ohne dass die von S, S_1 und S_2 erzeugte cubische Fläche sich ändert.

Die collinearen Bündel S und S_2 erzeugen die Sehnen einer cubischen Raumcurve k_2^3 von F^3 und bestimmen eine Bündelreihe (SS_2), von welcher k_2^3 die Ordnungscurve ist. Der Bündel S aber kann auch durch einen beliebigen Bündel S' dieser Reihe ersetzt werden; und zwar ist S' zu S_1 und S_2 collinear und erzeugt mit diesen beiden Bündeln dieselbe Fläche F^3 wie der Bündel S. Wenn nun S die Bündelreihe $|S_1|$ durchläuft, so beschreibt die Reihe (SS_2) ein „Netz“ $|S_2|$ von ∞^2 collinearen Bündeln S', welche alle mit S_1 und S_2 und zu dreien mit einander dieselbe cubische Fläche F^3 erzeugen, wie die zuerst angenommenen Bündel S, S_1, S_2; zugleich beschreibt k_2^3 diese Fläche F^3, welche die „Ordnungsfläche“ des Bündelnetzes $|S_2|$ heissen möge.

„Das Bündelnetz $|S_2|$ ist hiernach durch die drei collinearen

„Bündel S, S_1, S_2 auf folgende Art bestimmt. Es enthält die „durch S und S_1 bestimmte Bündelreihe $|S_1|$ und besteht aus „den ∞^2 collinearen Bündeln der ∞^1 Reihen, welche S_2 mit „den Bündeln von $|S_1|$ bestimmt. Die cubische Ordnungsfläche „F^3 des Bündelnetzes $|S_2|$ enthält die Mittelpunkte seiner ∞^2 „collinearen Bündel, und in jedem ihrer Punkte schneiden sich „∞^2 homologe Ebenen der Bündel; sie wird durch drei beliebige „Bündel des Netzes ebenso, wie durch S, S_1 und S_2 erzeugt."

Die homologen Ebenenbüschel der ∞^2 Bündel von $|S_2|$ erzeugen je eine cubische Raumcurve l^3, welche die Axen der Büschel zu Sehnen hat und in dem ersten Curvennetze von F^3 enthalten ist; zugleich erzeugen sie je eine Reihe $|P_1|$ collinearer Bündel, deren Mittelpunkte auf l^3 liegen, und deren homologe Ebenen in je einer Sehne von l^3 sich schneiden, indem sie jene Ebenenbüschel bilden. Die homologen Ebenen der ∞^2 Bündel von $|S_2|$ bilden ∞^2 Bündel P, von denen je zwei durch eine solche Reihe $|P_1|$ verbunden werden können, und welche folglich alle collinear sind. Kurz:

„Die ∞^2 collinearen Bündel des Netzes $|S_2|$ erzeugen durch „ihre homologen Ebenen die ∞^2 collinearen Bündel eines zwei-„ten Bündelnetzes $|P_2|$. Dasselbe enthält jede durch zwei seiner „Bündel bestimmte Reihe $|P_1|$ und ist folglich durch beliebige „drei seiner collinearen Bündel ebenso bestimmt, wie $|S_2|$ durch „die drei Bündel S, S_1, S_2. In den Bündeln von $|P_2|$ ent-„sprechen sich die Ebenen, welche in je einem Bündel von $|S_2|$ „liegen; das Bündelnetz $|S_2|$ wird demnach ebenso durch $|P_2|$ „erzeugt, wie $|P_2|$ durch $|S_2|$. Die cubische Fläche F^3 ist die „Ordnungsfläche beider Bündelnetze; die Mittelpunkte der Bün-„del von $|P_2|$ wie von $|S_2|$ und die Schnittpunkte homologer „Ebenen dieser Bündel haben F^3 zum geometrischen Ort, und „beliebige drei Bündel sowohl von $|P_2|$ wie von $|S_2|$ erzeugen „die Fläche F^3."

Wir wollen von diesen beiden Bündelnetzen $|S_2|$ und $|P_2|$ sagen, sie „tragen" oder „stützen einander", oder jedes von ihnen „ruhe" auf dem anderen.

Durch die homologen Ebenen seiner ∞^2 Bündel ist jedes der beiden Bündelnetze $|S_2|$ und $|P_2|$ auf jeden Bündel des anderen Netzes eindeutig oder, wie wir sagen dürfen, projectiv bezogen. Jeder Ebene eines Bündels P von $|P_2|$ entspricht ein sie enthaltender Bündel von $|S_2|$, und jedem Ebenenbüschel von P entspricht eine Bündelreihe von $|S_2|$. Das Bündelnetz $|S_2|$ enthält demnach ebenso wie $|P_2|$ jede durch zwei seiner Bündel bestimmte Reihe $|S_1|$, und ist folglich durch je drei seiner Bündel, die nicht in einer Bündelreihe liegen, ebenso wie durch S, S_1 und S_2 bestimmt. Es ergiebt sich:

„Die Bündelnetze $|S_2|$ und $|P_2|$ enthalten je ∞^2 Bündelreihen „$|S_1|$ resp. $|P_1|$. Die cubischen Ordnungscurven l^3 der Reihen „$|P_1|$ bilden das erste Curvennetz der Fläche F^3, die Ordnungs- „curven k^3 der Reihen $|S_1|$ aber bilden auf dieser cubischen „Ordnungsfläche ein zweites Curvennetz. Zwei beliebige Punkte „der Fläche F^3 können durch je eine Raumcurve beider Netze „verbunden werden.“

Wie die Bündelnetze $|S_2|$ und $|P_2|$, so können auch die beiden Curvennetze ihre Rollen vertauschen, und alle bisher bewiesenen Eigenschaften des einen Netzes gelten deshalb auch für das andere. Mit Hülfe der Bündel von $|P_2|$ können wir die cubische Fläche auch so auf einer Ebene abbilden, dass jeder Curve des zweiten Curvennetzes eine Gerade entspricht und jedem Curvenbüschel desselben ein zu ihm projectiver Strahlenbüschel. Aus dieser Abbildung folgt, dass zwei Curven auch dieses Netzes allemal einen Punkt gemein haben, und dass durch einen Curvenbüschel des Netzes alle übrigen Raumcurven desselben projectiv auf einander bezogen werden (vgl. Seite 56).

„Jede Raumcurve k^3 des zweiten Netzes kann mit jeder „Raumcurve l^3 des ersten durch eine geradlinige Fläche zwei- „ter Ordnung verbunden werden, welche von k^3 und l^3 je eine „Sehnenschaar enthält.“

Nämlich die Curve k^3 wird durch zwei Bündel S, S_1 des Netzes $|S_2|$ erzeugt, und l^3 durch homologe Ebenenbüschel $g, g_1, g_2, \ldots$ der Bündel $S, S_1, S_2, \ldots$ von $|S_2|$; die beiden Ebenenbüschel g, g_1 aber erzeugen jene geradlinige Fläche zweiter Ordnung, welche l^3 mit k^3 verbindet, und ihre Axen sind Sehnen von l^3. Eine zweite Erzeugungsart dieser Fläche erhält man durch Vertauschung von $|S_2|$ und k^3 mit $|P_2|$ und l^3. — Nach einem früheren Satze (II. Abth. S. 199) haben k^3 und l^3 im Allgemeinen fünf Punkte gemein, von denen mindestens einer reell ist. In der Bildebene η werden deshalb die Raumcurven k^3 durch Curven fünfter Ordnung dargestellt, weil ja den Curven l^3 gerade Linien in η entsprechen.

Durch jeden Punkt S der cubischen Fläche geht ein Büschel

von Raumcurven des zweiten Netzes, die Curven k_1^3 und k_2^3 aber, durch welche die Collineation der Bündel S, S_1 und S_2 gegeben ist, können als zwei ganz beliebige Curven dieses Büschels betrachtet werden. Jede Ebene von S projicirt zwei ihr entsprechende Sehnen von k_1^3 und k_2^3; sie hat diese beiden Sehnen, welche in einem Punkte der Fläche F^3 sich schneiden, mit den beiden ihr entsprechenden Ebenen von S_1 und S_2 gemein. Daraus ergiebt sich folgende einfache Construction der cubischen Fläche mittelst der Raumcurven k_1^3 und k_2^3 des zweiten Curvennetzes:

„Durch den gemeinschaftlichen Punkt S der Curven k_1^3 und „k_2^3 legen wir Ebenen und bestimmen in jeder dieser Ebenen „die beiden durch sie projicirten Sehnen von k_1^3 und k_2^3; dann „schneiden sich die beiden Sehnen in einem Punkte der cubi- „schen Fläche.“

Geben wir z. B. der durch S gehenden Ebene eine solche Lage, dass sie k_1^3 und k_2^3 in je zwei von S verschiedenen Punkten schneidet, so fallen die beiden Sehnen zusammen mit den Verbindungslinien dieser Punktepaare, sind also äusserst leicht zu construiren.

Wir können mittelst dieser Construction zu jedem beliebigen Punkte P der cubischen Fläche gelangen. Da nun k_1^3 und k_2^3 zwei ganz beliebige durch S gehende Raumcurven des zweiten Netzes sind, so folgt:

„Werden an die cubischen Raumcurven k^3 des zweiten Curven- „netzes, welche durch einen beliebigen Punkt S gehen, aus „irgend einem anderen Punkte P der Fläche dritter Ordnung „Sehnen gezogen, so liegen alle diese Sehnen in einer durch SP „gehenden Ebene α.“

Diese Ebene α wird von den ihr entsprechenden Ebenen α_1 und α_2 der Bündel S_1 und S_2 im Punkte P geschnitten; und jede durch P gehende Raumcurve des ersten Netzes wird erzeugt durch drei Ebenenbüschel von S, S_1 und S_2, deren Axen in resp. α, α_1 und α_2 liegen. Diese Axen sind aber zugleich Sehnen jener durch P gehenden Raumcurve, so dass der Satz gilt:

„Werden an die cubischen Raumcurven l^3 des ersten Curven- „netzes, welche durch den beliebigen Punkt P gehen, aus dem „Punkte S der Fläche dritter Ordnung Sehnen gezogen, so „liegen alle diese Sehnen in derselben durch SP gehenden „Ebene α, welche im vorigen Satze genannt wurde.“

„Der Büschel dieser Sehnen ist übrigens zu dem Büschel P „der Raumcurven l^3 projectiv.“

Ist nämlich in der Ebene η, auf welcher wir die Fläche F^3 abgebildet haben, P' der Bildpunkt des Punktes P und l' eine durch P' gehende Gerade, so entspricht l' einer jener Raumcurven l^3, zugleich aber, weil doch η zu den Bündeln S, S_1, S_2 reciprok ist, den Axen l, l_1, l_2 von drei die Raumcurve l^3 erzeugenden Ebenenbüscheln von S, S_1, S_2. Diese drei Axen sind Sehnen von l^3. Wenn nun l' in η den Strahlenbüschel P' beschreibt, so beschreibt l^3 auf F^3 den zu P' projectiven Curvenbüschel P, und l einen zu P' projectiven Strahlenbüschel im Bündel S. Der Satz ist damit bewiesen.

Er gilt auch, wenn der Mittelpunkt P des Curvenbüschels mit dem Punkte S zusammenfällt. Der Sehnenbüschel liegt alsdann mit den beiden Tangenten der durch S gehenden Raumcurven k_1^3 und k_2^3 des zweiten Netzes in einer Ebene σ. Denn diese Ebene σ wird von den entsprechenden Ebenen σ_1 und σ_2 der Bündel S_1 und S_2 im Punkte S geschnitten, weil z. B. der Tangente von k_1^3 am Punkte S der Strahl S_1S des Büschels S_1 entspricht und weil durch S_1S die Ebene σ_1 gehen muss. Sei nun l^3 eine Curve des zum ersten Netze gehörigen Curvenbüschels S, und l die ihr entsprechende in σ liegende Sehne; dann hat eine beliebig durch l gelegte Ebene noch einen ausserhalb l liegenden Punkt mit der Raumcurve l^3 gemein, welcher sich aber dem Punkte S unbegrenzt nähert, wenn jene Ebene der Ebene σ näher und immer näher kommt. Folglich enthält σ auch die Tangente von l^3 im Punkte S; oder:

„Werden in einem Punkte S der cubischen Fläche an alle „durch S gehenden Raumcurven des ersten und des zweiten „Netzes Tangenten gezogen, so liegen diese in einer Ebene σ, „der sogenannten Berührungs-Ebene des Punktes S."

Zu beachten ist noch, dass die Raumcurve l^3 im Allgemeinen von σ im Punkte S berührt und ausserdem in einem von S verschiedenen Punkte L geschnitten wird, und dass ihre Sehne l die Punkte S und L verbindet, also eine eigentliche Sehne von l^3 ist. Nur dann fällt l mit der Tangente von l^3 zusammen und wird zu einer Haupttangente der cubischen Fläche, wenn σ sich der Curve l^3 im Punkte S anschmiegt. Jede Gerade nämlich, welche drei consecutive Punkte mit einer Fläche gemein hat, dieselbe also nicht blos tangirt sondern „osculirt", heisst eine Haupttangente der Fläche. Weil nun, wie wir hernach (Seite 66) zeigen werden, die Tangenten der Raumcurven l^3 im Punkte S einen Strahlenbüschel bilden, welcher zu dem Curvenbüschel und folglich zu dem Büschel S ihrer in σ liegenden Sehnen l projectiv ist, so ergiebt sich:

„In einem beliebigen Punkte S wird die cubische Fläche von „zwei reellen oder conjugirt imaginären Haupttangenten osculirt"; nämlich von den entsprechend gemeinschaftlichen Strahlen dieser beiden projectiven Büschel. Der Punkt S heisst ein hyperbolischer oder elliptischer oder parabolischer Punkt der Fläche, jenachdem seine beiden Haupttangenten reell oder imaginär sind oder zusammenfallen.

Wir wollen bei dieser Gelegenheit gewisser ausgezeichneter Punkte Erwähnung thun, die in besonderen Fällen sich auf der cubischen Fläche finden können, und für welche die bisherigen Sätze nicht gelten. Es kann nämlich der Fall eintreten, dass die cubischen Raumcurven k_1^3 und k_2^3, welche der Strahlenbündel S mit den zu ihm collinaren Bündeln S_1 und S_2 erzeugt, ausser dem Punkte S einzelne Punkte, nämlich höchstens vier, mit einander gemein haben, oder auch, dass sie sich in S berühren. In jedem dieser von S verschiedenen gemeinschaftlichen Punkte, und eventuell auch in S schneiden sich alsdann drei homologe Strahlen der Bündel, und daraus folgt, dass der Punkt auf jeder cubischen Raumcurve sowohl des ersten als auch des zweiten Curvennetzes liegt. Nach einem solchen „Doppel- oder Knotenpunkte" der Fläche können die Mittelpunkte von zwei der collinearen Bündel S, S_1, S_2 verlegt werden; so dass die Fläche erzeugt werden kann durch drei collineare Bündel, von denen zwei concentrisch sind. Wir werden auf diesen besonderen Fall im Anhange näher eingehen. Für jetzt aber nehmen wir an, dass die Raumcurven k_1^3 und k_2^3, die wir als zwei beliebige Curven des zweiten Netzes ansehen dürfen, nur einen einzigen Punkt S mit einander gemein haben und sich in ihm schneiden. Auch die Raumcurven des ersten Netzes haben alsdann nur je einen Punkt mit einander gemein und schneiden sich in ihm.

Wird jede Raumcurve l^3 des ersten Curvennetzes mit einer beliebig gegebenen Curve k^3 des zweiten Netzes durch eine Fläche zweiter Ordnung verbunden, so erhalten wir einen F^2-Bündel, d. h. einen Bündel von Flächen zweiter Ordnung, die sich alle in k^3 schneiden. Jeder Curve des ersten Netzes entspricht eine durch sie gehende Fläche des Bündels; jedem Curvenbüschel P aber entspricht ein F^2-Büschel, dessen sämmtliche Flächen die Raumcurve k^3 und eine durch den Punkt P gehende Sehne von k^3 mit einander gemein haben. — Sei der Mittelpunkt des Strahlenbündels S ausserhalb der Raumcurve k^3 gelegen. Jedem Strahle l von S entspricht dann eine bestimmte Curve l^3 des ersten Netzes, welche der Ebenenbüschel l mit den homologen Ebenenbüscheln der Bündel S_1 und S_2 erzeugt, und zwar ist l eine Sehne dieser Raumcurve l^3. Dem Strahle l ist sonach auch eine Fläche $k^3 l^3$ des Flächenbündels k^3 zugewiesen, und zugleich eine bestimmte Ebene λ, welche vom Punkte S die Polare ist hinsichtlich dieser Fläche. Die Ebene λ geht durch den Punkt S', welcher dem Punkte S conjugirt ist hinsichtlich der Raumcurve k^3; sie wird vom Strahle l in einem Punkte geschnitten, welcher zu S conjugirt ist hinsichtlich der Raumcurve l^3 (II. Abth. Seite 218).

Dreht sich der Strahl l um den Punkt S, so ändert die Curve l^3 ihre Lage auf der cubischen Fläche, und die Fläche $k^3\, l^3$ zweiter Ordnung ihre Lage im Bündel k^3; zugleich dreht sich die Polarebene λ von S um den Punkt S'. Beschreibt nun l einen Strahlenbüschel, so beschreibt l^3 einen zu ihm projectiven Curvenbüschel; demnach muss die Fläche $k^3 l^3$ einen F^2-Büschel beschreiben, und die Ebene λ einen zu diesem Flächenbüschel projectiven Ebenenbüschel erster Ordnung. Also jedem Strahle von S entspricht eine Ebene des Strahlenbündels S' und jedem Strahlenbüschel von S und dessen Ebene entspricht in S' ein Ebenenbüschel und dessen Axe. Daraus folgt, dass die Bündel S und S' reciprok auf einander bezogen sind und eine Fläche zweiter Ordnung erzeugen; oder:

„Wird aus einem beliebigen Punkte S der cubischen Fläche „an jede Raumcurve l^3 des ersten Netzes eine Sehne l gezogen „und auf l der Punkt bestimmt, welcher zu S conjugirt ist „hinsichtlich der Curve l^3, so ist der Ort dieses Punktes eine „durch S gehende Fläche zweiter Ordnung. Dieselbe enthält „auch alle Punkte S', welche zu S conjugirt sind hinsichtlich „der Raumcurven k^3 des zweiten Netzes.“

Wenn irgend ein Strahl des Bündels S die cubische Fläche in zwei von S verschiedenen Punkten A, A_1 schneidet, also von der durch A und A_1 gehenden Curve des ersten Netzes eine Sehne ist, so ist der zu S conjugirte Punkt dieser Sehne durch A und A_1 harmonisch getrennt von S. Drehen wir den Strahl SAA_1 so, dass die Punkte A und A_1 einander unbegrenzt sich nähern und SAA_1 in eine Tangente der cubischen Fläche übergeht, so muss mit dem Berührungspunkte auch der zu S conjugirte Punkt sich vereinigen, eben weil er von S harmonisch getrennt ist durch

A und A_1. Ebenso ergiebt sich, dass der zu S conjugirte Punkt mit S sich vereinigt, wenn einer der Punkte A und A_1 mit S zusammenfällt, wenn also der Strahl SAA_1 einer in S an die cubische Fläche gelegten Tangente unbegrenzt sich nähert. Vereinigen sich die Punkte A und A_1 beide mit S, osculirt also der Strahl SAA_1 in S die Fläche, so sind alle seine Punkte dem Punkte S conjugirt (II. Abth. S. 219). Also:

„Die genannte Fläche zweiter Ordnung enthält alle Punkte, „welche vom Punkte S durch je zwei andere Punkte A, A_1 der „cubischen Fläche F^3 harmonisch getrennt sind, sowie die Be„rührungspunkte aller Tangenten, welche von S an die Fläche „F^3 gezogen werden können. Sie berührt die Fläche F^3 in S „und geht durch die beiden Haupttangenten von F^3 am Punkte S."

Wir nennen diese Fläche zweiter Ordnung die erste oder quadratische Polare des Punktes S bezüglich der cubischen Fläche F^3 und bezeichnen sie mit S^2. Wenn die beiden Haupttangenten von S zusammenfallen, so ist S ein parabolischer Punkt von F^3, und seine erste Polare S^2 ist ein Kegel, weil sie von der Berührungsebene σ der Fläche F^3 längs der Haupttangente berührt wird.

Legen wir durch S zwei Transversalen l, l', welche F^3 noch in den resp. Punktepaaren Q, R und Q', R', sowie S^2 in resp. S_1 und S'_1 schneiden, so sind SQS_1R und $SQ'S'_1R'$ harmonisch und folglich projectiv und perspectiv, weshalb QQ', RR' und $S_1S'_1$ nach einem Punkte zusammenlaufen. Diese drei Geraden aber werden zwei Tangenten von F^3 in Q und R und eine Tangente von S^2 in S_1, wenn l' der Geraden l unbegrenzt sich nähert. Da nun ll' eine beliebig durch l gelegte Ebene ist, so ergiebt sich:

„Die Berührungsebenen von F^3 in Q, R und von S^2 in S_1 „gehen alle drei durch eine Gerade s."

Wir bezeichnen jetzt mit Q^2, R^2, S^2 die ersten Polaren von Q, R, S in Bezug auf F^3, mit $\varkappa$, ρ, σ die Ebenen, von welchen sie und F^3 in diesen resp. drei Punkten berührt werden, mit Q_1, R_1, S_1 ihre resp. zweiten Schnittpunkte mit der Transversalen l oder $\overline{QRS}$, und mit $\varkappa_1$, ρ_1, σ_1 deren Berührungsebenen. Dann müssen sich die Ebenentripel $\varkappa_1\rho\sigma$, $\varkappa\rho_1\sigma$ und $\varkappa\rho\sigma_1$ in je einer Geraden k, r, s schneiden, und ihre sechs Ebenen gehen alle durch einen Punkt $\varkappa\rho\sigma$ oder P. Die Geraden

$$\varkappa\varkappa_1 = k_1,\ \rho\rho_1 = r_1 \text{ und } \sigma\sigma_1 = s_1$$

sind die reciproken Polaren von l in Bezug auf Q^2, R^2, S^2 und gehen auch durch P. Weil aber S von Q harmonisch getrennt ist durch R und R_1 und somit durch R^2, so ist $r_1 Q$ die Polarebene von S in Bezug auf R^2, und ebenso ist $s_1 Q$ die Polare von R in Bezug auf S^2. Wir wollen beweisen, dass diese beiden Polarebenen $r_1 Q$ und $s_1 Q$ zusammenfallen*).

Die Ebenenbüschel $r(R\sigma\rho_1\varkappa)$ und $s(S\rho\sigma_1\varkappa)$ sind perspectiv zu RSR_1Q resp. SRS_1Q und somit harmonisch; sie werden von den resp. Ebenen ρ und σ in den harmonischen Strahlenbüscheln $P(Rkr_1s)$ und $P(Sks_1r)$ geschnitten, welche den Strahl $k = \rho\sigma$ entsprechend gemein haben und perspectiv liegen. Die Ebene $r_1 s_1$ geht folglich durch die Gerade PQ, in welcher PRS und $sr = \varkappa$ sich schneiden, und die Ebenen $r_1 Q$ und $s_1 Q$ fallen in der That zusammen. Also:

„Sind R^2 und S^2 die ersten Polaren von zwei beliebigen Punkten „R, S der cubischen Fläche F^3, so hat R in Bezug auf S^2 die- „selbe Polarebene wie S in Bezug auf R^2. Diese Polarebene „geht durch den dritten Schnittpunkt Q von F^3 und $\overline{RS}$, und „ist durch dessen Berührungsebene $\varkappa$ und durch die Schnittlinie „k der Berührungsebenen von R und S harmonisch getrennt von „der Ebene PRS."

Der Bündel S der Sehnen, welche aus einem Punkte S der cubischen Fläche an die Raumcurven l^3 ihres ersten Netzes gehen, ist zu dem Netze projectiv, weil jedem Curvenbüschel des Netzes ein ihm projectiver Strahlenbüschel in S entspricht. Die Polarebenen von S bezüglich aller durch eine Raumcurve k^3 des zweiten Netzes gehenden Flächen $k^3 l^3$ zweiter Ordnung bilden einen Bündel S', welcher zu dem F^2-Bündel k^3 projectiv ist; denn zu vier harmonischen Flächen dieses F^2-Bündels gehören allemal vier harmonische Ebenen von S'. Da nun aber die Bündel S und S' reciprok sind (Seite 63), so folgt hieraus:

„Wird jeder Curve des ersten Netzes die durch sie gehende „Fläche des Bündels k^3 zugewiesen, so ist das Netz projectiv „auf den F^2-Bündel k^3 bezogen; insbesondere entspricht jedem „Curvenbüschel P des Netzes ein ihm projectiver F^2-Büschel „von k^3."

Die Polarebenen des Punktes P bezüglich der Flächen dieses F^2-Büschels bilden einen zu ihm projectiven Ebenenbüschel und

*) Dieser Beweis und der des vorhergehenden Satzes rühren von Herrn Sturm her (Crelle's Journal für Math. Bd. 88 S. 124).

gehen durch die resp. Tangenten der Curven des Büschels P. Damit ist bewiesen, dass die Raumcurven des Büschels P in ihrem gemeinsamen Punkte von den Strahlen eines zu P projectiven Strahlenbüschels berührt werden (vgl. S. 61).

Mit Hülfe des vorhergehenden Satzes kann die gegenseitige Lage der Punkte leicht angegeben werden, welche von einem beliebigen Punkte P des Raumes durch je zwei Punkte der cubischen Fläche harmonisch getrennt sind, oder allgemeiner zu reden, welche zu P conjugirt sind in Bezug auf je eine Curve l^3 des ersten Netzes. Verbinden wir l^3 mit irgend drei Curven k^3, k_1^3, k_2^3 des zweiten Netzes durch Flächen zweiter Ordnung, so schneiden sich in dem zu P conjugirten Punkte die drei Polarebenen des Punktes P hinsichtlich dieser Flächen. Wenn nun l^3 das erste Netz durchläuft, so beschreiben die Flächen $k^3 l^3$, $k_1^3 l^3$ und $k_2^3 l^3$ drei Flächenbündel k^3, k_1^3 und k_2^3, welche zu dem Netze und folglich auch zu einander projectiv sind; die drei Polarebenen des Punktes P aber beschreiben drei Bündel P', P_1', P_2', welche zu den Flächenbündeln und dem Curvennetze projectiv und sonach zu einander collinear sind, und deren Mittelpunkte zu P conjugirt sind hinsichtlich der Raumcurven k^3, k_1^3, k_2^3. Die Bündel P', P_1', P_2' erzeugen deshalb eine cubische Fläche. Also:

„Die Punkte, welche durch je zwei Punkte der cubischen „Fläche F^3 von einem ausserhalb F^3 gelegenen Punkte P harmonisch getrennt sind, liegen auf einer zweiten cubischen „Fläche P^3.“

Wir nennen diese Fläche P^3 die **cubische Polare** von P bezüglich der Fläche F^3; sie zerfällt, wenn P auf F^3 liegt, in die quadratische Polare und die Berührungsebene von P.

„Von zwei Punkten P, Q liegt entweder keiner oder jeder auf „der cubischen Polare des andern“;

im letzteren Falle nämlich sind P und Q conjugirt bezüglich einer cubischen Raumcurve des einen (und ebenso des andern) Netzes der Fläche F^3.

Jede durch P gelegte Gerade, welche mit F^3 drei Punkte A, A_1, A_2 gemein hat, wird auch von der cubischen Polare P^3 des Punktes P in drei Punkten B, B_1, B_2 geschnitten. Wird nun der Strahl PA so um P gedreht, dass er in eine Tangente der Fläche F^3 übergeht, dass also zwei der Punkte A, A_1, A_2 im Berührungspunkte sich vereinigen, so fällt mit ihnen einer der Punkte B, B_1, B_2 zusammen, während die beiden übrigen mit einander sich vereinigen; denn jeder der Punkte B, B_1, B_2 ist von P durch zwei der Punkte A, A_1, A_2 harmonisch getrennt. Daraus folgt:

„Die cubische Polare P^3 geht durch die Berührungspunkte aller „Tangenten, welche vom Punkte P an die Fläche F^3 gezogen „werden können, und wird von diesen Tangenten gleichfalls „berührt."

Achter Vortrag.

Ebene Curven dritter Ordnung.

Zu ferneren wichtigen Eigenschaften der cubischen Fläche F^3 führt uns die Untersuchung der auf F^3 gelegenen ebenen Curven. Von einer beliebigen Ebene η wird die Fläche in einer Curve c^3 dritter Ordnung geschnitten, welche mit jeder, nicht auf F^3 liegenden Geraden der Ebene höchstens drei Punkte und mindestens einen Punkt gemein hat. Die Fläche F^3 wird erzeugt durch drei collineare Bündel S, S_1, S_2; die Curve c^3 erscheint deshalb als Erzeugniss von drei in η liegenden collinearen Feldern, welche von jenen Strahlenbündeln Schnitte sind, und kann unabhängig von der Fläche dritter Ordnung wie folgt definirt werden:

„Drei conjective collineare Felder erzeugen i. A. eine Curve „c^3 dritter Ordnung, in deren Punkten je drei homologe Strahlen „der Felder sich schneiden. Durch keinen ausserhalb c^3 ge„legenen Punkt gehen mehr als zwei homologe Strahlen der „Felder."

Projiciren wir die drei collinearen Felder aus irgend drei Punkten des Raumes durch Strahlenbündel, so erzeugen diese eine durch c^3 gehende cubische Fläche. Die Fläche artet aus in einen Kegel dritter Ordnung, wenn die Mittelpunkte der drei Bündel zusammenfallen.

Die Fläche F^3 dritter Ordnung, als deren Schnitt wir die ebene Curve c^3 betrachten, kann mit Hülfe der collinearen Bündel S, S_1, S_2 auf einem ebenen Felde η_1 abgebildet werden; wir brauchen, wie wir gesehen haben, nur die Bündel reciprok auf

η_1 zu beziehen. Als Abbildung von c^3 erhalten wir dann eine Curve c_1^3, die ebenfalls von der dritten Ordnung ist. Nämlich die ebenen Felder η und η_1 sind mittelst der Bündel S, S_1, S_2 in dreifacher Weise reciprok auf einander bezogen; und jeder Punkt P_1 von c_1^3 unterscheidet sich dadurch von den übrigen Punkten des Feldes η_1, dass die drei ihm entsprechenden Strahlen von η nicht ein Dreieck bilden, sondern durch einen und denselben Punkt P von c^3 gehen. Umgekehrt entsprechen dem Punkte P von c^3 drei Strahlen in η_1, welche in einem einzigen Punkte P_1 von c_1^3 sich schneiden; sodass auch c_1^3 durch drei in η_1 liegende collineare Felder erzeugt wird. Schon früher (Seite 57) haben wir auf ganz anderem Wege bewiesen, dass c_1^3 mit jeder in η_1 gelegenen Geraden mindestens einen Punkt und höchstens drei Punkte gemein hat. — Da η_1 reciprok auf die Bündel S, S_1, S_2 bezogen ist, so entsprechen der Curve c_1^3 dritter Ordnung drei Ebenenbüschel dritter Ordnung; oder:

„Jede ebene Schnittcurve c^3 der cubischen Fläche F^3 wird „durch drei homologe cubische Ebenenbüschel von S, S_1, S_2 „erzeugt.“

Eine wichtige Eigenschaft der Curve c^3 folgt aus früheren Sätzen (Seite 64), nämlich:

„Ist S ein beliebiger Punkt der ebenen Curve c^3 dritter Ord- „nung, so liegen die Punkte, welche von S durch je zwei andere „Curvenpunkte harmonisch getrennt sind, auf einem durch S „gehenden Kegelschnitt. Derselbe berührt in S die Curve c^3 „und enthält die Berührungspunkte aller Tangenten, welche aus „dem Punkte S an c^3 gezogen werden können. Er heisst die „erste oder conische Polare von S in Bezug auf c^3.“

Diese erste Polare eines Curvenpunktes kann in zwei Gerade zerfallen; er muss u. A. immer dann aus zwei Geraden bestehen, wenn c^3 in drei Gerade a, b, c zerfällt. Dass dieses möglich ist, leuchtet sofort ein; denn wir können drei ebene Felder collinear so auf einander beziehen, dass sie ein Dreiseit abc entsprechend gemein haben. Wenn c^3 eine Curve zweiter Ordnung α als Bestandtheil enthält und S ausserhalb oder innerhalb α liegt, so zerfällt der im Satze genannte Kegelschnitt ebenfalls in zwei Gerade, von denen eine mit der Polare von S in Bezug auf α identisch ist. Die andere Gerade geht durch S; sie muss ganz der Curve c^3 angehören, weil sonst unmöglich jeder ihrer Punkte durch zwei Curvenpunkte harmonisch von S getrennt sein könnte. Daraus folgt:

„Wenn die Curve c^3 dritter Ordnung einen Kegelschnitt als „Theil enthält, so zerfällt sie in diesen und in eine Gerade."

Wir wollen die Mittelpunkte der drei Bündel S, S_1, S_2 durch einen Kegelschnitt $\varkappa^2$ mit einander verbinden, und beweisen, dass $\varkappa^2$ entweder ganz auf der Fläche F^3 enthalten ist, oder noch höchstens drei andere Punkte mit F^3 gemein hat. Wir projiciren den Kegelschnitt $\varkappa^2$ aus S durch einen Strahlenbüschel und suchen zu diesem im Bündel S_1 den entsprechenden Strahlenbüschel; dann ist der letztere ebenfalls projectiv zu $\varkappa^2$ und erzeugt mit $\varkappa^2$ i. A. einen Ebenenbüschel zweiter Ordnung. Jede Ebene dieses Büschels hat mit der entsprechenden Ebene von S einen Punkt von $\varkappa^2$ gemein. Dem Ebenenbüschel entspricht aber auch in S_2 ein zu $\varkappa^2$ projectiver Ebenenbüschel, von welchem entweder alle oder höchstens drei Ebenen durch die entsprechenden Punkte von $\varkappa^2$ gehen (I. Abth. Seite 130). Damit ist die Behauptung bewiesen; und weil S, S_1, S_2 als drei ganz beliebige Punkte der Fläche F^3 zu trachten sind, so ergiebt sich:

„Die cubische Fläche F^3 oder eine ebene Schnittcurve der„selben hat mit keinem Kegelschnitt, der nicht ganz ihr an„gehört, mehr als sechs Punkte gemein."

Wenn also eine ebene Curve c^3 dritter Ordnung mit einem Kegelschnitt mehr als sechs Punkte gemein hat, so zerfällt sie in diesen Kegelschnitt und in eine Gerade. Ausserdem folgt:

„Eine Fläche zweiter Ordnung hat mit der cubischen Fläche „im Allgemeinen eine Raumcurve sechster Ordnung gemein."

Denn eine beliebige Ebene begegnet der Fläche zweiter Ordnung in einem Kegelschnitt, welcher im Allgemeinen höchstens sechs (auf jener Raumcurve liegende) Punkte mit der cubischen Fläche gemein hat.

„Drei projective, nicht concentrische Ebenenbüschel zweiter „Ordnung erzeugen im Allgemeinen eine Raumcurve γ sechster „Ordnung, durch welche eine Fläche dritter Ordnung gelegt „werden kann."

Nämlich die drei Strahlenbündel S, S_1, S_2, welchen die Ebenenbüschel angehören, sind durch diese collinear auf einander bezogen und erzeugen eine cubische Fläche F^3. Bilden wir F^3 auf einer Ebene η_1 ab, so entspricht den Ebenenbüscheln zweiter Ordnung und der von ihnen erzeugten Curve γ ein Kegelschnitt γ_1^2 in η_1, und jeder ebenen Schnittcurve c^3 von F^3 entspricht eine Curve c_1^3 dritter Ordnung in η_1. Und weil γ_1^2 mit c_1^3 höchstens sechs

Punkte gemein hat, so wird auch γ von der Curve c^3 und von deren Ebene in höchstens sechs Punkten geschnitten. Eine Ausnahme tritt nur dann ein, wenn γ_1^2 einen Theil der Curve c_1^3 bildet.

Wenn ein Kegelschnitt sechs Punkte mit einer Curve c^3 dritter Ordnung gemein hat und alsdann seine Gestalt und Lage in der Weise stetig ändert, dass zwei dieser sechs Punkte einander unbegrenzt sich nähern, so vereinigen sich schliesslich diese beiden Punkte zu einem gemeinschaftlichen Berührungspunkte, ausser welchem die beiden Curven nur noch vier Punkte mit einander gemein haben. Nun liegen aber die Berührungspunkte der Tangenten, welche von einem Punkte S der Curve c^3 an diese gezogen werden können, auf einem Kegelschnitt, welcher in S die Curve c^3 berührt, nämlich auf der conischen Polare von S; also:

„Durch einen beliebigen Punkt S der Curve c^3 dritter Ordnung können ausser der Tangente in S selbst noch höchstens vier Tangenten an c^3 gezogen werden."

Vom Punkte S der Curve c^3 gehen unendlich viele Strahlen aus, von welchen die Curve in je zwei von S verschiedenen Punkten geschnitten wird. Jedes dieser Punktepaare kann durch eine cubische Raumcurve verbunden werden, welche dem ersten Curvennetze der cubischen Fläche F^3 angehört; und aus früheren Sätzen (Seite 60) ergiebt sich, dass alle so bestimmten Raumcurven in einem Punkte P von c^3 sich schneiden. Auch haben wir bereits bewiesen, dass der Curvenbüschel P des ersten Netzes projectiv auf den Strahlenbüschel S bezogen ist, wenn jeder Curve von P ihre durch S gehende Sehne zugewiesen wird. Mit einer beliebigen Raumcurve k^3 des zweiten Netzes kann der Curvenbüschel P durch einen F^2-Büschel verbunden werden, dessen Flächen in k^3 und in der durch P gehenden Sehne von k^3 sich schneiden. Auch dieser Flächenbüschel ist (Seite 65) projectiv zu dem Curvenbüschel P und zu dem Strahlenbüschel S; und zwar liegen die Punkte, welche irgend ein Strahl von S mit der entsprechenden Curve des Büschels P und mit der zugehörigen Fläche zweiter Ordnung gemein hat, auf der Curve c^3. Der Flächenbüschel wird von der Ebene des Strahlenbüschels S in einem zu ihm projectiven Kegelschnittbüschel geschnitten, dessen Kegelschnitte durch den Punkt P und durch die gemeinschaftlichen Punkte der Ebene und der Raumcurve k^3 gehen. Weil nun k^3 beliebig im zweiten Curvennetze gewählt werden kann, so ergiebt sich:

„Die ebene Curve c^3 dritter Ordnung kann auf unendlich „viele Arten durch einen Strahlenbüschel S und einen zu ihm „projectiven Kegelschnittbüschel erzeugt werden; die Schnitt„punkte jedes Strahles von S mit dem ihm entsprechenden „Kegelschnitte liegen auf c^3."

Von den vier Punkten, welche die Kegelschnitte mit einander gemein haben können, dürfen wir zwei O und Q ganz beliebig auf c^3 wählen, weil durch je zwei Punkte der Fläche F^3 eine Curve k^3 des zweiten Netzes gelegt werden kann; der dritte R liegt ebenfalls auf k^3. Der vierte Punkt P hängt nur scheinbar von der Wahl des Punktes S ab; denn wir werden sogleich zeigen, dass jedem der drei Punkte O, Q, R die Rolle zugetheilt werden kann, welche in obiger Untersuchung der Punkt P spielte, dass also P mit jedem beliebigem Punkte von c^3 vertauscht werden darf. Dagegen ist jeder von den vier Punkten bestimmt durch die drei übrigen und durch den Punkt S. Denn wenn O, P, Q und S gegeben sind, so finden wir R, indem wir O, P und Q mit irgend zwei Punkten von c^3, die mit S in einer Geraden liegen, durch einen Kegelschnitt verbinden und dessen sechsten Schnittpunkt mit c^3 aufsuchen.

Dass P mit O vertauscht werden kann, folgt aus dem Beweise des Satzes:

„Durch jede Curve, welche von einem Strahlenbüschel S mit „einem zu S projectiven Kegelschnittbüschel $(OPQR)$ erzeugt „wird und folglich durch den Mittelpunkt von S, sowie durch „die vier gemeinschaftlichen Punkte O, P, Q, R der Kegel„schnitte geht, kann eine cubische Fläche gelegt werden; die „Curve ist also von der dritten Ordnung."

Wir verbinden drei der vier Basispunkte des Kegelschnittbüschels, z. B. P, Q und R, durch eine Raumcurve k^3 dritter Ordnung, nehmen auf dieser die Mittelpunkte von zwei Strahlenbündeln S_1 und S_2 beliebig an und beziehen diese Bündel collinear so auf einander, dass sie die Sehnencongruenz von k^3 erzeugen. Durch O geht eine Sehne von k^3, in welcher zwei homologe Ebenen α_1 und α_2 der Bündel sich schneiden. Seien s_1 und s_2 irgend zwei in resp. α_1 und α_2 liegende, homologe Strahlen der Bündel, so schneiden diese die Ebene $OPQR$ in zwei Punkten, welche einem und demselben Kegelschnitt des Büschels $(OPQR)$ angehören; denn die projectiven Ebenenbüschel s_1 und s_2 erzeugen eine durch k^3 und den Punkt O gehende Fläche zweiter Ordnung, auf welcher auch die Strahlen s_1 und s_2 liegen. Die beiden in α_1 und α_2 liegenden und einander entsprechenden Strahlenbüschel von S_1 und S_2 werden demnach von der Ebene $OPQR$ in zwei Punktreihen geschnitten, welche zu dem Kegelschnittbüschel ($OPQR$) perspectiv liegen (Seite 33); sie sind folglich auch zu dem Strahlenbüschel S projectiv. Beziehen wir nun den Bündel S collinear auf S_1 und S_2, sodass jene drei projectiven Strahlenbüschel einander entsprechen, so erzeugen die drei Bündel eine cubische Fläche, von welcher die gegebene ebene Curve ein Schnitt ist. Die verlangte collineare Beziehung kann auf unendlich viele Arten hergestellt werden.

Die Rolle des Punktes P kann also wirklich von jedem anderen Punkte O der Curve c^3 dritter Ordnung übernommen werden, so dass allgemein sich ergiebt:

„Werden auf der ebenen Curve c^3 dritter Ordnung irgend „vier Punkte S, P, Q, R angenommen, und verbindet man je „zwei Punkte von c^3, welche mit S in einer Geraden liegen, „mit P, Q und R durch einen Kegelschnitt, so bilden alle diese „Kegelschnitte einen zum Strahlenbüschel S projectiven Kegel- „schnittbüschel, und auch der vierte gemeinschaftliche Punkt „O der Kegelschnitte liegt auf c^3."

Ohne Weiteres leuchtet ein, dass auch folgende Umkehrung dieses Satzes gültig ist:

„Werden durch vier beliebige Punkte O, P, Q, R einer ebenen „Curve c^3 dritter Ordnung Kegelschnitte gelegt, welche noch je „zwei Punkte mit c^3 gemein haben, so schneiden sich die Verbin- „dungslinien dieser Punktepaare in einem und demselben Punkte „S von c^3. Der Kegelschnittbüschel ($OPOR$) ist projectiv auf „den Strahlenbüschel S bezogen, wenn jedem Kegelschnitt der „so durch ihn bestimmte Strahl von S zugewiesen wird."

Von den Punkten O, P, Q, R dürfen übrigens keine drei in einer Geraden liegen, wenn der Satz Sinn haben soll. Dagegen dürfen zwei der Punkte einander unbegrenzt sich nähern, so dass der Satz auch dann noch gilt, wenn die Kegelschnitte von c^3 in zwei Punkten geschnitten und in einem dritten berührt werden, oder wenn sie einander und die Curve c^3 in zwei verschiedenen Punkten berühren u. s. w. Der Punkt S soll der Gegenpunkt des Vierecks $OPQR$ genannt werden.

Der letzte Satz enthält eine Haupteigenschaft der ebenen Curven dritter Ordnung, und wir können aus ihm viele andere Sätze ableiten; zunächst den folgenden:

„Durch acht beliebige Punkte O, P, Q, R, A, B, C, D der „Ebene können unendlich viele Curven dritter Ordnung gelegt „werden; nämlich durch einen beliebigen neunten Punkt E „geht eine einzige dieser Curven, und nur wenn E eine ganz „besondere, durch die ersten acht Punkte bestimmte Lage hat, „gehen durch diesen neunten Punkt alle jene Curven dritter „Ordnung."

Wir wählen unter den gegebenen Punkten irgend vier O, P, Q, R, von denen keine drei in einer Geraden liegen, und legen durch sie einen Kegelschnittbüschel, bezeichnen ferner mit α, β, γ, δ, ε die fünf Kegelschnitte dieses Büschels $(OPQR)$, welche durch resp. A, B, C, D, E gehen. Alsdann können wir den Strahlenbüschel D projectiv so auf den Büschel $(OPQR)$ beziehen, dass die Strahlen DA, DB, DC den resp. Kegelschnitten α, β, γ entsprechen; auch können wir zu den Kegelschnitten δ und ε die entsprechenden Strahlen DD_1 und DE_1 des Büschels D construiren. Wir denken uns jetzt durch A, B, C und D einen Kegelschnitt $\varkappa$ gelegt, welcher in D den Strahl DD_1 berührt. Derselbe wird vom Strahle DE_1 in einem Punkte E_1 geschnitten und ist durch den Strahlenbüschel D projectiv so auf den Kegelschnittbüschel $(OPQR)$ bezogen, dass den Punkten A, B, C, D, E_1 von $\varkappa$ die resp. Kegelschnitte α, β, γ, δ, ε entsprechen. Jeder Strahlenbüschel S, welcher zum Kegelschnitt $\varkappa$ perspectiv liegt, erzeugt mit dem Kegelschnittbüschel $(OPQR)$ eine Curve dritter Ordnung, welche durch die acht Punkte O, P, Q, R, A, B, C, D geht. Bestimmen wir nun auf $\varkappa$ den Mittelpunkt des Strahlenbüschels S so, dass aus ihm der Punkt E_1 durch den Strahl SE projicirt wird, so geht die Curve dritter Ordnung auch durch den neunten Punkt E. Für eine beliebige Lage des Punktes S auf $\varkappa$ hat die Curve dritter Ordnung mit dem Kegelschnitt die fünf Punkte S, A, B, C, D und folglich nur noch einen sechsten Punkt T gemein. Dieser Punkt T von $\varkappa$ liegt ebenso wie A, B, C und D auf dem ihm entsprechenden Kegelschnitte des Büschels $(OPQR)$ und ist demnach auf jeder durch O, P, Q, R, A, B, C, D gehenden Curve dritter Ordnung enthalten; und nur wenn E mit T zusammenfällt, gehen durch E alle diese Curven.

Beachtenswerth ist, dass wir keineswegs den Kegelschnitt $\varkappa$ zu zeichnen brauchen, dass wir vielmehr die Punkte E_1 und S desselben durch lineare Constructionen, z. B. mittelst des Pascalschen Satzes, finden können. Ebenso können wir auf dem Strahle

SA den zweiten Schnittpunkt A_1 mit dem Kegelschnitt α linear construiren; und da A_1 auch der gesuchten Curve dritter Ordnung angehört, so ist damit die Aufgabe gelöst:

„Von einer ebenen Curve c^3 dritter Ordnung, welche durch „neun ihrer Punkte gegeben ist, denjenigen zehnten Punkt A_1 „zu construiren, welcher mit irgend fünf der gegebenen Punkte „auf einem Kegelschnitt α liegt.“

Der Kegelschnittbüschel $(OPQR)$ enthält auch die drei paar Gegenseiten des Vierecks $OPQR$. Suchen wir zu einem dieser Paare, etwa zu OP, QR den entsprechenden Strahl des Büschels S, so lösen wir die Aufgabe:

„Auf einer Geraden OP, welche zwei von den gegebenen „neun Punkten verbindet, den dritten Schnittpunkt mit der „Curve c^3 dritter Ordnung zu construiren.“

Sei l ein beliebiger Strahl des Büschels S und λ der ihm entsprechende Kegelschnitt des Büschels $(OPQR)$. Wenn dann l dem Strahle SO sich unbegrenzt nähert, so rückt auch einer der beiden Schnittpunkte von l und λ dem Punkte O unbegrenzt näher, und die Verbindungslinie von O mit diesem Schnittpunkte geht über in die Tangente der Curve c^3 im Punkte O; zugleich ändert der Kegelschnitt λ sich so, dass er ebenfalls jene Verbindungslinie in O berührt. Bestimmen wir also im Punkte O die Tangente des Kegelschnittes, welcher dem Strahle SO entspricht, so lösen wir die Aufgabe:

„In einem der gegebenen neun Punkte, z. B. in O die Tan- „gente der Curve c^3 dritter Ordnung zu construiren.“

Mit Hülfe dieser Bemerkungen können auch leicht die Aufgaben gelöst werden: „Eine Curve dritter Ordnung zu construiren, wenn von ihr gegeben sind entweder acht Punkte und die Tangente in einem derselben, oder sieben, sechs, fünf Punkte und die Tangenten in resp. zwei, drei, vier derselben.“ Wir übergehen die Ausführung dieser Aufgaben.

Aus dem Beweise des Satzes, dass acht Punkte der Ebene mit einem neunten im Allgemeinen durch eine Curve dritter Ordnung verbunden werden können, ergiebt sich noch der folgende Satz:

„Zwei ebene Curven dritter Ordnung haben höchstens neun „Punkte O, P, Q, R, A, B, C, D, T mit einander gemein, welche „mit jedem zehnten Punkte E der Ebene durch eine Curve drit- „ter Ordnung verbunden werden können.“

„Legt man durch vier von den neun Punkten, z. B. durch

„O, P, Q, R einen Kegelschnittbüschel, und durch die übrigen „fünf einen Kegelschnitt $\varkappa$, so kann der letztere projectiv so „auf den Büschel bezogen werden, dass den fünf Punkten „A, B, C, D, T von $\varkappa$ die resp. durch sie gehenden Kegel- „schnitte des Büschels ($OPQR$) entsprechen. Der Kegelschnitt $\varkappa$ „enthält die Gegenpunkte S des Vierecks $OPQR$ hinsichtlich „aller Curven dritter Ordnung, welche durch die neun Punkte „gehen."

Es kann der Fall eintreten, dass von den neun Punkten irgend sechs auf einem Kegelschnitt liegen. Sei K ein beliebiger siebenter Punkt dieses Kegelschnittes, so kann auch K mit den neun Punkten durch eine Curve dritter Ordnung verbunden werden; und da diese mit dem Kegelschnitt sieben Punkte gemein hat, so zerfällt sie in ihn und eine Gerade. Also:

„Liegen von den neun Schnittpunkten zweier Curven dritter „Ordnung sechs auf einem Kegelschnitt, so liegen die drei übrigen „in einer Geraden."

Der Satz und sein Beweis gelten auch dann, wenn der Kegelschnitt in zwei Gerade zerfällt. Wir folgern daraus:

„Wird eine Curve c^3 dritter Ordnung von drei Geraden a, b, c „so in je drei Punkten geschnitten, dass sechs von den neun „Schnittpunkten auf einer Curve zweiter Ordnung oder auch „auf zwei neuen Geraden k und l enthalten sind, so liegen die „drei letzten Schnittpunkte in einer Geraden m."

Denn die drei Geraden a, b, c bilden eine zweite Linie dritter Ordnung, und durch die neun Schnittpunkte können folglich unendlich viele Curven dritter Ordnung gelegt werden. — Die sechs Punkte, welche eine Curve c^3 dritter Ordnung mit irgend einem Kegelschnitt gemein hat, können zu zweien durch 15 Gerade verbunden werden, welche die c^3 in 15 Punkten P schneiden; diese 15 P liegen zu dreien in 15 Geraden g, und diese 15 g schneiden sich zu dreien in jenen 15 Punkten P.

Wir können im vorigen Satze die Geraden k und l willkürlich annehmen und durch ihre sechs Schnittpunkte mit c^3 die drei Geraden a, b, c legen. Nähern sich k und l einander unbegrenzt, so gehen a, b und c über in drei Tangenten der Curve dritter Ordnung, und es ergiebt sich:

„Je drei Tangenten der Curve c^3, deren Berührungspunkte „in einer Geraden k liegen, schneiden die Curve in drei Punkten „einer zweiten Geraden m."

Die Gerade m fällt mit k zusammen, wenn von den Schnittpunkten der drei Tangenten irgend zwei sich mit den Berührungspunkten vereinigen. Die Tangenten „osculiren" dann die Curve c^3 in ihren Berührungspunkten, und letztere heissen „Wendepunkte" von c^3.

„Die Verbindungslinie von zwei Wendepunkten der Curve c^3 „schneidet die Curve also noch in einem dritten Wendepunkte."

Die Curve dritter Ordnung hat auch mit der unendlich fernen Geraden mindestens einen Punkt und höchstens drei Punkte gemein, und jede Tangente eines unendlich fernen Punktes wird Asymptote genannt. Für sie gilt der Satz:

„Die Curve dritter Ordnung wird von ihren drei Asymptoten „in drei Punkten einer Geraden geschnitten."

Wir haben bereits gesehen, dass die ebene Curve c^3 dritter Ordnung in eine Gerade und einen Kegelschnitt zerfallen kann, aber noch nicht bewiesen, dass dieses immer dann geschehen muss, wenn die Curve c^3 eine Gerade g enthält. In der That ist ein solches Zerfallen nicht nothwendig, denn es ist denkbar, dass die Curve dritter Ordnung sich ganz auf die Gerade g reducirt oder ausserhalb derselben nur einen einzigen Punkt besitzt. Wenn aber c^3 ausser g mehrere Punkte enthält, so liegen im Allgemeinen keine drei derselben in einer Geraden l; denn sonst müsste l mit c^3 auch noch den Punkt lg, also im Ganzen vier Punkte gemein haben, und folglich ebenfalls ganz der Curve c^3 angehören, und c^3 müsste in drei Gerade zerfallen, von denen die dritte sich auch mit l oder g vereinigen könnte. Wir können demnach irgend fünf der ausserhalb g liegenden Punkte von c^3 durch eine Curve $\varkappa^2$ zweiter Ordnung verbinden, welche mit g ebenfalls eine Curve dritter Ordnung bildet. Jene fünf Punkte bilden mit drei beliebigen Punkten der Geraden g ein System von acht Punkten, welche mit jedem neunten Punkte der Ebene im Allgemeinen eine einzige Curve dritter Ordnung bestimmen. Wählen wir nun den neunten Punkt ebenfalls auf der Geraden g, so fällt diese Curve dritter Ordnung mit c^3 zusammen, zugleich aber mit der Curve dritter Ordnung, welche aus g und dem Kegelschnitt $\varkappa^2$ besteht. Also:

„Wenn eine Curve c^3 dritter Ordnung eine Gerade g ent- „hält, so zerfällt sie im Allgemeinen in diese Gerade und einen „Kegelschnitt; in besonderen Fällen kann sie auch aus g und „noch zwei oder einer Geraden bestehen, wenn sie sich nicht

„etwa auf g und einen isolirten Punkt oder auch auf g allein „reducirt.“

Hieraus lässt sich leicht schliessen, dass von den neun Schnittpunkten zweier Curven dritter Ordnung sechs auf einem Kegelschnitt oder auch auf zwei Geraden enthalten sein müssen, wenn die drei übrigen in einer Geraden liegen.

Zum Schluss möge noch der Satz hier eine Stelle finden:

„Die Grundcurve eines Büschels von Flächen zweiter Ordnung „wird aus jedem ihrer Punkte durch einen Kegel dritter Ordnung projicirt.“

Seien S und T zwei beliebige Punkte der Grundcurve; dann können wir den Strahlenbündel S in dreifacher Weise reciprok auf den Bündel T beziehen, so dass er mit T irgend drei Flächen des F^2-Büschels erzeugt. Der Punkt S erscheint dann als Mittelpunkt von drei collinearen Bündeln, und diese erzeugen (Seite 67) einen Kegel dritter Ordnung, dessen Strahlen je einen Punkt der Raumcurve vierter Ordnung projiciren. Wir folgern daraus:

„Ein Kegel dritter Ordnung wird von einer Regelfläche „zweiter Ordnung, welche zwei Strahlen a, b mit ihm gemein „hat, ausserdem i. A. in einer Raumcurve vierter Ordnung erster „Art geschnitten.“

Zum Beweise verbinden wir den Punkt $\dot{ab}$ mit sieben beliebigen ausserhalb a und b gelegenen Schnittpunkten der Regelfläche und des Kegels dritter Ordnung durch eine zweite Fläche zweiter Ordnung. Von dieser wird die Regelfläche in einer Raumcurve vierter Ordnung geschnitten, welche auch auf dem Kegel liegen muss; denn sie wird aus dem Punkte ab durch einen Kegel dritter Ordnung projicirt, welcher mit dem gegebenen ausser a und b noch sieben beliebige Strahlen gemein hat und folglich mit ihm identisch ist. — Ebenso lässt sich beweisen:

„Ein Kegel dritter und ein Kegel zweiter Ordnung, welche „nicht concentrisch sind, aber sich längs eines Strahles berühren, „schneiden sich ausserdem in einer Raumcurve vierter Ordnung „erster Art.“

Fassen wir die Hauptergebnisse dieses Vortrages noch einmal kurz zusammen, so erhalten wir für die Flächen dritter Ordnung folgenden Satz:

„Die Fläche dritter Ordnung wird von jeder Ebene in einer „Curve c^3 dritter Ordnung geschnitten, welche durch neun auf „ihr beliebig angenommene Punkte völlig bestimmt ist. Diese

„Schnittcurve zerfällt in eine Gerade und einen Kegelschnitt, „wenn sie mit einer Geraden mehr als drei Punkte oder mit „einem Kegelschnitt mehr als sechs Punkte gemein hat; sie „kann auch auf drei oder weniger als drei Gerade sich redu- „ciren. Die Curve c^3 dritter Ordnung hat mit einer anderen „Curve dritter Ordnung höchstens neun Punkte gemein, von „denen jeder durch die acht übrigen bestimmt ist; zwei cubische „Flächen schneiden sich deshalb im Allgemeinen in einer Raum- „curve neunter Ordnung. Mit einer Fläche zweiter Ordnung „hat die cubische Fläche im Allgemeinen eine Raumcurve sech- „ster Ordnung gemein."

Neunter Vortrag.

Die siebenundzwanzig Geraden und die Kegelschnitte der allgemeinen cubischen Fläche.

Wenn wir eine cubische Fläche F^3, welche durch drei collineare Strahlenbündel S, S_1, S_2 erzeugt wird, auf einem ebenen Felde η abbilden, indem wir η auf S, S_1, S_2 reciprok beziehen, so entspricht jedem Punkte von F^3 ein einziger Punkt von η. Dagegen können in η gewisse Hauptpunkte vorkommen, denen mehr als ein Punkt von F^3, nämlich die Punkte von je einer Geraden entsprechen. Einem beliebigen Punkte von η entsprechen nämlich drei homologe Ebenen von S, S_1, S_2, sowie deren in F^3 gelegener Schnittpunkt; wenn aber diese drei Ebenen mehr als einen Punkt, also eine Gerade mit einander gemein haben, so ist der zugehörige Punkt von η ein Hauptpunkt. Jene dem Hauptpunkte entsprechende Gerade wollen wir einen Hauptstrahl der Fläche F^3 nennen; sie ist eine gemeinschaftliche Sehne der drei cubischen Raumcurven, welche die Bündel S, S_1, S_2 paarweise mit einander erzeugen. Und da diese Raumcurven als drei ganz beliebige des zweiten Curvennetzes von F^3 betrachtet werden können, so lassen sich die Hauptpunkte von η auch folgendermassen definiren:

„Den Hauptpunkten der Ebene η entsprechen in der cubi- „schen Fläche F^3 die gemeinschaftlichen Sehnen des zweiten

„Curvennetzes von F^3; wir nennen diese Sehnen die Haupt-„strahlen der Fläche."

Die Hauptpunkte von η sind hiernach Doppelpunkte derjenigen Curven fünfter Ordnung, welche den Raumcurven des zweiten Netzes von F^3 entsprechen.

Eine beliebige Ebene schneidet die Fläche F^3 in einer ebenen Curve c^3, welche mit jeder auf F^3 liegenden Geraden einen Punkt gemein hat. Daraus schliessen wir:

„Die Curven dritter Ordnung von η, welche den ebenen „Schnittcurven der Fläche F^3 entsprechen, gehen durch alle „Hauptpunkte von η."

Legen wir nun durch eine beliebige Gerade g, welche mit F^3 drei Punkte P, Q, R gemein hat, irgend zwei Ebenen, so schneiden diese die Fläche F^3 in zwei Curven c^3 und c_1^3, welche durch die Punkte P, Q, R gehen. Die Abbildungen von c^3 und c_1^3 haben ausser den drei Punkten, welche jenen dreien entsprechen, noch höchstens sechs Punkte gemein, und jeder dieser Punkte ist ein Hauptpunkt von η, weil ihm sowohl in c^3 als auch in c_1^3 ein Punkt entspricht. Die sechs Hauptpunkte liegen nicht auf einem und demselben Kegelschnitt, weil sonst die drei übrigen Schnittpunkte von c^3 und c_1^3 in einer Geraden liegen müssten, was unmöglich ist; denn einer Geraden von η entspricht in der Fläche F^3 eine cubische Raumcurve, welche mit der beliebigen Geraden g höchstens zwei Punkte gemein hat. Somit ergiebt sich:

„Die Ebene η enthält höchstens sechs Hauptpunkte, welche „nicht alle auf einem Kegelschnitt liegen; die cubische Fläche „F^3 besitzt demnach höchstens sechs Hauptstrahlen oder ge-„meinschaftliche Sehnen des zweiten Curvennetzes. Wenn drei „collineare Bündel beliebig im Raume gegeben sind, so giebt „es im Allgemeinen höchstens sechs Grade, in denen je drei „homologe Ebenen der Bündel sich schneiden.*)"

Nun ist aber F^3 die Ordnungsfläche von zwei sich gegenseitig erzeugenden Bündelnetzen $|S_2|$ und $|P_2|$; sie wird durch beliebige drei collineare Bündel des einen wie des anderen Netzes erzeugt und ist der Ort der Mittelpunkte aller Bündel von $|S_2|$ sowohl wie von $|P_2|$. Die ∞^2 collinearen Bündel eines jeden dieser Netze bestehen aus homologen Ebenen der Bündel des anderen (S. 58). Wenn nun von den drei beliebigen Bündeln

*) Schröter in Crelle's Journal 62 S. 270.

S, S_1, S_2 des Netzes $|S_2|$ irgend drei homologe Ebenen statt in einem einzigen Punkte P in einem Hauptstrahle u sich schneiden, so gehen durch u auch die entsprechenden Ebenen der übrigen ∞^2 Bündel von $|S_2|$; der Bündel von $|P_2|$, welchen diese Ebenen bilden, artet somit aus in den Büschel u. Also:

„Von dem Bündelnetze $|P_2|$ und ebenso von $|S_2|$ arten höch-„stens sechs Bündel aus in Ebenenbüschel. Die Axen dieser „Büschel sind Hauptstrahlen der cubischen Ordnungsfläche von „$|P_2|$ und $|S_2|$."

Wenn zwei Sehnen einer cubischen Raumcurve in einer Ebene liegen, so schneiden sie sich bekanntlich in einem Punkte der Curve. Da nun (Seite 62) die Raumcurven des zweiten Curvennetzes nicht alle durch einen und denselben Punkt gehen sollen, so ergiebt sich:

„Keine zwei Hauptstrahlen der Fläche F^3 liegen in einer „Ebene."

Einer beliebigen Geraden g von η entspricht auf der Fläche F^3 eine Raumcurve γ^3 des ersten Netzes; aber:

„Wenn eine Gerade g von η einen Hauptpunkt U enthält, „so zerfällt die ihr entsprechende cubische Raumcurve γ^3 in „den zugehörigen Hauptstrahl u und einen Kegelschnitt, wel-„cher einen Punkt mit u gemein hat."

Der Punktreihe g entsprechen nämlich in den Bündeln S, S_1, S_2 drei Ebenenbüschel, deren Axen den Hauptstrahl u schneiden, und der Ebenenbüschel von S erzeugt mit denen von S_1 und S_2 zwei geradlinige Flächen zweiter Ordnung, welche die Axe des ersteren Büschels und den Hauptstrahl u gemein haben. Verbinden wir nun irgend drei andere gemeinschaftliche Punkte der beiden Flächen durch eine Ebene, so schneidet diese die beiden Flächen zweiter Ordnung in identischen Kegelschnitten, weil letztere noch zwei auf u und jener Axe liegende Punkte mit einander gemein haben. Dieser Kegelschnitt entspricht der Geraden g und ist ihr projectiv.

Die Ebene des Kegelschnittes hat mit der Fläche F^3 noch eine Gerade gemein, welche mit dem Kegelschnitt zusammen eine ebene Curve dritter Ordnung ausmacht. Die Abbildung dieser Curve zerfällt in die Gerade g und einen Kegelschnitt, und zwar muss letzterer durch alle von U verschiedenen Hauptpunkte der Ebene η gehen. Also:

„Einem Kegelschnitt, welcher fünf Hauptpunkte von η ver-

„bindet, entspricht in der Fläche F^3 eine Gerade, welche die „entsprechenden fünf Hauptstrahlen schneidet; durch diese Ge- „rade gehen die Ebenen aller Kegelschnitte von F^3, welche den „Strahlen des sechsten Hauptpunktes von η entsprechen."

Wenn eine Gerade g zwei Hauptpunkte U und V von Σ verbindet, so entsprechen ihrer Punktreihe in den Bündeln S, S_1, S_2 drei Ebenenbüschel, deren Axen die entsprechenden Hauptstrahlen u und v von F^3 schneiden. Der Ebenenbüschel von S erzeugt mit den homologen von S_1 und S_2 zwei Regelflächen, welche die Axe des Büschels und die Hauptstrahlen u und v mit einander gemein haben. Die Schnittpunkte von je drei homologen Ebenen der Büschel liegen deshalb in einer vierten, u und v schneidenden Geraden der Regelflächen, welche der Geraden g projectiv entspricht. Also:

„Jeder Verbindungslinie von zwei Hauptpunkten U und V „der Bildebene η entspricht in F^3 eine ihr projective Gerade, „welche die entsprechenden beiden Hauptstrahlen u und v „schneidet."

Zugleich ergiebt sich:

„Keine drei Hauptpunkte der Ebene η liegen in einer Ge- „raden."

Denn enthielte eine Gerade g drei Hauptpunkte, so würden die ihr entsprechenden Ebenenbüschel von S, S_1, S_2 zu der Regelschaar perspectiv liegen, welcher die zugehörigen drei Hauptstrahlen von F^3 angehören. Die Fläche F^3 würde alsdann in eine Regelfläche und eine Ebene zerfallen. Eine Ausnahme erleidet der Satz, wenn F^3 einen Doppelpunkt hat; dieser Specialfall aber wurde schon früher (Seite 62) ausgeschlossen.

Wir wollen die Gerade von F^3, welche der Verbindungslinie von irgend zwei Hauptpunkten U und V entspricht, mit einem beliebigen Punkte P von F^3 durch eine Ebene verbinden. Diese Ebene schneidet die Fläche F^3 in einer Curve c^3 dritter Ordnung, welche aus der Geraden und einem durch P gehenden Kegelschnitte besteht. Die Abbildung von c^3 in η zerfällt in die Gerade UV und einen Kegelschnitt, welcher alle von U und V verschiedenen Hauptpunkte, sowie den Bildpunkt von P enthält. Da P beliebig auf F^3 gewählt wurde, so ist sein Bildpunkt ein beliebiger Punkt von η. Wir schliessen daraus:

„Den Kegelschnitten, welche durch vier Hauptpunkte von η „gelegt werden können, entsprechen in F^3 wiederum Kegel-

„schnitte; und zwar schneiden sich deren Ebenen in der Ge-
„raden, welche der Verbindungslinie der übrigen beiden Haupt-
„punkte entspricht."

Dieser Satz erleidet natürlich eine Aenderung, wenn weniger als sechs Hauptpunkte vorhanden sind.

Wir wollen zunächst den besonders interessanten Fall untersuchen, in welchem die Ebene η sechs reelle Hauptpunkte besitzt. Diese sind die Eckpunkte eines vollständigen Sechsecks, welchem kein Kegelschnitt umschrieben werden kann. Aus dem Vorhergehenden aber ergiebt sich:

Jedem der sechs Eckpunkte und jeder der fünfzehn Seiten dieses Haupt-Sechsecks von η entspricht eine Gerade der Fläche F^3*, ebenso jedem der sechs Kegelschnitte, welche durch je fünf Eckpunkte gelegt werden können. Die Fläche* F^3 *dritter Ordnung enthält demnach siebenundzwanzig Gerade.*

Von den auf F^3 enthaltenen Geraden können keine vier in einer und derselben Regelschaar zweiter Ordnung liegen; denn sonst würde jeder Leitstrahl der Regelschaar vier Punkte mit der Fläche F^3 gemein haben und folglich ganz auf F^3 liegen, sodass die Fläche dritter Ordnung in eine Regelfläche zweiter Ordnung und eine Ebene zerfallen würde.

Die gegenseitige Lage der siebenundzwanzig Geraden lässt sich mit Hülfe des vollständigen Sechsecks leicht übersehen. Wir bezeichnen zunächst mit *1, 2, 3, 4, 5, 6* die sechs Hauptpunkte der Ebene η, mit μ, ν irgend zwei derselben, und mit (μ) den Kegelschnitt, welcher durch die fünf von μ verschiedenen Hauptpunkte geht. Dann möge a_μ den Hauptstrahl der Fläche F^3 bezeichnen, welcher dem Hauptpunkte μ entspricht, und b_μ die Gerade, welche dem Kegelschnitt (μ) entspricht; ferner entspreche der Seite $\mu\nu$ des Sechsecks eine Gerade $c_{\mu\nu}$ oder $c_{\nu\mu}$ von F^3. Die siebenundzwanzig Geraden sind dann bezeichnet wie folgt:

$$
\begin{array}{c}
a_1 \quad a_2 \quad a_3 \quad a_4 \quad a_5 \quad a_6 \\
b_1 \quad b_2 \quad b_3 \quad b_4 \quad b_5 \quad b_6 \\
c_{12} \quad c_{13} \quad c_{14} \quad c_{15} \quad c_{16} \\
c_{23} \quad c_{24} \quad c_{25} \quad c_{26} \\
c_{34} \quad c_{35} \quad c_{36} \\
c_{45} \quad c_{46} \\
c_{56}
\end{array}
$$

Theils aus dem Früheren, theils aus der Abbildung der siebenundzwanzig Geraden in der Ebene η ergiebt sich nunmehr ohne Weiteres:

„Die Gerade a_μ wird nur von zehn der übrigen sechsund- „zwanzig Geraden geschnitten, nämlich von allen Geraden b, „ausgenommen b_μ, und von allen Geraden c, welche den Index „μ besitzen. Ebenso wird b_μ von zehn der übrigen Geraden „geschnitten, nämlich von allen a ausser a_μ und von allen c „mit dem Index μ. Die Gerade $c_{\mu\nu}$ wird geschnitten von den „vier Geraden a_μ, a_ν, b_μ, b_ν, sowie von denjenigen sechs Ge- „raden c, deren Indices von μ und ν verschieden sind."

Die Gerade c_{12} z. B. wird von den Geraden a_1, a_2, b_1, b_2, c_{34}, c_{35} u. s. w. geschnitten, weil ihre Abbildung *12* durch die Hauptpunkte *1*, *2* geht und mit den Abbildungen (*1*), (*2*), *34*, *35* u. s. w. der übrigen genannten Geraden je einen Punkt gemein hat, der kein Hauptpunkt ist.

„Jede der 27 Geraden wird also von zehn der übrigen ge- „schnitten und bildet mit ihnen fünf Dreiecke, sodass die „27 Geraden sich in 135 Punkten schneiden und 45 Dreiecke „$\triangle$ bilden."

Die zehn Geraden, von welchen a_1 geschnitten wird, bilden z. B. mit a_1 die Dreiecke:

$$a_1\, b_2\, c_{12};\; a_1\, b_3\, c_{13};\; a_1\, b_4\, c_{14};\; a_1\, b_5\, c_{15};\; a_1\, b_6\, c_{16};$$

ebenso schneiden sich in b_1 die Ebenen der fünf Dreiecke:

$$b_1\, a_2\, c_{12};\; b_1\, a_3\, c_{13};\; b_1\, a_4\, c_{14};\; b_1\, a_5\, c_{15};\; b_1\, a_6\, c_{16};$$

und die zehn Geraden, welche c_{12} schneiden, bilden mit c_{12} die Dreiecke:

$$c_{12}\, a_1\, b_2;\; c_{12}\, a_2\, b_1;\; c_{12}\, c_{34}\, c_{56};\; c_{12}\, c_{35}\, c_{46};\; c_{12}\, c_{36}\, c_{45}.$$

Die Geraden a und b haben eine bemerkenswerthe gegenseitige Lage. Je fünf der Geraden a werden von einer der Geraden b geschnitten, und folglich je vier der Geraden a von zwei der Geraden b; auch hat jede Fläche zweiter Ordnung, welche drei der Geraden a enthält, noch ausserdem drei Gerade b mit der Fläche F^3 dritter Ordnung gemein. Da nun keine zwei der Geraden a in einer Ebene liegen, so folgt:

„Keine zwei der Geraden b liegen in einer Ebene; je fünf, „vier, drei, zwei, eine der Geraden b werden von einer, zwei, „drei, vier resp. fünf der Geraden a geschnitten, die Geraden „b haben demnach dieselbe Lage zu den Geraden a, wie diese „zu jenen."

Wir wollen mit Schläfli*) eine Gruppe von zweimal sechs Geraden, welche wie die Geraden a und b zu einander liegen, eine Doppelsechs nennen. Eine Doppelsechs:

$$\begin{matrix} a_1 & a_2 & a_3 & a_4 & a_5 & a_6 \\ b_1 & b_2 & b_3 & b_4 & b_5 & b_6 \end{matrix}$$

ist also dadurch gekennzeichnet, dass eine beliebige unter ihren zwölf Geraden nur diejenigen fünf anderen schneidet, welche mit ihr weder in derselben Horizontal- noch in derselben Vertical-Spalte stehen. Wir unterscheiden zwei Hälften an der Doppelsechs; in der vorliegenden wird die eine Hälfte von den Geraden a, die andere von den Geraden b gebildet.

Wir können leicht zeigen, dass die 27 Geraden der Fläche dritter Ordnung nicht weniger als 36 Doppelsechse mit einander bilden. Vorher beweisen wir den Satz:

„Die Gerade b_μ wird nur von den Geraden c geschnitten, „welche den Index μ haben. Zwei Gerade c mit einem ge- „meinschaftlichen Index μ können nicht in einer Ebene liegen.“

Würde etwa b_1 von c_{23} geschnitten, so würden die vier Strahlen c_{23}, a_4, a_5, a_6 der Regelschaar angehören, von welcher b_1, b_2, b_3 drei Leitstrahlen sind; was unmöglich ist (Seite 82). Und wenn z. B. c_{12} mit c_{13} in einer Ebene läge, so müsste diese Ebene auch die Geraden c_{45}, c_{46}, c_{56} enthalten, weil dieselben c_{12} und c_{13} in verschiedenen Punkten schneiden; die Fläche F^3 dritter Ordnung hätte somit fünf Gerade mit der Ebene gemein, was ebenfalls unmöglich ist.

Ausser der oben angegebenen Doppelsechs enthält die cubische Fläche u. A. die beiden folgenden:

$$\begin{matrix} c_{12} & c_{13} & c_{14} & c_{15} & a_6 & b_6 \\ c_{62} & c_{63} & c_{64} & c_{65} & a_1 & b_1 \end{matrix} \quad \text{und} \quad \begin{matrix} c_{23} & c_{31} & c_{12} & a_4 & a_5 & a_6. \\ b_1 & b_2 & b_3 & c_{56} & c_{64} & c_{45}. \end{matrix}$$

Die Geraden c_{12}, c_{13}, c_{14}, c_{15} der ersteren Doppelsechs bilden sich in der Ebene η ab als vier Gerade, welche den Hauptpunkt *1* mit vier anderen Hauptpunkten *2*, *3*, *4*, *5* verbinden; und da wir jeden Hauptpunkt mit einem anderen vertauschen können, so erhalten wir nach Analogie dieser ersteren im Ganzen 15 Doppelsechse. Die Geraden c_{12}, c_{23}, c_{31} der letzteren Doppelsechs entsprechen den Seiten des Dreiecks *123* von η; die sechs Hauptpunkte bilden mit einander zwanzig Dreiecke, also lassen sich

*) Schläfli, Quarterly Journal of Mathematics, vol. II, 1858, und Philos. Transactions 1863.

nicht weniger als zwanzig Doppelsechse nach dem zweiten Schema zusammensetzen.

„Die 27 Geraden der cubischen Fläche bilden sonach $1 +$ „$15 + 20 = 36$ Doppelsechse, und jede der Geraden kommt in „16 dieser Doppelsechse vor."

Aus der Betrachtung des Sechsecks von η, welches zusammen mit den sechs Kegelschnitten (μ) die Abbildung der 27 Geraden darstellt, ergiebt sich ausserdem sofort:

„Je vier Gerade der Fläche F^3, von denen keine zwei sich „schneiden, bestimmen eine Doppelsechs, zu deren einen Hälfte „die vier Geraden gehören."

Die Fläche dritter Ordnung kann keine 28ste Gerade g enthalten. Denn nehmen wir eine solche Gerade an, so schneidet sie jedenfalls keine drei der Hauptstrahlen a, weil diese schon von drei der Strahlen b geschnitten werden und weil keine vier Gerade der Fläche in einer Regelschaar liegen können. Ferner wird die Gerade g in der Ebene η entweder durch eine Gerade oder durch einen Kegelschnitt abgebildet; denn die Ebenen des Bündels S, welche mit den homologen Ebenen von S_1 je einen Punkt der Geraden g gemein haben, bilden (Seite 54) einen Ebenenbüschel erster oder zweiter Ordnung. Daraus folgt, dass die Abbildung jedes Kegelschnitts von F^3, welcher mit g in einer Ebene liegt, entweder ein Kegelschnitt oder eine Gerade sein muss, und durch mindestens vier Hauptpunkte von η geht. Die Abbildung kann keine Gerade sein, weil eine solche höchstens zwei Hauptpunkte enthält, auch kann sie keiner von den sechs Kegelschnitten (μ) sein, weil diesen die sechs Geraden b entsprechen; wäre sie aber ein Kegelschnitt, der nur vier Hauptpunkte enthielte, so müsste g mit einer der Geraden c identisch sein, weil ihre Abbildung mit der Verbindungslinie der beiden letzten Hauptpunkte zusammenfiele. Die Annahme einer 28sten Geraden g ist deshalb unhaltbar. Wir können dieses Ergebniss auch wie folgt aussprechen:

„Die Ebenen aller Kegelschnitte der cubischen Fläche gehen „durch je eine der 27 Geraden der Fläche."

Jede dieser Ebenen berührt die Fläche doppelt, und zwar in den Schnittpunkten der Geraden und des Kegelschnittes, welche sie mit der Fläche gemein hat. Die Ebenen der 45 Dreiecke $\triangle$ berühren die Fläche dreifach, und zwar in den Eckpunkten von je einem der Dreiecke.

Eine beliebige auf F^3 enthaltene Doppelsechs werde bezeichnet durch:

$$\begin{matrix} d_1 & d_2 & d_3 & d_4 & d_5 & d_6 \\ e_1 & e_2 & e_3 & e_4 & e_5 & e_6; \end{matrix}$$

dann lässt sich der Satz beweisen:

„Durch fünf Strahlen d_1, d_2, d_3, d_4, d_5, welche der einen „Hälfte einer Doppelsechs angehören, sind die 27 Geraden der „cubischen Fläche und diese selbst völlig bestimmt."

Von der Geraden e_6 werden die fünf Strahlen d, und von den übrigen Geraden e werden je vier derselben geschnitten. Die Geraden e sind daher construirbar (I. Abth. Seite 172), und mit ihrer Hülfe finden wir die Gerade d_6, welche die ersten fünf Geraden e schneidet. Ferner schneiden sich die beiden Ebenen $d_\mu e_\nu$ und $d_\nu e_\mu$ in einer der übrigen fünfzehn Geraden der Fläche F^3; denn ihre Schnittlinie $f_{\mu\nu}$ hat mit der Fläche vier, auf resp. d_μ, d_ν, e_μ, e_ν liegende Punkte gemein und ist deshalb ganz auf der Fläche enthalten. Sobald auf diese Weise die 27 Geraden gefunden sind, kann jede ebene Schnittlinie der cubischen Fläche mittelst der Punkte construirt werden, in welchen ihre Ebene den 27 Geraden begegnet.

Um eine Doppelsechs im Raum zu construiren, können wir, wie gleichzeitig sich ergiebt, einen Strahl e_6 der einen Hälfte willkürlich annehmen und diesen durch fünf beliebige Strahlen d_1, d_2, d_3, d_4, d_5, welche der anderen Hälfte angehören sollen, schneiden. Nur dürfen von den fünf Strahlen d keine zwei in einer Ebene und keine vier in einer Regelschaar liegen.

Durch die vier Strahlen d_1, d_2, d_3, d_4 und drei beliebige Punkte S, S_1, S_2 des Raumes kann nur eine cubische Fläche gelegt werden; diese wird erzeugt durch die drei Strahlenbündel S, S_1, S_2, wenn sie collinear so auf einander bezogen werden, dass in d_1, d_2, d_3, d_4 je drei homologe Ebenen sich schneiden. Gingen nämlich durch d_1, d_2, d_3, d_4, S, S_1, S_2 zwei cubische Flächen, so müssten sie auch die Geraden e_5 und e_6 enthalten, weil diese je vier, auf d_1, d_2, d_3, d_4 gelegene Punkte mit den Flächen gemein haben. Von der Ebene SS_1S_2 würden ferner die Flächen in einer und derselben Curve c^3 dritter Ordnung geschnitten; denn die sechs auf d_1, d_2, d_3, d_4, e_5, e_6 gelegenen Schnittpunkte können mit den drei beliebig gegebenen Punkten S, S_1, S_2 nur durch eine einzige Curve c^3 dritter Ordnung verbunden werden. Eine beliebige neue Ebene endlich, welche mit

c^3 irgend drei Punkte A, B, C gemein hat, müsste die beiden cubischen Flächen ebenfalls in einer und derselben Curve c_1^3 dritter Ordnung schneiden, welche die Punkte A, B, C mit sechs auf d_1, d_2, d_3, d_4, e_5, e_6 gelegenen Punkten verbindet. Denn wenn durch diese neun Punkte mehr als eine Curve dritter Ordnung ginge, so müssten die letzteren sechs Punkte auf einem Kegelschnitt liegen, weil A, B und C auf einer Geraden enthalten sind; dieses ist aber unmöglich, da d_1, d_2, d_3, d_4 nicht derselben Regelschaar angehören. Die beiden cubischen Flächen würden folglich unendlich viele ebene Schnittcurven mit einander gemein haben, was nur möglich ist, wenn sie zusammenfallen.

Wählen wir nun die drei Punkte S, S_1, S_2 beliebig auf der ursprünglich gegebenen cubischen Fläche F^3, so fällt jene durch d_1, d_2, d_3, d_4 und S, S_1, S_2 gelegte Fläche dritter Ordnung mit F^3 zusammen. Die vier Strahlen d_1, d_2, d_3, d_4 werden zu Hauptstrahlen der Fläche, und folglich auch d_5 und d_6, weil die sechs Hauptstrahlen die eine Hälfte einer Doppelsechs ausmachen und weil jede Doppelsechs der Fläche durch vier Strahlen ihrer einen Hälfte völlig bestimmt ist. Daraus folgt:

„Die cubische Fläche F^3 kann auf 72 verschiedene Arten „durch drei collineare Strahlenbündel S, S_1, S_2 erzeugt werden, „deren Mittelpunkte beliebig auf F^3 anzunehmen sind. Man „kann nämlich die Bündel so auf einander beziehen, dass in „jeder der sechs Geraden d_1, d_2, d_3, d_4, d_5, d_6, welche von „einer der 36 Doppelsechse eine Hälfte bilden, je drei homologe „Ebenen der Bündel sich schneiden, und erhält dadurch eine „der 72 Erzeugungsarten; den Strahlen d wird hierdurch die „Rolle der sechs Hauptstrahlen zugetheilt. Es giebt demnach „72 Netze von cubischen Raumcurven auf der Fläche, oder „36 Paare conjugirter Curvennetze. Zwei Netze, welche von „den beiden Hälften einer Doppelsechs herrühren, haben die„selben gegenseitigen Beziehungen, wie das früher betrachtete „erste und zweite Curvennetz."

Wählen wir unter den 45 Dreiecken $\triangle$, welche von den 27 Geraden der cubischen Fläche F^3 gebildet werden, zwei, die keine Seite gemein haben, so schneiden sich deren Ebenen in einer Geraden, und da diese höchstens drei Punkte mit F^3 gemein hat, so treffen sich die Seiten beider Dreiecke paarweise auf ihr in drei Punkten. Die drei Verbindungsebenen dieser Seitenpaare bilden ein Dreikant T_1 (ein Steiner'sches Triëder) und schneiden die Fläche F^3 in drei neuen Geraden, welche aus dem eben genannten Grunde gleichfalls in einer Ebene liegen und ein neues Dreieck △ bilden. Und die Ebene des letzteren bildet mit den Ebenen der beiden zuerst angenommenen Dreiecke △ ein zweites Dreikant T, welches „dem ersteren T_1 conjugirt" genannt wird. Jedes der beiden conjugirten Dreikante wird von den Ebenen des anderen in drei Dreiecken △ geschnitten. Wir können beispielsweise drei paar conjugirte Dreikante durch folgende Gruppen von je neun Geraden darstellen:

$$\begin{array}{ccc} a_1 & b_2 & c_{12} \\ b_3 & c_{23} & a_2 \\ c_{13} & a_3 & b_1 \end{array} \qquad \begin{array}{ccc} a_4 & b_5 & c_{45} \\ b_6 & c_{56} & a_5 \\ c_{46} & a_6 & b_4 \end{array} \qquad \begin{array}{ccc} c_{14} & c_{25} & c_{36} \\ c_{35} & c_{16} & c_{24} \\ c_{26} & c_{34} & c_{15}. \end{array}$$

Drei Gerade einer jeden Gruppe liegen in einer Ebene, wenn sie entweder in derselben Horizontal- oder in derselben Vertical-Spalte stehen. Die drei Vertical-Spalten stellen also die Ebenen des einen Dreikantes T und die Horizontal-Spalten die Ebenen des conjugirten Dreikantes T_1 dar. Die vorliegenden drei paar conjugirten Triëder enthalten zusammen alle 27 Geraden der cubischen Fläche.

„Jedes Dreieck △ kommt in 16 verschiedenen Triëdern vor, „so dass 16 Triëderscheitel in seine Ebene fallen."

Das Dreieck hat nämlich mit 12 von den übrigen 44 Dreiecken je eine Seite gemein, weil durch jede der 27 Geraden fünf Dreieck-Ebenen gehen. Es bleiben also 32 Dreiecke übrig, von denen jedes mit dem gegebenen ein Trieder bestimmt. Weil aber auch die dritte Triederebene eines der 32 Dreiecke enthält, so kommt das gegebene Dreieck nicht in 32, sondern nur in 16 verschiedenen Triedern vor. Daraus folgt:

„Die Ebenen der 45 Dreiecke △ bilden im Ganzen $16 \cdot 15 = 240$ „solche Dreikante oder 120 Paare conjugirter Dreikante T und „T_1. Diese Paare ordnen sich zu drei und drei in 40 Gruppen, von denen jede Gruppe alle 27 Geraden der Fläche enthält."

Zehnter Vortrag.

Die zweite Steiner'sche Erzeugung der cubischen Fläche. Die Regelfläche dritter Ordnung.

Die Existenz der 27 Geraden einer cubischen Fläche haben wir unter der Voraussetzung bewiesen, dass die Ebene η, auf welcher die cubische Fläche abgebildet wurde, nicht weniger als sechs reelle Hauptpunkte besitze. Wir wollen jetzt diese Voraussetzung fallen lassen, und unter der Annahme, dass mindestens eine Gerade g auf der Fläche vorkomme, weitere Eigenschaften der cubischen Fläche ableiten.

Die Ebenen des Büschels g schneiden die Fläche F^3 im Allgemeinen nicht nur in g, sondern ausserdem in Kegelschnitten, von denen irgend zwei mit α^2 und β^2 bezeichnet werden mögen. Wählen wir nun auf F^3 vier Punkte O, P, Q, R, die ausserhalb g, α^2 und β^2 und nicht in einer Ebene liegen, so können wir sie mit α^2 durch eine Fläche zweiter Ordnung verbinden; denn O, P, Q, R können mit irgend fünf Punkten von α^2 durch eine Fläche zweiter Ordnung verbunden werden (Seite 24), welche dann alle Punkte des Kegelschnittes α^2 enthalten muss. Diese Fläche zweiter Ordnung wird von derjenigen, welche die Punkte O, P, Q, R mit β^2 verbindet, in einer Raumcurve k^4 vierter Ordnung geschnitten, und letztere geht durch O, P, Q und R. Sei nun N der dritte gemeinschaftliche Punkt der Fläche F^3 und der Geraden OP; dann können wir den Büschel der Flächen zweiter Ordnung, welche in der Raumcurve k^4 sich schneiden, projectiv so auf den Ebenenbüschel g beziehen, dass den drei durch α^2, β^2, N gehenden Ebenen von g die drei durch resp. α^2, β^2, N gehenden Flächen des F^2-Büschels entsprechen. Die beiden Büschel erzeugen eine Fläche F_1^3, welche durch k^4 geht und mit F^3 die Gerade g, die Kegelschnitte α^2 und β^2, sowie die Punkte N, O, P, Q, R gemein hat. Wir können leicht zeigen, dass die Flächen F^3 und F_1^3 identisch sind.

Zunächst ergiebt sich aus der Erzeugungsart der Fläche F_1^3, dass diese von jeder Ebene in einer Curve dritter Ordnung geschnitten wird (Seite 71). Die Ebene $NOPQ$ schneidet nun die Flächen F^3 und F_1^3 in zwei Curven dritter Ordnung, welche ausser den Punkten N, O, P, Q noch fünf Punkte gemein haben, nämlich je zwei Punkte von α^2, β^2*) und einen Punkt von g; und da O, P, Q ganz beliebig auf der Fläche F^3 gewählt wurden, so müssen jene beiden Curven c^3 dritter Ordnung zusammenfallen. Ebenso hat die Ebene $NOPR$ eine und dieselbe Curve c_1^3 dritter Ordnung mit den Flächen F^3 und F_1^3 gemein. Nehmen wir nun eine dritte Ebene beliebig an, welche mit c^3 und c_1^3 je drei und mit α^2 und β^2 je zwei Punkte gemein hat, so schneidet auch diese die Flächen F^3 und F_1^3 in einer und derselben Curve dritter Ordnung, von welcher eilf Punkte bereits bekannt sind. Hieraus aber folgt die Identität der Flächen F^3 und F_1^3, und zugleich der Satz:

„Wird durch irgend einen Kegelschnitt α^2 der cubischen Fläche „F^3 eine beliebige Fläche zweiter Ordnung gelegt, so wird F^3 „von dieser im Allgemeinen noch in einer Raumcurve k^4 vier„ter Ordnung geschnitten, durch welche ein F^2-Büschel geht. „Von den Flächen dieses Büschels wird F^3 in k^4 und in Kegel„schnitten getroffen, deren Ebenen durch eine Gerade g der „Fläche F^3 gehen. Der F^2-Büschel ist durch diese Kegel„schnitte projectiv auf den Ebenenbüschel g bezogen, so dass „beide mit einander die cubische Fläche erzeugen. Vier belie„bige Punkte O, P, Q, R der Fläche F^3, welche nicht in einer „Ebene liegen, können so oft durch eine auf F^3 liegende Raum„curve k^4 vierter Ordnung erster Art verbunden werden, als „Gerade auf der Fläche F^3 vorkommen.“

Wenn in dem F^2-Büschel irgend eine Fläche vorkommt, die mit der entsprechenden Ebene des Büschels g keinen reellen Punkt gemein hat, so enthält die cubische Fläche keine zu g windschiefe reelle Gerade. Diese Bemerkung kann zum Ausgangspunkte einer Untersuchung derjenigen cubischen Flächen gemacht werden, welche weniger als 27 reelle Gerade enthalten.

Die Erzeugung der cubischen Fläche F^3 durch einen F^2-Büschel und einen Ebenenbüschel heisst die zweite Steiner'sche und wurde von uns bereits früher (Seite 33) besprochen; wir schliessen aus den damals bewiesenen Sätzen:

„Die Kegelschnitte von F^3, deren Ebenen durch eine Gerade

---

*) Die Kegelschnitte α^2 und β^2 können offenbar immer so auf F^3 gewählt werden, dass sie mit der Ebene OPQ je zwei reelle Punkte gemein haben.

„g der Fläche gehen, schneiden diese Gerade in einer Punkt-„involution.“

Die Ebene eines solchen Kegelschnittes berührt die Fläche F^3 in den beiden conjugirten Punkten, welche der Kegelschnitt mit der Geraden g gemein hat; sie ist eine doppelt berührende Ebene der Fläche. Wenn der Kegelschnitt in zwei Gerade zerfällt, die mit g ein Dreieck $\triangle$ bilden, so ist seine Ebene eine dreifach berührende; die cubische Fläche besitzt also höchstens 45 dreifach berührende Ebenen.

Seien g, g_1, g_2 die Seiten eines auf F^3 liegenden Dreiecks $\triangle$, und α, α_1, α_2 irgend drei Kegelschnitte von F^3, deren Ebenen durch resp. g, g_1, g_2 gehen und so gewählt sind, dass die drei Kegelschnitte paarweise mit einander zwei Punkte gemein haben. Verbinden wir dann α mit irgend vier Punkten O, P, Q, R, von denen drei auf α_1 und einer auf α_2 liegt, durch eine Fläche zweiter Ordnung, so geht diese auch durch α_1, weil sie fünf Punkte mit α_1 gemein hat, und aus demselben Grunde durch α_2. Die Raumcurve k^4 vierter Ordnung, von der vorhin die Rede war, zerfällt also bei dieser Wahl der Punkte O, P, Q, R in die beiden Kegelschnitte α_1 und α_2, und jeder Kegelschnitt β der Fläche F^3, welcher mit g in einer Ebene liegt, kann mit α_1 und α_2 durch eine Fläche zweiter Ordnung verbunden werden. Ebenso aber kann jeder Kegelschnitt β_1 von F^3, dessen Ebene durch g_1 geht, mit β und α_2 durch eine Fläche zweiter Ordnung verbunden werden; oder:

„Drei beliebige Kegelschnitte von F^3, deren Ebenen durch „die resp. Seiten eines auf F^3 liegenden Dreiecks $\triangle$ gehen, „können stets durch eine Fläche zweiter Ordnung verbunden „werden.“

Sehr leicht ist folgende Umkehrung dieses Satzes zu beweisen:

„Hat eine Fläche zweiter Ordnung mit der cubischen Fläche „F^3 drei Kegelschnitte gemein, so gehen deren Ebenen allemal durch die drei Seiten eines Dreiecks $\triangle$ von F^3.“

Zu jedem Dreieck $\triangle$ kann ein ganzes System solcher Flächen zweiter Ordnung construirt werden, und diese Flächen schneiden jede Dreieckseite in einer Punktinvolution, in welcher auch die beiden, auf der Seite liegenden Eckpunkte einander zugeordnet sind. Durch eine beliebige der Flächen zweiter Ordnung ist nun entweder ein oder kein Eckpunkt des Dreiecks von den beiden anderen getrennt. Daraus folgt:

„Entweder gehen durch eine oder durch jede Seite des Drei-„ecks △ zwei Ebenen, welche mit F^3 zwei die Seite berührende „Kegelschnitte gemein haben."

Diese drei paar Kegelschnitte liegen im letzteren Falle zu dreien auf vier die Ebene von △ tangirenden Kegeln zweiter Ordnung, und ihre sechs Berührungspunkte sind folglich die Eckpunkte eines Vierseits, dessen Diagonalen das Dreieck △ bilden. Verbindet man nämlich zwei der sechs Kegelschnitte mit der durch ihre Berührungspunkte gehenden Geraden durch eine Fläche zweiter Ordnung, so berührt diese die Ebene von △ in der Geraden, ist also ein Kegel, welcher noch einen der übrigen vier Kegelschnitte enthält.

Eine Regelfläche zweiter Ordnung, welche mit F^3 zwei windschiefe Gerade a, b gemein hat, schneidet die cubische Fläche ausserdem in einer Raumcurve vierter Ordnung „zweiter Art". Diese Curve unterscheidet sich von denen erster Art, durch welche Büschel von Flächen zweiter Ordnung gehen, namentlich dadurch, dass durch sie nur eine einzige Fläche zweiter Ordnung geht und dass sie mit den Strahlen der einen, durch a und b gehenden Regelschaar dieser Fläche je drei, mit den Strahlen der anderen Regelschaar aber nur je einen Punkt gemein hat. Wenn zwei Ebenenbüschel erster Ordnung auf einen Ebenenbüschel zweiter Ordnung projectiv bezogen sind, so erzeugen sie mit ihm im Allgemeinen eine Raumcurve vierter Ordnung zweiter Art.

Ausser der allgemeinen cubischen Fläche, auf deren Untersuchung wir uns bisher beschränkt haben, giebt es specielle mit ein, zwei, drei oder vier Doppelpunkten (Seite 62), ausserdem geradlinige cubische Flächen. Auf die cubische Fläche mit einem Doppelpunkte kommen wir im Anhange zurück.

„Eine geradlinige Fläche F^3 dritter Ordnung wird u. A. er-„zeugt durch drei collineare Bündel S, S_1, S_2, von welchen in „jedem Punkte einer Geraden d sich homologe Strahlen schneiden, „und zwar ist d die Doppelpunktsgerade von F^3."

Nämlich die cubischen Raumcurven l^3 des ersten Curvennetzes von F^3, welche durch homologe Ebenenbüschel der drei Bündel erzeugt werden, zerfallen in d und je zwei mit d incidente Gerade der Fläche, und diese beiden Geraden schneiden sich auf d, wenn die Axen der drei homologen Ebenenbüschel durch einen Punkt von d gehen.

Die drei collinearen Bündel S, S_1, S_2 bestimmen ein Bündelnetz $|S_2|$, dessen Ordnungsfläche die cubische Regelfläche F^3 ist; sie können mit drei beliebigen Bündeln dieses Netzes vertauscht werden. Die Bündel S, S_1 haben die Ebene φ entsprechend gemein, welche den Strahl SS_1 von S mit dem entsprechenden Strahle von S_1 verbindet; denn diese Ebene enthält noch zwei homologe, den Schnittpunkt A von φ und d projicirende Strahlen der Bündel. Die Ordnungscurve der Bündelreihe (SS_1) zerfällt in d und einen Kegelschnitt k^2; letzterer wird erzeugt durch die in φ liegenden homologen Strahlenbüschel von S und S_1, schneidet also d im Punkte A. Die Ebene φ wird von der entsprechenden Ebene des Bündels S_2 in einer durch A gehenden Geraden der Fläche F^3 geschnitten und hat mit F^3 ausserdem den Kegelschnitt k^2 gemein. Den beiden zu k^2 perspectiven Strahlenbüscheln von S und S_1 entspricht in S_2 ein zu k^2 projectiver Strahlenbüschel; dieser aber erzeugt mit k^2 einen Ebenenbüschel E^2 zweiter Ordnung, weil sein Strahl S_2A durch den ihm entsprechenden Punkt A von k^2 geht (I. Abth. Seite 133). Die Ebenen dieses Büschels E^2 nun schneiden die homologen Ebenen der Bündel S und S_1 in je einem Strahle von F^3, welcher einen Punkt von k^2 mit einem Punkte von d verbindet; denn drei homologe Ebenen der drei Bündel haben allemal einen Punkt der Geraden d gemein.

Die cubische Regelfläche F^3 wird hiernach auch erzeugt durch die beiden zu k^2 perspectiven Ebenenbüschel E^2 zweiter und d erster Ordnung und ist die schon früher (I. Abth. Seite 210) untersuchte; auch hieraus folgt, dass d ihre Doppelpunktsgerade ist. Zugleich ergiebt sich (vgl. Seite 58):

„Die cubische Regelfläche F^3 ist die Ordnungsfläche von zwei „sich stützenden Bündelnetzen $|S_2|$ und $|P_2|$. Die ∞^2 collinearen „Bündel von $|S_2|$ senden homologe Strahlen nach jedem Punkte „der Geraden d; ihre homologen Ebenen schneiden sich in je „einem Punkte von d und bilden die ∞^2 Bündel von $|P_2|$. „Die cubische Regelschaar der Fläche F^3 wird aus den Punkten „ihrer Doppelpunktsgeraden d durch einen Ebenenbüschel d erster „Ordnung und aus ihren übrigen Punkten durch ∞^2 projective „Ebenenbüschel zweiter Ordnung projicirt; letztere entsprechen „einander in den ∞^2 Bündeln von $|S_2|$, sind zu dem Büschel d „projectiv und erzeugen mit ihm die cubische Regelschaar und „deren Ort F^3. Jeder Strahl s dieser Schaar ist die Axe eines „ausgearteten Bündels von $|P_2|$, und das Gleiche gilt von d, „weil die ∞^2 Bündel von $|S_2|$ durch s und d homologe Ebenen

„senden. Den beliebigen Strahl s von F^3 haben die ∞^1 Bündel „einer speciellen Bündelreihe von $|S_2|$ entsprechend gemein; die „Ordnungscurve dieser Reihe zerfällt in s, d und einen einfachen „Leitstrahl u der cubischen Regelschaar."

„Die ∞^2 collinearen Bündel des Netzes $|P_2|$ haben die Ge- „rade d entsprechend gemein, und d ist die Axe einer Reihe „ausgearteter Bündel von $|S_2|$."

Denn die Mittelpunkte der Bündel von $|P_2|$ liegen auf d, und die Bündel einer beliebigen Reihe $|P_1|$ von $|P_2|$ haben diese Gerade entsprechend gemein, weil die Ordnungscurve von $|P_1|$ in d und zwei mit d incidente Gerade zerfällt (Seite 92). Die Bündel einer singulären Reihe von $|S_2|$ arten aus in Ebenenbüschel mit der Axe d, weil die ∞^2 Bündel von $|P_2|$ durch ihre homologen Ebenen die Bündel von $|S_2|$ erzeugen und weil sie unendlich viele Bündel homologer Ebenen durch d schicken.

Werden die Bündelnetze $|S_2|$ und $|P_2|$ vertauscht, so ergiebt sich Folgendes:

„Eine cubische Regelfläche F^3 mit der Doppelpunktsgeraden d „wird auch erzeugt durch drei collineare Bündel S, S_1, S_2, „welche den Strahl d entsprechend gemein haben. Sie ist „wiederum die Ordnungsfläche von zwei sich stützenden Bündel- „netzen $|S_2|$ und $|P_2|$; doch haben nunmehr die ∞^2 collinearen „Bündel von $|S_2|$ den Strahl d entsprechend gemein, während „die ∞^2 Bündel von $|P_2|$ nach jedem Punkte von d homologe „Strahlen schicken. Die cubischen Ordnungscurven von $|S_2|$ „zerfallen in d und je zwei mit d incidente Strahlen von F^3; „diejenigen von $|P_2|$ zerfallen in d und je einen Kegelschnitt. „Die Doppelpunktsgerade d sowie jeder Strahl der cubischen „Regelschaar auf F^3 ist die Axe eines ausgearteten Bündels „von $|S_2|$. Das Netz $|S_2|$ besteht aus ∞^1 Reihen concentrischer „collinearer Bündel, deren Ordnungscurven in d und je zwei „Strahlen von F^3 zerfallen, und deren Bündel ausser d je „ein solches Strahlenpaar entsprechend gemein haben. Die „Ebenen dieser Strahlenpaare gehen durch eine Gerade u von „F^3, nämlich durch die einfache Leitlinie der cubischen Regel- „schaar (s. oben, vgl. I. Abth. Seite 209); sie entsprechen ein- „ander in den Bündeln von $|S_2|$ und bilden demnach einen aus- „gearteten Bündel von $|P_2|$."

Eine beliebige Ebene der einfachen Leitlinie u schneidet die Fläche F^3 in u und zwei Strahlen, die durch einen Punkt von d

gehen; sie berührt die Fläche in den Schnittpunkten von u mit diesen beiden Strahlen, also doppelt. Aus einem beliebigen Punkte P von F^3 wird die cubische Regelschaar der Fläche durch einen Ebenenbüschel E^2 zweiter Ordnung projicirt (Seite 93), von welchem eine Ebene durch u geht; denn auch die Ebene Pu projicirt einen Strahl der Schaar, weil sie die Fläche in zwei Strahlen der Schaar schneidet. Die Doppelpunktsgerade d liegt nur in dem besonderen Falle, wenn u mit d sich vereinigt (I. Abth. Seite 211), in einer Ebene von E^2. Die Ebenen des Büschels E^2 schneiden sich paarweise in je einem Punkte von d und werden dadurch i. A. involutorisch gepaart; zugleich aber werden die entsprechenden Ebenen des Büschels d, welcher mit E^2 die Regelschaar erzeugt (Seite 93), involutorisch gepaart. Kurz:

„Die Strahlenpaare, welche die cubische Regelfläche mit ihren „doppelt berührenden, durch u gehenden Ebenen gemein hat, „und welche in je einem Punkte der Doppelpunktsgeraden d „sich schneiden, werden aus d durch die Ebenenpaare einer „Involution projicirt, falls nicht die einfache Leitlinie u mit d „zusammenfällt. Hat diese Involution zwei reelle Doppelebenen, „so giebt es auf der Fläche F^3 zwei paar zusammenfallende „Strahlen. Diese Strahlen trennen auf d die eigentlichen Dop„pelpunkte von den uneigentlichen isolirten (I. Abth. Seite 211) „und liegen mit u in zwei sogenannten Cuspidal-Ebenen, welche „die cubische Fläche längs je eines ausgezeichnetne Strahles „berühren.“

Drei concentrische collineare Bündel erzeugen i. A. einen Kegel dritter Ordnung (Seite 67) und bestimmen ein Netz von ∞^2 concentrischen collinearen Bündeln, welches den Kegel zur Ordnungsfläche hat. Die Ordnungscurven der ∞^2 Bündelreihen dieses Netzes zerfallen in je drei Strahlen des cubischen Kegels.

Eilfter Vortrag.

Polarentheorie der cubischen Fläche.

Die Polarentheorie der algebraischen Curven und Flächen von höherer als der zweiten Ordnung verdanken wir der analytischen Geometrie. Sie lehrt u. A., dass die Berührungspunkte aller Tangenten, welche an eine ebene Curve oder Fläche $n$ter Ordnung aus einem beliebigen Punkte P der Ebene oder des Raumes gezogen werden können, auf einer Curve resp. Fläche $(n-1)$ter Ordnung liegen, der sogenannten ersten Polare von P. Viel später erst ist es gelungen, die Polarentheorie zunächst der cubischen Curven und Flächen rein geometrisch zu begründen; doch haben schon seit mehr als dreissig Jahren die Methoden der synthetischen Geometrie auch in dieser wichtigen Theorie fruchtbare Anwendung gefunden, vor Allem durch Steiner, Cremona und Sturm.*)

Wir definirten (Seite 64) die erste oder quadratische Polare S^2 eines Punktes S der cubischen Fläche F^3 als den Ort der Punkte, welche zu S conjugirt sind bezüglich der auf F^3 liegenden cubischen Raumcurven des ersten und des zweiten Netzes, und bewiesen von ihr Folgendes:

„Die Polare S^2 eines Punktes S von F^3 ist eine Fläche zwei-
„ter Ordnung; sie berührt die cubische Fläche F^3 in S und
„geht durch deren Haupttangenten am Punkte S; sie enthält
„alle Punkte, welche durch F^3 harmonisch getrennt sind von
„S, sowie die Berührungspunkte aller durch S gehenden Tan-
„genten von F^3. Sind R^2, S^2 die ersten Polaren von zwei
„beliebigen Punkten R, S der cubischen Fläche, so hat R in
„Bezug auf S^2 dieselbe Polarebene wie S in Bezug auf R^2."

*) Steiner, über die Flächen dritter Ordnung (Crelle's Journal 53; Ges. Werke II S. 649); Cremona, Mémoire sur les Surfaces de troisième ordre (Crelle's Journal 68); R. Sturm, Synthet. Untersuchungen über Flächen dritter Ordnung, Lpz. 1867.

Auf diese Sätze und die analogen über ebene Curven dritter Ordnung gründen Milinowski*) und Sturm**) rein geometrisch die Polarentheorie der cubischen Curven und Flächen in folgender Weise.

Seien A, B, C drei in einer Geraden g liegende Punkte der cubischen Fläche F^3 und A^2, B^2, C^2 ihre ersten Polaren. Die Schnittlinie von A^2 und B^2 hat mit jeder durch g gelegten Ebene mindestens zwei reelle Punkte gemein, weil A^2 und B^2 von g in zwei sich gegenseitig trennenden Punktepaaren geschnitten werden. Ist P ein Punkt der Schnittcurve von A^2 und B^2, so hat F^3 mit den Geraden PA, PB und PC noch drei paar Punkte gemein, die auf einem Kegelschnitte k^2 liegen (Seite 77). Als Punkt von A^2 und B^2 ist P durch zwei dieser Punktepaare von A und B harmonisch getrennt; also ist $ABC \equiv g$ die Polare von P bezüglich k^2 und P ist auch von C harmonisch getrennt durch das auf PC liegende dritte Punktepaar von k^2 und F^3. Folglich geht die Polare C^2 von C durch jeden gemeinschaftlichen Punkt P von A^2 und B^2, und die drei Flächen A^2, B^2, C^2 gehören zu einem F^2-Büschel.***)

Um nun zu der ersten Polare eines der Fläche F^3 nicht angehörigen Punktes zu gelangen, beziehen wir diesen F^2-Büschel projectiv auf die Punktreihe g, sodass den Punkten A, B, C von g die resp. Flächen A^2, B^2, C^2, des Büschels entsprechen. Einem beliebigen Punkte D von g entspricht dann eine Fläche D^2 des Büschels. Es seien nun α, β, γ, δ die Polarebenen von A in Bezug auf A^2, B^2, C^2, D^2, und α, β', γ', δ' diejenigen von resp. A, B, C, D in Bezug auf A^2; dann ist:

$$\alpha\beta\gamma\delta \barwedge A^2B^2C^2D^2 \barwedge ABCD \text{ und } \alpha\beta'\gamma'\delta' \barwedge ABCD,$$

also auch $\alpha\beta\gamma\delta \barwedge \alpha\beta'\gamma'\delta'$. Nun sind aber nach einem der vor-

*) Zeitschrift f. Math. u. Phys. XXI, S. 436.

**) Crelle's Journal 88, S. 225.

***) Dieser Beweis bedarf einer etwas mühsamen Ergänzung für den Fall, dass k^2 oder das eine oder andere jener drei Punktepaare imaginär ist. Ich füge deshalb folgenden neuen Beweis bei. Jeder Punkt S von F^3 hat in Bezug auf A^2, B^2, C^2 drei durch eine Gerade gehende Polarebenen, dieselben nämlich, wie A, B, C in Bezug auf S^2. Daraus folgt ohne Schwierigkeit, dass auch von jedem Punkte, der mit drei Punkten von F^3 in einer Geraden liegt, und dann überhaupt von jedem Punkte des Raumes die Polarebenen bezüglich A^2, B^2 und C^2 sich in einer Geraden schneiden. Dieses findet aber nur dann statt, wenn A^2, B^2 und C^2 einem F^2-Büschel angehören (Seite 17).

hin erwähnten Sätze die Polarebenen β und β' von A nach B^2 und von B nach A^2 identisch, und ebenso die Ebenen γ und γ'; es fallen deshalb auch δ und δ' zusammen, und A hat in Bezug auf D^2 dieselbe Polarebene wie D in Bezug auf A^2.

Sei E ein fünfter Punkt von g und E^2 die ihm entsprechende Fläche des Büschels $A^2B^2C^2\ldots$, seien ferner α_1, β_1, γ_1, δ_1 die Polarebenen von D in Bezug auf resp. A^2, B^2, C^2, E^2, und α_1', β_1', γ_1', δ_1' die Polaren von resp. A, B, C, E in Bezug auf D^2. Dann ergiebt sich:

$$\alpha_1\beta_1\gamma_1\delta_1 \;\overline{\wedge}\; A^2B^2C^2E^2 \;\overline{\wedge}\; ABCE \;\overline{\wedge}\; \alpha_1'\beta_1'\gamma_1'\delta_1',$$

$$\text{also } \alpha_1\beta_1\gamma_1\delta_1 \;\overline{\wedge}\; \alpha_1'\beta_1'\gamma_1'\delta_1';$$

weil aber nach dem eben Bewiesenen α_1, β_1, γ_1 mit resp. α_1', β_1', γ_1' identisch sind, so fällt auch δ_1 mit δ_1' zusammen, und D hat bezüglich E^2 dieselbe Polarebene wie E bezüglich D^2.

Sei nun S ein beliebiger Punkt der cubischen Fläche F^3 und S^2 seine erste Polare; seien α, β, γ, δ seine Polarebenen nach A^2, B^2, C^2, D^2 und α, β, γ, δ' diejenigen von resp. A, B, C, D nach S^2. Dann ergiebt sich $\alpha\beta\gamma\delta \;\overline{\wedge}\; \alpha\beta\gamma\delta'$, und die Polarebenen δ und δ' von S nach D^2 und von D nach S^2 sind folglich identisch. Die Polarebene von S in Bezug auf D^2 ist sonach völlig bestimmt, sobald der Punkt D gegeben ist; sie fällt ja zusammen mit der Polarebene von D in Bezug auf S^2, und S^2 ist als erste Polare des auf F^3 liegenden Punktes S bekannt. Weil dieses für jeden Punkt S von F^3 gilt, sodann aber wegen der projectiven Zuordnung von Polen und Polarebenen auch für jeden Punkt S' des Raumes, so ergiebt sich:

„Die Fläche D^2 zweiter Ordnung ist durch die gegenseitige „Lage des Punktes D und der cubischen Fläche F^3 völlig be- „stimmt; sie heisst die erste Polare von D in Bezug auf „F^3, und D heisst ihr Pol. Von der Lage der durch D gehen- „den Geraden ABC oder g ist sie unabhängig.“

Zugleich aber folgt aus dem Vorhergehenden der wichtige Satz:

„Sind P^2 und Q^2 die ersten Polaren von irgend zwei Punk- „ten P und Q in Bezug auf F^3, so hat P nach Q^2 dieselbe „Polarebene wie Q nach P^2*). Wir nennen diese Ebene

---

*) Bis hieher bin ich den Herren Milinowski und Sturm gefolgt. Der obige Satz gilt auch für solche Punkte P, Q, die nicht mit drei reellen Punkten von F^3 in einer Geraden liegen. Denn in dem vorhergehenden Beweise können die Punkte A, B nunmehr durch irgend zwei Punkte, deren erste Polaren bekannt sind, ersetzt werden.

„die Polarebene des Punktepaares P, Q bezüglich der „cubischen Fläche F^3."

Wenn Q und Q^2 ihre Lage nicht ändern, P aber eine Gerade u durchläuft, so beschreibt diese Polarebene einen zu u projectiven Ebenenbüschel u_1. Zugleich ändert die Fläche P^2 ihre Lage so, dass die Polarebene des beliebigen Punktes Q bezüglich derselben diesen Büschel u_1 beschreibt. Somit ergiebt sich (vgl. Seite 17):

„Die ersten Polaren der Punkte einer Geraden u in Bezug auf „F^3 bilden einen zu u projectiven F^2-Büschel, dessen Grund-„curve die Polarcurve der Geraden genannt wird und reell „ist, wenn u mit F^3 drei reelle Punkte gemein hat (Seite 97). „Die ersten Polaren aller Punkte des Raumes bilden sonach eine „lineare Mannigfaltigkeit dritter Stufe, ein sogenanntes F^2-Ge-„büsch; dasselbe enthält jeden F^2-Büschel, mit welchem es zwei „Flächen gemein hat, und ist auf den Punktraum projectiv be-„zogen."

Die Polarebene eines Punktes P bezüglich seiner ersten Polare P^2 heisst die zweite Polare oder Polarebene von P in Bezug auf F^3; sie berührt F^3 und P^2 in P, wenn P auf F^3 liegt. Ist Q ein Punkt dieser Ebene, so liegt P auf den identischen beiden Polarebenen von Q nach P^2 und von P nach Q^2, und ist folglich ein Punkt von Q^2. Wenn umgekehrt der Punkt P auf Q^2 und somit auf seiner Polarebene bezüglich Q^2 liegt, so ist er zu Q conjugirt hinsichtlich P^2. Also:

„Wenn ein Punkt Q auf der zweiten Polare eines Punktes P „liegt, so liegt zugleich P auf der ersten Polare von Q; und „umgekehrt."

Die Polarebene von P dreht sich demnach um Q, wenn P die erste Polare Q^2 von Q beschreibt, und um die Gerade QR, wenn P deren biquadratische Polarcurve $Q^2 R^2$ beschreibt. In einer Ebene liegen höchstens vier Punkte, deren Polarebenen durch eine gegebene Gerade gehen. Eine beliebige Ebene hat in Bezug auf F^3 i. A. höchstens acht (associirte) Pole, nämlich die gemeinschaftlichen Punkte der ersten Polaren von drei beliebigen Punkten der Ebene. Durch drei Punkte geht i. A. nur eine erste Polare; in dem Pole derselben schneiden sich die Polarebenen der drei Punkte. Auch durch eine Gerade g geht hiernach i. A. nur eine erste Polare; in dem Pole derselben schneiden sich u. A. die Ebenen, welche die Fläche F^3 in Punkten von g berühren. Dreht sich eine Gerade

g, welche mit F^3 drei Punkte gemein hat, um einen Punkt P, so bewegt sich der Punkt Q, in welchem die Berührungsebenen der drei Punkte sich schneiden, in der Polarebene von P; denn Q^2 geht durch g und folglich durch P.

„Die erste Polare P^2 eines Punktes P geht durch die Be-
„rührungspunkte aller Tangenten und Berührungsebenen, welche
„von P an die cubische Fläche F^3 gelegt werden können."

Denn die zweiten Polaren dieser Punkte gehen durch P, weil sie mit ihren Berührungsebenen zusammenfallen. Umgekehrt geht von jedem gemeinschaftlichen Punkte der Flächen F^3 und P^2 die Polar- oder Berührungsebene in Bezug auf F^3 durch den Punkt P. Also:

„Ein beliebiger Tangentenkegel P der cubischen Fläche F^3 be-
„rührt die Fläche längs einer Raumcurve sechster Ordnung, der
„Schnittcurve von F^3 mit der ersten Polare P^2 des Punktes P.
„Der Kegel ist gleichfalls von der sechsten Ordnung."

Die Raumcurve hat jede Gerade g von F^3 zur Sehne, denn sie hat mit ihr die beiden Punkte gemein, in welchen F^3 von der Ebene Pg berührt wird. Da nun, wenn P sich verschiebt, dieses Punktepaar auf g eine Involution beschreibt (Seite 91), so ergiebt sich:

„Jede Gerade der cubischen Fläche schneidet die ersten Polaren
„aller Punkte des Raumes in Punktepaaren einer Involution."

Die erste und die zweite Polare eines Punktes P begegnen sich in einem Kegelschnitte, dem Orte aller Punkte, deren beide Polaren durch P gehen; und dieser Kegelschnitt hat mit F^3 höchstens sechs Punkte Q gemein. Nun berühren aber die beiden Polaren eines solchen Punktes Q in ihm die Fläche F^3, und ihre Schnittlinie zerfällt in die beiden auf Q^2 liegenden Haupttangenten des Punktes (vgl. Seite 96). Durch P geht deshalb eine dieser beiden Haupttangenten. Wir schliessen daraus:

„Durch einen beliebigen Punkt P gehen höchstens sechs Haupt-
„tangenten der cubischen Fläche F^3; die Osculationspunkte der-
„selben liegen auf einem Kegelschnitte."

Von drei beliebigen Punkten P, Q, R sind entweder keine zwei oder je zwei conjugirt bezüglich der ersten Polare des dritten. Wenn nämlich P und Q conjugirt sind in Bezug auf R^2, so liegt Q auf den beiden identischen Polarebenen von P nach R^2 und von R nach P^2, ebenso P auf denen von Q nach R^2 und von R nach Q^2; also sind dann auch Q und R conjugirt bezüglich P^2.

sowie R und P bezüglich Q^2. Ich nenne die drei Punkte P, Q, R „conjugirt bezüglich der cubischen Fläche F^3", wenn irgend zwei und damit je zwei von ihnen conjugirt sind bezüglich der ersten Polare des dritten. Zu zwei gegebenen Punkten P, Q giebt es unendlich viele ihnen conjugirte dritte; ihr Ort ist die Polarebene des Punktepaares P, Q in Bezug auf F^3 (Seite 99). Drei in einer Geraden liegende Punkte von F^3 sind allemal conjugirt bezüglich dieser Fläche (Seite 65).

Ein bemerkenswerther Fall tritt ein, wenn P^2 ein Kegel und Q dessen Mittelpunkt ist; in diesem Falle nämlich ist jeder Punkt R des Raumes dem Punkte Q in Bezug auf P^2 und folglich dem Punktepaare P, Q in Bezug auf F^3 conjugirt, also auch dem Punkte P in Bezug auf Q^2. Die Polarebene des Punktepaares P, Q wird sonach unbestimmt, seine Punkte sind conjugirt bezüglich der ersten Polaren aller Punkte R und heissen nach Steiner „reciproke Pole in Bezug auf F^3", ihre ersten Polaren P^2, Q^2 aber sind beide Kegel mit den resp. Mittelpunkten Q und P. Der Ort dieser reciproken Pole heisst die „Kernfläche" (Steiner) oder „Hesse'sche Fläche" von F^3 und ist von der vierten Ordnung; denn da die ersten Polaren der Punkte einer Geraden einen F^2-Büschel bilden, so giebt es unter ihnen i. A. vier Kegel (Seite 35). Also:

„Die Kernfläche K^4 von F^3 ist von der vierten Ordnung. Sie „ist der Ort der Punkte, deren erste Polaren Kegel sind, und „enthält die Mittelpunkte dieser Kegel, insbesondere (Seite 64) „alle parabolischen Punkte von F^3. Sie trennt die Punkte, „deren erste Polaren nicht geradlinig aber reell sind, einerseits „von denjenigen mit geradlinigen, andererseits von denen mit „imaginären ersten Polaren (vgl. Seite 36). Ihre Punkte sind „paarweise reciproke Pole bezüglich F^3, d. h. conjugirt bezüg„lich der ersten Polaren aller Punkte des Raumes. Jeder Punkt „von K^4 ist Mittelpunkt der conischen ersten Polare seines „reciproken Poles."

Sind T, T_1 zwei conjugirte Dreikante der cubischen Fläche F^3, so schneiden die Ebenen von T das Dreikant T_1 in drei auf F^3 liegenden Dreiseiten, und sie berühren F^3 in den drei Eckpunkten von je einem derselben. Die erste, quadratische Polare des Mittelpunktes von T aber geht durch die neun Berührungspunkte dieser Ebenen (Seite 100), also auch durch die Kanten des Dreikantes T_1, weil auf ihnen je drei dieser Punkte liegen; sie ist folglich ein dem

Dreikante T_1 umschriebener Kegel, und die Mittelpunkte der conjugirten Dreikante sind zwei reciproke Pole der Kernfläche. Daraus ergiebt sich für eine F^3 mit 27 reellen Geraden:

„Die Kernfläche K^4 geht durch die Mittelpunkte der 240 Drei-
„kante von F^3; und zwar hat jedes der 120 Paare conjugirter
„Dreikante T, T_1 zwei reciproke Pole zu Mittelpunkten. Die
„erste, conische Polare des Mittelpunktes von T oder T_1 ist
„dem conjugirten Dreikante T_1 resp. T umschrieben.“

Auf der Kernfläche K^4 liegt auch jeder Punkt P, welcher bezüglich der ersten Polaren A^2, B^2 von irgend zwei Punkten A, B eine und dieselbe Polarebene π hat. Denn mit π fallen die Polarebenen von A und B in Bezug auf P^2 zusammen, die Ebene π hat also zwei Pole A, B bezüglich P^2, und P^2 ist folglich ein Kegel, in dessen Mittelpunkte Q die Gerade AB von π geschnitten wird. Daraus folgt (vgl. Seite 15):

„Die Kernfläche K^4 ist dem gemeinschaftlichen Poltetraëder von
„je zwei ersten Polaren A^2, B^2 umschrieben; jede Fläche π
„dieses Tetraëders wird von der Geraden AB in dem reciproken
„Pole Q des ihr gegenüberliegenden Eckpunktes P geschnitten.
„Die reciproken Pole P_1, P_2, P_3, P_4 der vier Schnittpunkte
„Q_1, Q_2, Q_3, Q_4 von K^4 mit einer Geraden g bilden das ge-
„meinsame Poltetraëder der ersten Polaren aller Punkte von g;
„jeder der vier Punkte Q_i liegt demnach in der seinem recipro-
„ken Pole P_i gegenüberliegenden Fläche dieses Tetraëders.“

Von den hinsichtlich A^2 und B^2 conjugirten Eckpunkten des Tetraëders vereinigen sich zwei in P, wenn AB die Kernfläche K^4 in dem zu P reciproken Pole Q berührt; dann aber ist P sich selbst conjugirt bezüglich A^2 und B^2, und diese Flächen berühren sich und die Ebene π im Punkte P. Zugleich liegen A, B und Q nebst ihrer Verbindungslinie, der Tangente AB von K^4, in der zweiten Polare von P, weil ihre ersten Polaren A^2, B^2 und Q^2 durch P gehen. Also:

„Die Tangenten von K^4 am Punkte Q liegen in der Polarebene
„des zu Q reciproken Poles P; die Kernfläche K^4 wird demnach
„von den Polarebenen ihrer Punkte umhüllt.“

Verbindet die Gerade u zwei Pole A, A' irgend einer Ebene α, und ist v die Schnittlinie von α mit der Polarebene eines dritten Punktes B von u, so gehen die ersten Polaren aller Punkte von v durch A, A', B und folglich durch u, und zwar schneiden sie sich in u und einer cubischen Raumcurve k^3, welche u zur

Sehne hat. Die zweiten Polaren oder Polarebenen aller Punkte von u gehen deshalb durch die Gerade v (Seite 99), welche nach Sturm die „Polargerade von u" heisst. Es giebt auf v i. A. zwei Punkte Q, Q_1, deren erste Polaren Kegel sind; diese Kegel verbinden k^3 mit u, und in ihren Mittelpunkten P, P_1 schneiden sich k^3 und u. Da nun die Polarebenen von P und P_1 durch v gehen und in resp. Q und Q_1, den zu P und P_1 reciproken Polen, die Kernfläche K^4 berühren, so berührt v die Fläche K^4 in den beiden Punkten Q und Q_1 und ist eine Doppeltangente von K^4. — Von der ersten Polare R^2 eines beliebigen Punktes R wird u in zwei associirten Punkten geschnitten, deren Polarebenen mit vR zusammenfallen, und dieses Punktepaar beschreibt auf u eine Involution, wenn R eine Gerade und R^2 einen F^2-Büschel beschreibt (Seite 32). Also:

„Wenn die Gerade u zwei Pole irgend einer Ebene verbindet, „so enthält sie von den Ebenen einer Geraden v (der Polar- „geraden von u) je zwei associirte Pole. Diese Polpaare bilden „auf u eine Involution, deren Doppelpunkte M, N bezüglich „aller ersten Polaren conjugirt und bezüglich der cubischen „Fläche F^3 reciproke Pole sind. Die ersten Polaren der Punkte „von v gehen durch u; diejenigen der übrigen Punkte des „Raumes schneiden u in den Punktepaaren jener Involution. „Die Polarebenen aller Punkte von u, insbesondere auch die „Berührungsebenen von F^3 in ihren Schnittpunkten mit u, „gehen durch v. Die Gerade v ist eine Doppeltangente der „Kernfläche K^4; sie berührt K^4 in zwei Punkten Q, Q_1, deren „reciproke Pole P, P_1 auf u liegen. Die Berührungsebenen von „K^4 in den beiden reciproken Polen M, N schneiden sich in „der Doppeltangente v von K^4;"

denn sie sind die Polarebenen von resp. N und M.

Eine beliebige Ebene, deren acht Pole alle reell und von einander verschieden sind, enthält von ihrer Schnittcurve mit K^4 28 Doppeltangenten, nämlich die Polargeraden der 28 Verbindungslinien ihrer Pole. Durch einen beliebigen Punkt gehen höchstens sieben Verbindungslinien associirter Pole; in einer Ebene können ihrer drei liegen. Zu der Congruenz dieser Linien gehören auch die Verbindungslinien reciproker Pole P, Q; denn je zwei durch P und Q harmonisch getrennte Punkte von PQ sind associirte Pole einer Ebene.

Jede Gerade g von F^3 hat eine Polargerade und fällt mit ihr zusammen, weil die Polar- oder Berührungsebenen ihrer Punkte in g selbst sich schneiden. Die ersten Polaren ihrer Punkte schneiden sich in g und in den Polen von g bezüglich der Kegelschnitte von F^3, deren Ebenen durch g gehen. Der Ort dieser Pole ist deshalb eine cubische Raumcurve k^3, welche g zur Sehne hat. In ihren Schnittpunkten mit k^3 berührt die Gerade g zwei jener Kegelschnitte und zugleich K^4; diese beiden Punkte trennen die Paare associirter Punkte, in denen F^3 von den Ebenen der Geraden g berührt wird, harmonisch, und sind reciproke Pole bezüglich F^3 (vgl. Seite 100).

„Die Schnittcurve (zwölfter Ordnung) der cubischen Fläche F^3 „und ihrer Kernfläche K^4 berührt also die Geraden von F^3 „doppelt, und zwar jede in zwei reciproken Polen. Sie ist der „Ort der parabolischen Punkte von F^3 und trennt (Seite 101) „die hyperbolischen Punkte der F^3, welche je zwei reelle Haupt- „tangenten haben, von den elliptischen, deren Haupttangenten „imaginär sind.“

Zwölfter Vortrag.

Polaren von Geraden und Ebenen bezüglich der cubischen Fläche.

Aus der Polarentheorie ergeben sich noch bemerkenswerthe Beziehungen der cubischen Fläche F^3 und ihrer Kernfläche K^4 zu den Geraden und Ebenen des Raumes. Wir gelangen zu denselben am einfachsten mit Hülfe der Tripel conjugirter Punkte und der Polarebenen von Punktepaaren in Bezug auf F^3.

Wir nennen (Seite 101) drei Punkte P, Q, R conjugirt bezüglich F^3, wenn irgend zwei (P, Q) und damit je zwei von ihnen bezüglich der ersten Polare (R^2) des dritten conjugirt sind. Dem Punktepaare P, Q ist demnach jeder Punkt R seiner Polarebene (d. h. der Polarebene von P nach Q^2 und von Q nach P^2) conjugirt bezüglich F^3; ihm ist eine Gerade r, nämlich jeder Punkt von r, conjugirt, wenn r in dieser Polarebene liegt. Wenn ein

Punktepaar P, Q irgend vier nicht in einer Ebene liegenden Punkten conjugirt ist, so ist es allen Punkten des Raumes conjugirt, seine Polarebene wird unbestimmt, und seine Punkte P, Q sind reciproke Pole bezüglich F^3 (Seite 101). Hat eine Ebene π in Bezug auf P^2 zwei Pole A, B, so ist P^2 ein Kegel, dessen Mittelpunkt Q in π liegt, AB ist der Polstrahl von π bezüglich P^2, und P, Q sind reciproke Pole bezüglich F^3 (Seite 102).

Die Polarebene eines beliebigen Punktepaares P, Q dreht sich um eine Gerade g, wenn Q irgend eine Gerade g_1 beschreibt; und zwar sind g und g_1 reciproke Polaren in Bezug auf P^2. Je zwei Punkte Q und R von resp. g_1 und g sind zu P conjugirt bezüglich F^3, und jede der Geraden g, g_1 ist folglich dem Punkte P conjugirt bezüglich der ersten Polaren aller Punkte der anderen. Weil g_1 mit der Kernfläche K^4 höchstens vier Punkte gemein hat, so ergiebt sich beiläufig:

„Die Polarebenen eines Punktes P bezüglich aller conischen „ersten Polaren umhüllen eine Fläche vierter Classe.“

Durchläuft P, während die Gerade g fest bleibt, irgend eine Gerade g', so beschreibt P^2 einen F^2-Büschel, die Gerade g_1 aber (Seite 28) eine Fläche zweiter Ordnung, die „gemischte Polare“ von g und g' (Cremona).

„Die gemischte Polare von zwei Geraden g, g' ist also eine „Fläche zweiter Ordnung; sie ist der Ort eines Punktes Q, in „Bezug auf dessen erste Polare Q^2 die beiden Geraden conju„girt sind, sie enthält die reciproken Polaren von g resp. g' be„züglich aller ersten Polaren, deren Pole auf g' resp. g liegen, „und wird, falls sie kein Kegel ist, umhüllt von den Polar„ebenen aller Punktepaare, von denen auf g und g' je ein „Punkt liegt.“

Ist die gemischte Polare von g und g' ein Kegel und Q_1 dessen Centrum, so gehen die Polarebenen jener Punktepaare alle durch Q_1, und g, g' sind folglich reciproke Polaren bezüglich Q_1^2. Zerfällt die gemischte Polare von g und g' in zwei Ebenen einer Geraden g'', so gehen die Polarebenen jener Punktepaare alle durch jeden Punkt Q_1 von g'', je drei auf g, g' und g'' liegende Punkte sind conjugirt bezüglich F^3, und je zwei dieser drei Geraden sind folglich reciproke Polaren bezüglich der ersten Polaren aller Punkte der dritten. Wir können in diesem Falle die Geraden g, g', g'' „drei reciproke Polaren in Bezug auf F^3“ nennen.

Die gemischte Polare der Geraden g und g' wird ein Kegel zweiter Ordnung, wenn g' mit g zusammenfällt; sie heisst dann nach Steiner die „zweite Polare“ und nach Salmon der „Polarkegel“ der Geraden g. Nämlich die Polarebenen dreier Punkte von g schneiden sich in einem Punkte G, dessen erste Polare G^2 durch g geht (Seite 99); und da je zwei Punkte von g conjugirt sind bezüglich G^2, so sind sie dem Punkte G conjugirt bezüglich F^3, und es gehen durch G die Polarebenen aller Punktepaare von g, also auch die reciproken Polaren g_1 von g bezüglich der ersten Polaren aller Punkte von g, sowie die zweiten Polaren dieser Punkte. Daraus ergiebt sich mit Rücksicht auf den vorigen Satz, und weil die Polarebenen consecutiver Punkte von g sich in Punkten schneiden, deren erste Polaren die Gerade g berühren:

„Die reciproken Polaren einer Geraden g bezüglich der ersten „Polaren ihrer Punkte liegen i. A. auf einem Kegel zweiter „Ordnung. Dieser sog. Polarkegel von g ist der Ort der Punkte, „deren erste Polaren die Gerade g berühren, und wird umhüllt „von den Polarebenen der Punkte von g. Er berührt insbe- „sondere die Ebenen, welche die cubische Fläche F^3 in ihren „Schnittpunkten mit g tangiren, und berührt die Kernfläche K^4 „in den Punkten, deren reciproke Pole auf g liegen.“

Nur dann erleidet dieser Satz eine Ausnahme, wenn g eine Polargerade h hat (Seite 103); denn durch h gehen in diesem Falle die Polarebenen aller Punkte von g, und der Polarkegel von g zerfällt in zwei Ebenen, die in h sich schneiden.

Eine gegebene Ebene π bestimmt mit einem beliebigen Punkte P einen Punkt Q, sodass π die Polarebene des Punktepaares P, Q wird; Q ist der Pol von π bezüglich P^2, und ebenso P der Pol von π kezüglich Q^2. Sind A, B, C irgend drei Punkte von π, so schneiden sich in Q die Polarebenen von A, B, C bezüglich P^2, sowie die mit ihnen identischen Polarebenen von P bezüglich A^2, B^2 und C^2. Ist P^2 ein Kegel, so fällt hiernach Q mit dessen Centrum, dem reciproken Pole von P, zusammen.

Wenn nun der Punkt P irgend eine Ebene π_1 durchläuft, so beschreiben seine drei Polarebenen bezüglich A^2, B^2 und C^2 drei collineare, zu π_1 reciproke Bündel, ihr Schnittpunkt Q aber beschreibt (Seite 55) eine cubische Fläche Π_1^3, die „gemischte Polare“ von π und π_1 (Cremona). Also:

„Die gemischte Polare Π_1^3 der beiden Ebenen π, π_1 ist eine „cubische Fläche, der Ort eines Punktes Q, in Bezug auf dessen „erste Polare diese Ebenen conjugirt sind, und zugleich der

„Ort der Pole von π resp. π_1 bezüglich aller ersten Polaren,
„deren Pole auf π_1 resp. π liegen.“

Wenn P in π_1 eine Gerade g_1 durchläuft, so beschreibt Q auf Π_1^3 eine zu g_1 projective cubische Raumcurve γ^3. Diese „gemischte Polarcurve“ von g_1 und π enthält alle Punkte Q, in Bezug auf deren erste Polaren die Gerade g_1 und die Ebene π conjugirt sind; ihre Sehnen sind die reciproken Polaren von g_1 bezüglich der ersten Polaren aller Punkte A, B, C, . . . von π, und ihre Punkte sind die Pole von π bezüglich der ersten Polaren aller Punkte von g_1.

Die gemischte Polare Π_1^3 der Ebenen π und π_1 ist auf π_1 und ebenso auf π abgebildet, indem jedem Punkte P und jeder Geraden g_1 von π_1 ein Punkt Q resp. eine zu g_1 projective cubische Raumcurve γ^3 auf Π_1^3 entspricht. Jedem Schnittpunkte P_1 von π_1 mit der Kernfläche K^4 entspricht auf Π_1^3 sein reciproker Pol Q_1; denn die Polarebenen der Punkte A, B, C von π bezüglich des Kegels P_1^2 schneiden sich in dessen Mittelpunkte Q_1. Wenn jedoch Q_1 in π liegt, so schneiden sich diese Polarebenen in einem Hauptstrahle von Π_1^3, nämlich in dem Polstrahle p_1 von π bezüglich P_1^2, und P_1 ist der entsprechende Hauptpunkt von π_1. Da nun π_1 höchstens sechs Hauptpunkte enthält (Seite 79), so ergiebt sich:

„Die gemischte Polare Π_1^3 der Ebenen π, π_1 hat mit der Kern-
„fläche K^4 zwei Raumcurven C^6 und C_1^6 sechster Ordnung ge-
„mein; dieselben sind die Orte der Punkte von K^4, deren reci-
„proke Pole in π resp. π_1 liegen.“

Wir nennen C^6 die zu der Ebene π gehörige Kerncurve.

Die gemischten Polaren Π_1^3 und Π_2^3 der Ebenenpaare π, π_1 und π, π_2 schneiden sich in der zu π gehörigen Kerncurve C^6 und in der cubischen Raumcurve γ^3, welche von π und der Schnittlinie g von π_1 und π_2 die gemischte Polarcurve ist. Jeder gemeinschaftliche Punkt Q von Π_1^3 und Π_2^3, der nicht auf γ^3 liegt, ist auf C^6 gelegen; denn bezüglich seiner ersten Polare Q^2 hat die Ebene π zwei verschiedene Pole in π_1 und π_2, die nicht auf g liegen, und Q^2 ist folglich ein Kegel, dessen Mittelpunkt P in π liegt und Q zum reciproken Pole hat. Die Kerncurve C^6 kann mit drei beliebigen Punkten K, L, M durch eine cubische Fläche verbunden werden, nämlich durch die gemischte Polare von π und der Ebene π_2, welche die Pole von π in Bezug auf K^2, L^2 und M^2 verbindet.

Sei P_1 ein Schnittpunkt von C^6 mit der beliebigen Ebene π_1, also P_1^2 ein Kegel, dessen Mittelpunkt Q_1 in π liegt; dann hat die Ebene π in Bezug auf P_1^2 einen Polstrahl p_1, und damit unendlich viele auf p_1 liegende Pole. Die gemischte Polare Π_1^3 von π und π_1 hat nach Obigem p_1 zum Hauptstrahle, und P_1 ist der entsprechende Hauptpunkt in π_1; zugleich ist P_1 Pol von π bezüglich der ersten Polaren aller Punkte von p_1. Der Strahl p_1 hat mit der gemischten Polare Π_2^3 von π und einer beliebigen Ebene π_2 i. A. drei Punkte gemein, welche auf der Schnittlinie von Π_1^3 und Π_2^3 und folglich auf C^6 liegen; denn mit dem anderen Theile γ^3 dieser Linie hat p_1 nur bei besonderen Lagen von π_2 einen Punkt gemein. Also:

„Die Polstrahlen der Ebene π bezüglich der conischen ersten „Polaren aller Punkte von C^6 haben mit dieser zu π gehörigen „Kerncurve sechster Ordnung i. A. je drei Punkte gemein und „mögen deshalb Doppelsehnen von C^6 heissen. Jede solche „Doppelsehne p_1 von C^6 schneidet π in einem Punkte Q_1 der „Kernfläche K^4; ihr entspricht auf C^6 der reciproke Pol P_1 „von Q_1. Bezüglich der ersten Polaren aller Punkte von p_1 „ist P_1 Pol von π."

„Von zwei Doppelsehnen p_1, p_2 der Kerncurve C^6 geht ent„weder keine oder jede durch den der anderen entsprechenden „Punkt P_2 resp. P_1;"

denn wenn p_1 durch P_2 geht, so ist P_1 Pol von π bezüglich P_2^2 und liegt folglich auf dem Polstrahle p_2 von π bezüglich P_2^2.

„Durch einen beliebigen Punkt P_1 von C^6 gehen demnach „i. A. drei Doppelsehnen der Curve; dieselben entsprechen den „Schnittpunkten von C^6 mit der entsprechenden Doppelsehne p_1, „und sie verbinden P_1 mit den reciproken Polen dieser Schnitt„punkte."

„Wenn zwei Doppelsehnen von C^6 in einer Ebene liegen, so „schneiden sie sich in einem Punkte P von C^6."

Denn bezüglich der ersten Polare P^2 des Schnittpunktes hat π die beiden den Doppelsehnen entsprechenden Punkte zu Polen, weshalb P^2 ein Kegel mit in π liegendem Centrum und P ein Punkt von C^6 sein muss.

Die zu π gehörige Kerncurve C^6 möge von der beliebigen Ebene π_1 in den sechs Punkten P_1, P_2, . . ., P_6 geschnitten werden, deren reciproke Pole Q_1, Q_2, . . ., Q_6 also in π und zugleich in der zu π_1 gehörigen Kerncurve C_1^6 liegen. Der Polstrahl von π bezüglich P_1^2 heisse p_i, und derjenige von π_1 bezüglich Q_1^2 heisse q_i. Dann gilt (Seite 107) der Satz:

„Die gemischte Polare Π_1^3 der Ebenen π, π_1 geht durch die „zwölf Strahlen p_i und q_i für $i = 1, 2, 3, 4, 5, 6$; sie ist auf π_1 „und π so abgebildet, dass π_1 die sechs Punkte P_i und π die „sechs Q_i zu Hauptpunkten hat, und dass die p_i resp. q_i die „zugehörigen sechs Hauptstrahlen von Π_1^3 werden."

Die sechs Geraden p_i sind i. A. windschief; ebenso zwei Gerade p_i, q_i mit gleichem Index. Dagegen liegen zwei Gerade p_i, q_k, deren Indices i und k verschieden sind, allemal in einer Ebene, nämlich in der Polarebene des Punktepaares P_i, Q_k. Denn weil P_i in π_1 liegt, so geht die Polarebene von P_i bezüglich Q_k^2 durch q_k, ebenso aber als Polarebene von Q_k bezüglich P_i^2 durch p_i. Also:

„Jede der sechs Geraden p_i schneidet die fünf Geraden q, welche „nicht denselben Index haben wie sie. Die sechs p_i und die „sechs q_i bilden i. A. auf Π_1^3 die beiden Hälften einer Doppelsechs. Jede cubische Raumcurve der zugehörigen beiden „Curvennetze von Π_1^3 wird auf einer der Ebenen π, π_1 durch „eine Gerade abgebildet, auf der anderen aber durch eine „Curve fünfter Ordnung, welche (Seite 79) die sechs Hauptpunkte der Ebene zu Doppelpunkten hat."

Die sechs Geraden p_i sind Doppelsehnen von C^6 und entsprechen als solche den sechs Punkten P_i von C^6. Wenn zwei von ihnen, p_1 und p_2, sich schneiden in einem Punkte P, so sind nach Obigem die entsprechenden Punkte P_1 und P_2 zwei Pole von π bezüglich P^2, und P^2 ist ein Kegel, in Bezug auf welchen die in π_1 liegende Gerade P_1P_2 der Polstrahl von π ist. Die Ebenen π, π_1 sind also in diesem Falle conjugirt bezüglich der conischen ersten Polare von P und schneiden sich in deren Centrum Q, dem reciproken Pole von P. Der Polstrahl g von π bezüglich P^2 aber enthält als Doppelsehne von C^6 ausser P_1 und P_2 noch einen dritten Punkt P_3 von C^6, und durch P geht folglich ausser p_1 und p_2 noch die P_3 entsprechende Doppelsehne p_3 dieser Curve (Seite 108); ebenso enthält der in π liegende Polstrahl g_1 von π_1 bezüglich P^2 als Doppelsehne von C_1^6 drei der sechs Punkte Q_i, und durch P gehen die entsprechenden drei Geraden q_i, und zwar die drei Geraden q_4, q_5 und q_6, welche p_1, p_2 und p_3 schneiden. Also:

„Wenn die Ebenen π und π_1 conjugirt sind bezüglich einer „conischen ersten Polare P^2; so gehen durch deren Pol P drei

„der sechs Geraden p_i, etwa p_1, p_2 und p_3, zugleich aber die „drei Geraden q_4, q_5 und q_6. Die gemischte Polare Π_1^3 von „π und π_1 hat P zum Doppelpunkte."

„Die Polstrahlen g, g_1 von π und π_1 bezüglich P^2 liegen i. A. „mit den übrigen sechs Geraden p_i und q_i auf einer Fläche zwei- „ter Ordnung, und zwar liegen g_1, q_1, q_2, q_3 in der einen und „g, p_4, p_5, p_6 in der anderen Regelschaar dieser Fläche"; denn q_1, q_2, q_3 schneiden jede der Geraden p_4, p_5, p_6 (Seite 109) und begegnen g in resp. P_1, P_2, P_3, während g_1 von g, p_4, p_5, p_6 in resp. Q, Q_4, Q_5, Q_6 geschnitten wird.

Die gemischte Polare Π_1^3 von zwei Ebenen π, π_1 geht über in die „zweite Polare" (Steiner) oder „reine Polare" (Cremona) oder „cubische Polarfläche" (Sturm) der Ebene π in Bezug auf F^3, wenn π_1 mit π sich vereinigt. Diese cubische Polarfläche Π^3 von π ist der Ort eines Punktes Q, dessen erste Polare Q^2 die Ebene π berührt, sodass π sich selbst conjugirt ist bezüglich Q^2. Der Berührungspunkt P ist der Pol von π nach Q^2, der ihm entsprechende Punkt Q von Π^3 ist der Pol von π nach P^2, und π ist die Polarebene des Punktepaares P, Q bezüglich F^3. Sind P_1 und Q_1 zwei andere homologe Punkte von resp. π und Π^3, so sind P, Q und P_1 conjugirt bezüglich F^3, ebenso aber P_1, Q_1 und P; die Polarebene des Punktepaares P, P_1 geht deshalb durch Q und Q_1. Wenn nun P_1 dem Punkte P unbegrenzt sich nähert, so geht diese Polarebene über in die zweite Polare von P, und die in ihr liegende Gerade QQ_1 in irgend eine Tangente von Π^3 im Punkte Q. Die Polarebene eines beliebigen Punktes P von π berührt folglich die cubische Polarfläche Π^3 von π in dem entsprechenden Punkte Q. Kurz:

„Die cubische Polarfläche Π^3 einer Ebene π in Bezug auf F^3 „ist der Ort der Pole von π bezüglich der ersten Polaren aller „Punkte von π, und zugleich der Ort aller Punkte, von deren „ersten Polaren die Ebene berührt wird; sie wird umhüllt von „den Polarebenen aller Punkte von π. Sie ist von der dritten „Ordnung und der vierten Classe, letzteres, weil in π höchstens „vier Punkte liegen, deren Polarebenen durch eine beliebige „Gerade gehen (Seite 99). Sie ist auf π projectiv bezogen, „und zwar entspricht einem beliebigen Punkte P von π der „Berührungspunkt Q seiner Polarebene mit Π^3; zugleich ist π „die Polarebene des Punktepaares P, Q, und sie wird von Q^2 „in P berührt. Einer ebenen Schnittcurve von Π^3 entspricht

„i. A. in π eine Curve dritter Ordnung (Seite 68). Die Ebenen, „welche die Fläche F^3 in ihren Schnittpunkten mit π berühren, „bilden einen Büschel sechster Ordnung (Seite 100) und berühren „Π^3 in den entsprechenden Punkten einer Raumcurve neunter „Ordnung.“

„Die Kernfläche K^4 wird von Π^3 längs der zu π gehörigen „Kerncurve C^6 sechster Ordnung berührt (Seite 102); diese Curve „entspricht der Schnittcurve von K^4 und π, und die homologen „Punkte der beiden Curven sind reciproke Pole. Einer belie- „bigen Geraden g von π entspricht auf Π^3 die gemischte Polar- „curve γ^3 von π und g (Seite 107); der Polarkegel von g be- „rührt Π^3 längs dieser cubischen Raumcurve γ^3.“

Die Schnittcurve der Ebene π und ihrer cubischen Polarfläche Π^3 ist der Ort aller Punkte von π, deren erste Polaren die Ebene berühren. Sie enthält insbesondere die Osculationspunkte aller in π liegenden Haupttangenten der cubischen Fläche F^3; denn die erste Polare eines solchen Punktes berührt π, indem sie π in der zugehörigen Haupttangente und noch einer Geraden schneidet. Also:

„Auf Π^3 liegen alle Wendepunkte der Curve dritter Ordnung „C^3, in welcher F^3 von der Ebene π geschnitten wird. Es „giebt deren also höchstens neun.“

Uebrigens kann C^3 nicht mehr als drei reelle Wendepunkte besitzen, weil (Seite 76) jede Verbindungslinie von zwei Wendepunkten noch einen dritten enthält, und weil deshalb aus vier reellen Wendepunkten unendlich viele sich ableiten liessen.

Auf Π^3 liegt auch jeder Punkt G, dessen erste Polare G^2 durch irgend eine Gerade g von π geht; denn G^2 hat mit π noch eine Gerade g_1 gemein und berührt π im Punkte gg_1. Die beiden Polarkegel von g und g_1 haben G zum Mittelpunkt (Seite 106) und berühren Π^3 längs cubischer Raumcurven γ^3 und γ_1^3 (s. oben). Also:

„Ein beliebiger Punkt G von Π^3 ist das Centrum von zwei „Tangentenkegeln zweiter Ordnung der Fläche Π^3.“

Die Polarebene des Punktes gg_1 tangirt Π^3 in dem entsprechenden Punkte G, berührt die beiden Tangentenkegel längs zwei Tangenten von γ^3 und γ_1^3, und osculirt sonach (II. Abth. Seite 195) in G diese beiden cubischen Raumcurven. Jede andere gemeinschaftliche Berührungsebene der beiden Kegel berührt Π^3 in zwei verschiedenen Punkten von γ^3 und γ_1^3 und hat folglich zwei verschiedene, auf g und g_1 liegende Pole.

„Die beliebige Ebene π enthält deshalb i. A. drei Verbindungs-„linien u associirter Pole; die Polargeraden v derselben liegen „auf Π^3 in einer Ebene, welche die Schnittpunkte der drei u „zu Polen hat."

Die erste Polare eines Punktes Q von Π^3 berührt die Ebene π, zugleich aber die Gerade g oder g_1, wenn Q auf deren Polarkegel liegt (Seite 106). Ist nun Q einer der Punkte von Π^3, welche aus G durch die gemeinschaftlichen Strahlen der concentrischen Polarkegel von g und g_1 projicirt werden, so berührt seine erste Polare die Geraden g, g_1 und die Ebene π in zwei von $g g_1$ verschiedenen Punkten, und ist folglich ein Kegel, welcher π und alle Geraden von π berührt. Durch diesen Punkt Q gehen deshalb die Polarkegel aller Geraden von π, sowie die cubischen Raumcurven, längs welcher sie Π^3 berühren; er ist also ein Doppelpunkt von Π^3. Da nun die Polarkegel von g und g_1 i. A. vier reelle oder imaginäre Strahlen gemein haben, so ergiebt sich:

„Die cubische Polarfläche Π^3 einer Ebene π hat i. A. vier „Doppelpunkte Q. Diese liegen auf der Kernfläche K^4, und „ihre conischen ersten Polaren Q^2 berühren die Ebene längs „vier gerader Linien q, deren Polarkegel sich der Fläche Π^3 „in je einem Doppelpunkte Q anschmiegen. Als Polstrahlen „von π bezüglich der vier Q^2 sind die Geraden q vier Doppel-„sehnen der Kerncurve C^6 (Seite 108), und ihre sechs Schnitt-„punkte liegen folglich auf C^6. Sie bilden somit ein Vierseit, „von welchem je zwei Gegenpunkte reciproke Pole bezüglich „F^3 sind, und welches die drei Geraden u zu Diagonalen hat."

Wir kommen auf diese Fläche Π^3 gelegentlich zurück. Im 16. Vortrage werden wir die berühmte Steiner'sche Fläche vierter Ordnung dritter Classe kennen lernen, welche mit ihren Berührungsebenen je zwei Kegelschnitte gemein hat; dieselbe ist der Fläche Π^3 reciprok.

Dreizehnter Vortrag.

Die Polhexaëder der cubischen Fläche und das Pentaëder ihrer Kernfläche.

Nach einem Satze von Sylvester, welchen Clebsch*) zuerst bewiesen hat, liegen auf der Kernfläche K^4 der allgemeinen cubischen Fläche F^3 die zehn Kanten und zehn Eckpunkte eines Pentaëders; und zwar hat K^4 die zehn Eckpunkte zu Doppelpunkten, und die erste Polare eines jeden Eckpunktes bezüglich F^3 zerfällt in zwei Ebenen, welche in der gegenüberliegenden Pentaëderkante sich schneiden. Ohne diese und verwandte Sätze würde unsere synthetische Theorie der cubischen Fläche unvollständig sein. Nun sind aber die bisherigen Beweise dieser Sätze theils ganz algebraisch, theils stützen sie sich wesentlich auf den Fundamentalsatz der Algebra und seine analytisch-geometrischen Folgerungen. Wir werden deshalb einen rein geometrischen Beweis erst suchen müssen.

Von den Schnittpunkten Q_i einer beliebigen Ebene π mit der Kernfläche K^4 liegen, wie wir bereits wissen, die reciproken Pole P_i auf der zu π gehörigen Kerncurve C^6 sechster Ordnung. Durch jeden solchen Schnittpunkt Q_1 geht eine Doppelsehne p_1 von C^6; sie entspricht dem reciproken Pole P_1 von Q_1 und ist der Polstrahl von π bezüglich der ersten Polare P_1^2 von P_1 (Seite 109). Den drei Schnittpunkten P_2, P_3, P_4 von p_1 mit C^6 entsprechen drei Doppelsehnen p_2, p_3, p_4 dieser Kerncurve, welche durch P_1 gehen und die Ebene π in den resp. reciproken Polen Q_2, Q_3, Q_4 jener Punkte schneiden (Seite 108). Ausserdem ist uns bekannt, dass zwei in einer Ebene liegende Doppelsehnen von C^6 sich allemal in einem Punkte von C^6 schneiden.

Die ersten Polaren aller Punkte der Doppelsehne p_1 bilden einen F^2-Büschel und haben ein gemeinsames Poltetraëder, dessen Eckpunkte mit den Mittelpunkten P_1, Q_2, Q_3, Q_4 der vier Kegel

*) Crelle's Journal für Mathematik, Bd. 58 S. 109 und Bd. 59 S. 193.

Q_1^2, P_2^2, P_3^2, P_4^2 des Büschels zusammenfallen (Seite 17, 18). Die drei durch P_1 gehenden Kanten p_2, p_3, p_4 dieses Poltetraëders sind demnach conjugirt bezüglich aller jener ersten Polaren und insbesondere bezüglich des Kegels Q_1^2. Also:

„Die drei durch einen Punkt P_i von C^6 gehenden Doppelsehnen „dieser Kerncurve sechster Ordnung sind conjugirt bezüglich „der conischen ersten Polare Q_i^2, welche P_i zum Mittelpunkt „hat; sie bilden ein Poldreikant von Q_i^2."

Die Polarebene $p_3 p_4$ von p_2 oder Q_2 bezüglich Q_1^2 ist identisch mit der Polare von Q_1 bezüglich Q_2^2; und da Q_2^2 ein Kegel mit dem Centrum P_2 ist, so fällt $p_3 p_4$ auch mit der Polarebene von $\overline{Q_1 P_2}$ oder p_1 bezüglich Q_2^2 zusammen. Die Ebene $p_3 p_4 = 2$ enthält deshalb zufolge des letzten Satzes auch die beiden Doppelsehnen von C^6, welche p_1 im Punkte P_2 schneiden, und ebenso enthalten die Ebenen $p_4 p_2 = 3$ und $p_2 p_3 = 4$ je zwei durch P_3 resp. P_4 gehende Doppelsehnen von C^6. Ueberhaupt ergiebt sich, da jeder Schnittpunkt von Doppelsehnen auf C^6 liegt (Seite 108):

„Jede Verbindungsebene π' von zwei Doppelsehnen der Kern„curve C^6 enthält noch zwei (reelle oder imaginäre) Doppel„sehnen der Curve. Die vier Doppelsehnen bilden ein voll„ständiges Vierseit, in dessen sechs Eckpunkten die Kerncurve „von π' geschnitten wird."

Die sechs Doppelsehnen, welche p_1 paarweise in P_2, P_3 und P_4 schneiden, liegen demnach nicht nur paarweise in den Ebenen *2*, *3*, *4* des Dreikantes $p_2 p_3 p_4$, sondern ausserdem zu dreien mit p_1 in zwei Ebenen *5* und *1*, welche nach dem vorletzten Satze conjugirt sind bezüglich der Kegel Q_2^2, Q_3^2, Q_4^2 mit den Mittelpunkten P_2, P_3, P_4. Diese sechs Doppelsehnen von C^6 bilden also mit p_1, p_2, p_3 und p_4 zusammen die zehn Kanten eines Fünfflaches *12345*, dessen zehn Eckpunkte als Schnittpunkte von je drei dieser Doppelsehnen auf C^6 liegen. Jedem Eckpunkte des Fünfflaches entspricht als Doppelsehne die ihm gegenüberliegende Kante; z. B. dem Eckpunkte $234 = P_1$ oder $512 = P_2$ entspricht die Kante $51 = p_1$ resp. $34 = p_2$. Daraus folgt:

„Der Kerncurve C^6 kann auf unendlich viele Arten ein Fünf„flach *12345* eingeschrieben werden, sodass dessen zehn Eck„punkte auf C^6 liegen und die ihnen gegenüberliegenden zehn „Kanten zu entsprechenden Doppelsehnen haben. Jede Ebene „des Fünfflaches schneidet C^6 in den sechs Eckpunkten eines „vollständigen Vierseits. Jede Doppelsehne p_1 von C^6 ist Kante

„eines solchen Fünfflaches. Zwei beliebige Ebenen *5* und *1* „des Fünfflaches sind conjugirt bezüglich der drei conischen „ersten Polaren, in deren Mittelpunkten ihre Schnittlinie den „übrigen drei Ebenen *2*, *3* und *4* begegnet.“

Weil jede Doppelsehne von C^6 die Ebene π in dem reciproken Pole des ihr entsprechenden Punktes schneidet (Seite 108), so ergiebt sich weiter:

„Das Fünfflach *12345* bildet mit der Ebene $\pi = 6$ ein Sechs- „flach *123456*, dessen zwanzig Eckpunkte auf der Kernfläche „K^4 liegen, und zwar so, dass seine Gegenpunkte (z. B. *234* „und *561*) reciproke Pole bezüglich F^3 sind. Dasselbe heisst*) „ein Polsechsflach oder Polhexaëder der cubischen Fläche F^3, „und ist durch eine seiner Kanten p_1 völlig bestimmt.“

Die Richtigkeit dieser letzten Behauptung ergiebt sich sofort aus dem Vorhergehenden, wenn wir mit Q_1, P_2, P_3, P_4 die vier Schnittpunkte von p_1 und K^4 bezeichnen, ferner mit P_1, Q_2, Q_3, Q_4 deren reciproken Pole und mit π die Ebene $Q_2 Q_3 Q_4$, welche (Seite 102) durch Q_1 geht. Das Tetraëder $P_1 Q_2 Q_3 Q_4$ ist in dem Polhexaëder enthalten, und seine sechs Kanten schneiden die Kernfläche K^4 noch in den zwölf übrigen Eckpunkten des Hexaëders, welche zu sechsen mit p_1 in dessen beiden übrigen Ebenen liegen. Die sechs Ebenen, 15 Kanten und 20 Eckpunkte dieses durch p_1 bestimmten Polhexaëders sind alle reell, wenn K^4 nicht nur von p_1, sondern auch von irgend einer Kante des Tetraëders $P_1 Q_2 Q_3 Q_4$ in vier reellen Punkten geschnitten wird. Da $P_1 Q_2 Q_3 Q_4$ von den ersten Polaren A^2, B^2, ... aller auf p_1 liegenden Punkte A, B, ... das gemeinsame Poltetraëder ist, so ergiebt sich noch:

„Das gemeinschaftliche Poltetraëder von zwei beliebigen ersten „Polaren A^2 und B^2 ist in einem Polhexaëder von F^3 enthalten. „Seine vier Eckpunkte und deren auf AB liegende reciproke „Pole bilden acht Eckpunkte des Polhexaëders, und in den „übrigen zwölf Eckpunkten, welche zu sechsen mit AB in den „übrigen beiden Hexaëderebenen liegen, wird K^4 von den Kan- „ten des Tetraëders geschnitten.“

Da bei dieser Construction des Polhexaëders die vier Schnittpunkte von K^4 mit der Kante AB oder p_1 alle die gleiche

*) Vgl. Reye, Geometrischer Beweis des Sylvester'schen Satzes; Crelle's Journal 78 S. 117. Die ersten Polaren aller Punkte in Bezug auf F^3 haben dieses Sechsflach zum gemeinsamen Polsechsflach, d. h. bezüglich der ersten Polaren sind je zwei Gegenpunkte des Sechsflaches conjugirt (II. Abth. S. 281).

Rolle spielen, so folgt beiläufig aus einem vorhergehenden Satze (Seite 114):

„Zwei beliebige Ebenen π, π_1 eines Polhexaëders von F^3 sind „conjugirt bezüglich der vier conischen ersten Polaren, in deren „Mittelpunkten sie sich schneiden."

„Ihre gemischte Polare Π_1^3 hat deshalb (vgl. Seite 110) die „vier Pole D_1, D_2, D_3, D_4 dieser conischen Polaren zu Doppel-„punkten. Sie ist so auf π_1 und π abgebildet, dass die cu-„bischen Raumcurven γ^3, welche in Π_1^3 den Geraden dieser „Ebenen entsprechen, alle durch D_1, D_2, D_3 und D_4 gehen."

Weil nämlich die Polstrahlen von π bezüglich D_1^2, D_2^2, D_3^2 und D_4^2 alle vier in π_1 liegen, so schneiden sie jede Gerade g_1 von π_1 in vier Polen von π bezüglich der vier Kegel, und die gemischte Polarcurve γ^3 von π und g_1, welche in Π_1^3 der Geraden g_1 von π_1 entspricht (Seite 107), geht deshalb in der That durch D_1, D_2, D_3 und D_4. Das Tetraëder dieser vier Doppelpunkte von Π_1^3 bildet mit π und π_1 zusammen das Polhexaëder. Seine Ebenen schneiden also die Gerade $\pi\pi_1$ in den reciproken Polen der ihnen gegenüberliegenden Eckpunkte, und die Schnittpunkte seiner sechs Kanten mit π haben die Schnittpunkte der gegenüberliegenden Kanten mit π_1 zu reciproken Polen. Bei der Abbildung der Fläche Π_1^3 auf π und π_1 ist jede der sechs Tetraëderkanten ein Hauptstrahl von Π_1^3, und der Schnittpunkt der gegenüberliegenden Kante mit π resp. π_1 ist der entsprechende Hauptpunkt dieser Ebene.

Zwei beliebigen Punkten R_0, S_0 von Π_1^3 entsprechen in π_1 die Pole R_1, S_1 von π, in π dagegen die Pole R, S von π_1 bezüglich R_0^2, S_0^2; der cubischen Raumcurve γ^3 aber, welche R_0 und S_0 mit D_1, D_2, D_3 und D_4 verbindet, entsprechen in π_1 und π die resp. Geraden R_1S_1 und RS, welche zu γ^3 und folglich zu einander projectiv sind. Daraus folgt:

„Vermittelst der Abbildung von Π_1^3 auf π und π_1 werden die „ebenen Felder π, π_1 collinear auf einander bezogen;"

und zwar sind die Verbindungslinien RR_1, SS_1, ... ihrer homologen Punkte die reciproken Polaren der Geraden $\pi\pi_1$ bezüglich der ersten Polaren aller Punkte R_0, S_0, ... von Π_1^3. In der Congruenz dieser Verbindungslinien liegen auch die Doppelsehnen der zu π gehörigen und auf Π_1^3 liegenden Kerncurve C^6; denn sie sind Polstrahlen von π und reciproke Polaren von $\pi\pi_1$ bezüglich der conischen ersten Polaren aller Punkte von C^6. Da nun zwei collineare Felder π, π_1 i. A. einen Ebenenbüschel π^3 dritter Ordnung und dessen Axencongruenz erzeugen (II. Abth. Seite 202), und hier π_1 irgend eine Ebene bezeichnet, die mit π in einem Polhexaëder von F^3 enthalten ist, so ergiebt sich:

„Die Doppelsehnen der zu π gehörigen Kerncurve C^6 sind i. A. „Axen eines cubischen Ebenenbüschels π^3. Der Büschel enthält „alle Ebenen π_1, welche C^6 in den Eckpunkten je eines vollstän-„digen Vierseits schneiden, und alle Polhexaëder von F^3, denen „die Ebene π angehört. Die in π liegenden Kanten dieser „Hexaëder umhüllen als Axen von π^3 einen Kegelschnitt."

Eine beliebige Doppelsehne p_1 von C^6 bestimmt eines dieser Polhexaëder (Seite 115), und wenn p_1 an C^6 hingleitet, so beschreiben die fünf von π verschiedenen Ebenen des Hexaëders den cubischen Ebenenbüschel π^3. Also gehört π mit jeder anderen Ebene des Büschels zu einem in π^3 enthaltenen Polhexaëder von F^3. Weil aber die sechs Ebenen eines solchen Hexaëders den cubischen Büschel π^3 völlig bestimmen und mit einander vertauschbar sind, so gilt der Satz:

„In jedem cubischen Ebenenbüschel π^3, welcher die Ebenen „irgend eines Polhexaëders von F^3 verbindet, sind doppelt un-„endlich viele Polhexaëder enthalten; und zwar gehören zwei „beliebige Ebenen des Büschels zu einem dieser Hexaëder."

Wählt man diese beiden Ebenen so, dass ihre das Hexaëder bestimmende Schnittlinie p_1 durch einen Punkt Q_1 der Kernfläche K^4 geht, so werden Q_1 und sein reciproker Pol P_1 zwei Gegenpunkte des Hexaëders. Daraus folgt:

„Die beiden durch zwei reciproke Pole gehenden Ebenentripel „des cubischen Büschels π^3 bilden ein Polhexaëder von F^3."

Zwei homologe Gerade g', g_1' der collinearen Felder π, π_1 erzeugen i. A. eine aus Axen von π^3 bestehende Regelschaar, durch deren Leitstrahlen je eine Ebene des Büschels π^3 geht (vgl. II. Abth. Seite 195). In dieser Regelschaar aber liegen i. A. vier, durch die Schnittpunkte von g' und K^4 gehende Doppelsehnen von C^6. Also:

„Vier windschiefe Doppelsehnen von C^6, welche die Ebene π „in vier Punkten einer Geraden g' schneiden, liegen allemal in „einer dem Büschel π^3 eingeschriebenen Regelfläche zweiter „Ordnung."

Wir werden von diesem Satze weiterhin Gebrauch machen.

Wenn in dem cubischen Büschel π^3 die Ebene π_1 der Ebene π unbegrenzt sich nähert, so geht die gemischte Polare Π_1^3 von

π und π_1 über in die cubische Polarfläche Π^3 von π (Seite 110). Zugleich nähert sich die Gerade $\pi\pi_1$ unbegrenzt dem Berührungsstrahle b von π^3 und der Ebene π (II. Abth. Seite 202), die vier Doppelpunkte D von Π_1^3 gehen über in die reciproken Pole Q der Schnittpunkte von b und K^4 (vgl. Seite 116), und die conischen ersten Polaren Q^2 dieser Doppelpunkte berühren schliesslich die Ebene π längs vier Polstrahlen q von π, welche als solche vier Doppelsehnen von C^6 sind. Mit $\pi_1 = \pi$ bildet das Tetraëder der vier Doppelpunkte Q ein Fünfflach, dessen zehn Eckpunkte auf C^6 liegen und die ihnen gegenüberliegenden Kanten zu entsprechenden Doppelsehnen haben (Seite 114). Zu den früheren Sätzen über Π^3 (Seite 110) erhalten wir demnach folgende Ergänzung:

„Die cubische Polarfläche Π^3 einer Ebene π hat i. A. vier Doppelpunkte Q, deren reciproke Pole in π auf einer Geraden „liegen. Das Tetraëder dieser vier Doppelpunkte bildet mit π „ein Fünfflach, dessen zehn Eckpunkte auf der Berührungscurve C^6 von Π^3 und der Kernfläche K^4 liegen und ihre Gegenkanten zu entsprechenden Doppelsehnen der C^6 haben. Die „drei paar Gegenkanten des Tetraëders werden von π ($=\pi_1$) „in drei paar reciproken Polen geschnitten (Seite 115). Die „Polarebene eines jeden dieser sechs Schnittpunkte berührt Π^3 „längs der ihm gegenüberliegenden Kante des Fünfflaches „(Seite 110). Die Ebene π wird längs ihrer Schnittlinie q mit „einer beliebigen Fläche des Tetraëders von der conischen ersten „Polare des gegenüberliegenden Eckpunktes Q berührt."

Wir bezeichnen mit P einen beliebigen Punkt von C^6, dessen reciproker Pol also in der Ebene π liegt, ferner mit g den Polstrahl von π bezüglich des Kegels P^2, mit π_1 eine durch g gelegte Ebene, die aber nicht dem cubischen Büschel π^3 angehören möge, endlich mit g_1 den in π liegenden Polstrahl von π_1 bezüglich P^2. Dann sind die Ebenen π, π_1 conjugirt bezüglich P^2, und für ihre gemischte Polare Π_1^3 gelten die früher (Seite 109) bewiesenen Sätze. Die cubische Fläche Π_1^3 hat also P zum Doppelpunkte, und von ihren zwölf Hauptstrahlen p_i und q_i gehen sechs, die wir wieder mit $p_1, p_2, p_3, q_4, q_5, q_6$ bezeichnen wollen, durch P, während die übrigen sechs mit g und g_1 auf einer Fläche Φ^2 zweiter Ordnung liegen, und zwar q_1, q_2, q_3, g_1 in der einen und p_4, p_5, p_6, g in der anderen Regelschaar von Φ^2. Nun sind aber p_4, p_5, p_6 und g (Seite 110) die vier Doppelsehnen von C^6, welche π in vier Punkten von g_1 schneiden, und die Fläche Φ^2 ist deshalb (Seite 117) dem cubischen Ebenenbüschel π^3 eingeschrieben. Ebenso sind q_1, q_2, q_3 und g die vier Doppelsehnen der zu π_1 gehörigen Kerncurve C_1^6, welche π_1 in vier Punkten von g schneiden, und Φ^2 ist deshalb auch dem cubischen Ebenenbüschel π_1^3 eingeschrieben, welcher der Ort aller die Ebene π_1 enthaltenden Polhexaëder von F^3 ist. Weil aber die eine Regelschaar von Φ^2 aus Axen von π^3 und die andere aus Axen von π_1^3 besteht, so haben (II. Abth. Seite 199) die cubischen Büschel π^3 und π_1^3 i. A. fünf gemeinschaftliche Ebenen, von denen mindestens eine reell ist. Diese fünf Ebenen bilden, wie wir gleich sehen werden, das Sylvester'sche Pentaëder der Kernfläche K^4.

Ist π_0 eine beliebige Ebene von π^3 oder π_1^3 und P_i irgend einer ihrer Schnittpunkte mit K^4, sowie Q_i dessen reciproker Pol, so ist der Polstrahl von π_0 bezüglich Q_i^2 eine durch P_i gehende Axe von π^3 resp. π_1^3. Wenn aber π_0, wie wir nunmehr annehmen, eine gemeinschaftliche Ebene von π^3 und π_1^3 ist, so hat sie in Bezug auf Q_i^2 zwei durch P_i gehende Polstrahlen, welche i. A. nicht zusammenfallen; denn der eine ist von π^3 und der andere von π_1^3 eine Axe, die beiden cubischen Büschel π^3 und π_1^3 aber sind von einander verschieden. Nun kann jedoch die Ebene π_0 nur dann mehr als einen Polstrahl bezüglich Q_i^2 haben, wenn der Kegel Q_i^2 in zwei Ebenen zerfällt, deren Schnittlinie q_i in π_0 liegt. Weil aber Q_i^2 dann alle Punkte von q_i zu Mittelpunkten hat, so liegen diese Punkte alle auf der Kernfläche K^4 und haben Q_i zum gemeinschaftlichen reciproken Pole (Seite 101).

Die Schnittpunkte von K^4 und π_0 liegen demnach i. A. auf vier reellen oder imaginären Geraden q_1, q_2, q_3, q_4, letztere haben vier Punkte Q_1, Q_2, Q_3, Q_4 von K^4 zu reciproken Polen, und die erste Polare Q_i^2 eines beliebigen dieser Punkte zerfällt in zwei durch die entsprechende Gerade q_i gehende Ebenen. Die ersten Polaren aller Punkte von q_i bilden einen F^2-Büschel von Kegeln mit dem Mittelpunkte Q_i, und unter ihnen giebt es i. A. drei Ebenenpaare. Die ersten Polaren aller Punkte einer beliebigen Geraden von π_0 bilden einen F^2-Büschel, dessen vier Kegel die Punkte Q_1, Q_2, Q_3, Q_4 zu Mittelpunkten haben; das Tetraëder $Q_1Q_2Q_3Q_4$ ist folglich das gemeinschaftliche Poltetraëder dieses Büschels und überhaupt der ersten Polaren aller Punkte von π_0.

Die erste Polare des Schnittpunktes q_iq_k von irgend zwei der vier Geraden q_1, q_2, q_3, q_4 zerfällt in zwei Ebenen, deren Schnittlinie die reciproken Pole Q_i, Q_k der beiden Geraden verbindet;

denn diese Polare ist ein Kegel, welcher jeden der beiden Pole Q_i, Q_k zum Doppelpunkte hat. Die zu π_0 gehörige Kerncurve C_0^6, längs welcher die Kernfläche K^4 und die cubische Polarfläche Π_0^3 von π_0 sich berühren, besteht also aus den sechs Kanten des Tetraëders $Q_1 Q_2 Q_3 Q_4$, und jede dieser Kanten hat einen Eckpunkt des Vierseits $q_1 q_2 q_3 q_4$ zum reciproken Pol. Die vier Eckpunkte Q_1, Q_2, Q_3, Q_4 des Tetraëders sind (Seite 118) gemeinschaftliche Doppelpunkte von Π_0^3 und K^4, seine drei paar Gegenkanten werden von π_0 in drei paar reciproken Polen geschnitten, und zwar jede Kante in dem reciproken Pole der ihr gegenüberliegenden Kante, und die vier Tetraëderflächen gehen folglich durch die vier Geraden q_1, q_2, q_3, q_4 von π_0. Ueberhaupt ergiebt sich:

„Das Tetraëder $Q_1 Q_2 Q_3 Q_4$ bildet mit der Ebene π_0 ein Fünf- „flach oder Pentaëder, dessen zehn Kanten auf der Kernfläche „K^4 liegen und die ihnen gegenüberliegenden zehn Eckpunkte „zu reciproken Polen haben. Die zehn Eckpunkte dieses von „Sylvester entdeckten Pentaëders sind Doppelpunkte von K^4; „in jedem von ihnen schmiegt die Kernfläche dem Polarkegel „der gegenüberliegenden Pentaëderkante sich an, indem sie in „ihm die Polarebenen aller Punkte der Kante berührt (Seite 102). „Die erste Polare jedes Eckpunktes des Pentaëders besteht aus „zwei Ebenen, die in der gegenüberliegenden Kante sich schnei- „den; die zweite Polare des Eckpunktes berührt die Kernfläche „längs dieser Kante (Seite 102). Die zu einer Pentaëderebene „gehörige Kerncurve besteht aus den sechs Schnittlinien der vier „übrigen Ebenen.“

„Das Pentaëder bildet mit jeder Ebene π, die durch keinen „seiner Eckpunkte geht, ein Polhexaëder der cubischen Fläche „F^3, und möge deshalb das Polpentaëder oder Polfünfflach „der F^3 heissen.“

Seine Eckpunkte sind nämlich von den Punkten, in welchen π die gegenüberliegenden Pentaëderkanten schneidet, die reciproken Pole, und jeder Eckpunkt ist folglich der gegenüberliegenden Kante conjugirt bezüglich F^3, d. h. bezüglich der ersten Polaren aller Punkte nach F^3. Aus dem letzten und einem früheren Satze (Seite 117) ergiebt sich:

„Das Polpentaëder von F^3 ist in jedem cubischen Ebenenbüschel „π^3 enthalten, welcher die Ebenen eines Polhexaëders von F^3 „verbindet. Seine zehn Eckpunkte liegen auf jeder zu irgend

„einer Ebene gehörigen Kerncurve C^6, und seine zehn Kanten „sind Doppelsehnen dieser Kerncurve sechster Ordnung.“

Wir bezeichnen die fünf Pentaëderflächen, falls sie alle reell und von einander verschieden sind, mit *1*, *2*, *3*, *4*, *5*; der beliebigen Kante *12* des Pentaëders liegt dann der Eckpunkt *345* gegenüber. Die ersten Polaren aller Punkte von *12* bilden einen F^2-Büschel von concentrischen Kegeln, deren gemeinschaftliches Poldreikant von den Ebenen *3*, *4*, *5* gebildet wird; denn die ersten Polaren der drei Punkte *123*, *124*, *125* zerfallen in je zwei Ebenen, welche in resp. *45*, *53* und *34* sich schneiden und Gegenebenen eines den Kegeln eingeschriebenen Vierkantes sind. Daraus folgt u. A.:

„Je zwei Flächen (z. B. *4*, *5*) des Polpentaëders sind harmonisch „getrennt durch die beiden Ebenen, welche die erste Polare des „Schnittpunktes der drei übrigen Flächen bilden. Jede Pen„taëderkante ist die Polargerade von vier durch den gegenüber„liegenden Eckpunkt gehenden Geraden (vgl. Seite 103).“

Die Raumcurve vierter Ordnung, in welcher die ersten Polaren aller Punkte einer Geraden sich durchdringen, heisst nach Cremona und Sturm die Polarcurve dieser Geraden. Sie zerfällt in zwei Kegelschnitte, wenn die Gerade einen Eckpunkt des Polpentaëders enthält, und in vier Gerade, wenn sie eine Kante oder Diagonale desselben ist. Die Polarcurve einer Diagonale des Polpentaëders besteht aus den Kanten eines einfachen windschiefen Vierecks, dessen zwei paar Gegenebenen die ersten Polaren der beiden auf der Diagonale liegenden Eckpunkte bilden. Die Diagonale ist die Polargerade der vier Kanten dieses Vierecks. Da nun das Pentaëder 15 Diogonalen hat, in jeder Ebene drei, so folgt:

„Es giebt 100 Gerade, welche zu vieren eine gemeinschaftliche „Polargerade haben; ihre 25 Polargeraden sind die zehn Kanten „und die 15 Diagonalen des Polpentaëders“ (Steiner).

Ausser diesen 100 giebt es noch unendlich viele andere Gerade u, welche je eine Polargerade v haben, und zwar ist v (Seite 103) eine Doppeltangente der Kernfläche, und ihre Polarcurve zerfällt in die zugehörige Gerade u und eine cubische Raumcurve. Jacob Steiner hat in seiner berühmten Abhandlung über die Flächen dritter Ordnung (Ges. Werke II S. 659) diese Geraden u übersehen.

Sei π eine Diagonalebene des Polpentaëders, d. h. die Verbindungsebene irgend eines Eckpunktes Q mit der gegenüberliegenden Kante q, und seien Q^2 und $\varkappa$ die erste und die zweite Polare von Q bezüglich F^3. Dann besteht Q^2 aus zwei durch q gehenden Ebenen, welche $\varkappa$ von π harmonisch trennen; die Ebene $\varkappa$ aber berührt (Seite 120) die Kernfläche K^4 längs der Geraden q. Jeder Punkt R von $\varkappa$ hat π zur Polarebene bezüglich Q^2; also ist π auch die Polarebene von Q bezüglich R^2, und π wird von R^2 im Punkte Q berührt. Zu der cubischen Polarfläche Π^3 von π gehören deshalb alle Punkte der Ebene $\varkappa$ (Seite 110).

Da Q von jedem Punkte P der Kante q der reciproke Pol ist, so hat jede durch Q gehende Gerade PQ der Ebene π eine Polargerade v (Seite 103), welche in den Polarebenen von P und Q liegt und die Kernfläche K^4 doppelt berührt. Wenn nun P die Gerade q beschreibt, so umhüllt seine Polarebene den Polarkegel von q (Seite 106), und zugleich umhüllt v die Schnittcurve $\varkappa^2$ von $\varkappa$ und diesem Kegel zweiter Ordnung. Der Kegelschnitt $\varkappa^2$ wird von den Polarebenen aller in π liegenden Punkte berührt und ist ihr Ort; denn die Polarebenen aller Punkte der beweglichen Geraden PQ von π gehen durch die Tangente v von $\varkappa^2$.

Die erste Polare eines beliebigen Punktes R von $\varkappa^2$ berührt π in Q und tangirt zugleich q, weil R auf dem Polarkegel von q liegt; sie berührt folglich die Ebene π längs einer durch Q gehenden Geraden u und ist ein Kegel, weshalb R der Kernfläche K^4 angehört. Der reciproke Pol dieses Punktes R liegt auf der Curve dritter Ordnung, welche π und K^4 ausser der Geraden q gemein haben. Die Ebene π berührt im Punkte qu die ersten Polaren der Punkte Q und R, also auch aller übrigen Punkte von QR; jeder Strahl QR des Polarkegels von q liegt folglich auf der cubischen Polarfläche Π^3 von π, und Π^3 zerfällt in den Polar-Kegel von q und die Ebene $\varkappa$. Die Kerncurve C^6, längs welcher im allgemeinen Falle die Polarfläche Π^3 und die Kernfläche K^4 sich berühren (Seite 111), zerfällt hier in q, den Kegelschnitt $\varkappa^2$ und die drei durch Q gehenden Pentaëderkanten. Beiläufig ergiebt sich hieraus:

„Die Polarebene $\varkappa$ eines beliebigen Eckpunktes Q des Polpen-
„taëders berührt die Kernfläche K^4 längs der gegenüberliegenden
„Kante q und schneidet sie ausserdem in einem Kegelschnitt $\varkappa^2$.
„Der Polarkegel von q geht durch $\varkappa^2$, schmiegt der Fläche K^4
„im Punkte Q sich an (Seite 120) und berührt K^4 längs der
„drei durch Q gehenden Pentaëderkanten."

Von den Beziehungen der cubischen Fläche F^3 zu ihrem Polpentaëder möge schliesslich noch die folgende hervorgehoben werden: „Die Berührungspunkte der Tangenten, welche an F^3 aus einem „Eckpunkte Q des Polpentaëders gezogen werden können, liegen „in zwei Curven dritter Ordnung, deren Ebenen die erste Polare „von Q bilden" (Seite 100, 120).

Vierzehnter Vortrag.

Büschel und Bündel collinearer Räume; lineare Complexe von projectiven Ebenenbüscheln und collinearen Bündeln. Die cubische Raumverwandtschaft.

Zwei collineare Räume Σ, Σ_1 bestimmen nach früheren Untersuchungen (Seite 12) einen Raumbüschel $|\Sigma_1|$, d. h. eine sie enthaltende Mannigfaltigkeit von ∞^1 collinearen Räumen, deren homologe Ebenen sich in je einer Geraden schneiden und Ebenenbüschel erster Ordnung bilden. Die Räume dieses Raumbüschels $|\Sigma_1|$ erzeugen zu zweien denselben quadratischen Strahlen-Complex, wie Σ und Σ_1, und haben dessen Haupttetraëder entsprechend gemein. Der Complex zerfällt in zwei specielle lineare Complexe u, v, wenn Σ und Σ_1 die Punkte einer Reihe u und die Ebenen eines Büschels v entsprechend gemein haben; in anderen Specialfällen erzeugen die Räume von $|\Sigma_1|$ eine lineare Strahlencongruenz (II. Abth. Seite 183) oder sie haben perspective Lage. Auch in diesen besonderen Fällen, auf die wir nicht näher eingehen, haben die Räume des Büschels $|\Sigma_1|$ dieselben Elemente entsprechend gemein, wie Σ und Σ_1.

Einer Ebene α von Σ entspricht in jedem der collinearen Räume Σ_1, Σ_2, . . . von $|\Sigma_1|$ eine Ebene α_1, α_2, . . .; der Büschel u dieser Ebenen ist demnach eindeutig auf den Raumbüschel $|\Sigma_1|$ bezogen. Wir nennen diese Beziehung eine projective wegen des folgenden Satzes:

„Zwei Büschel u, u', welche aus homologen Ebenen der colli„nearen Räume bestehen, sind projectiv, indem ihre zu je einem

„Raume des Raumbüschels $|\Sigma_1|$ gehörigen Ebenen einander ent- „sprechen.“

Um diesen Satz zu beweisen, bezeichnen wir mit α, α' die beiden zu Σ gehörigen Ebenen der Büschel u, u', und mit g ihre Schnittlinie $\alpha\alpha'$. Der Ebenenbüschel g von Σ erzeugt mit den homologen Büscheln der Räume Σ_1, Σ_2, . . , von $|\Sigma_1|$ eine Regelschaar oder einen Kegel zweiter Ordnung, jenachdem die Axen $g, g_1, g_2 \ldots$ der Büschel windschief sind oder sich schneiden; und zwar bilden $g, g_1, g_2 \ldots$ die Leitstrahlen der Schaar bezw. denselben Kegel, und werden folglich aus den Strahlen der Schaar bezw. des Kegels und insbesondere aus u und u' durch projective Ebenenbüschel projicirt. Zu jedem Raume Σ_i des Raumbüschels gehören zwei homologe Ebenen α_i, α_i' der projectiven Büschel u, u'; der Satz ist damit bewiesen. Zugleich ergiebt sich:

„Eine Gerade g des Raumes Σ bildet mit ihren homologen Ge- „raden g_1, g_2, . . . eine zu $|\Sigma_1|$ projective Regelschaar, welche „in einen Kegel zweiter Ordnung ausarten kann; die Schaar „wird aus ihren Leitstrahlen u, u', u'', . . . durch eine Schaar „$|u_1|$ projectiver Ebenenbüschel projicirt, welche aus homologen „Ebenen der collinearen Räume bestehen.

Die collinearen Räume des Büschels $|\Sigma_1|$ erzeugen also durch ihre homologen Ebenen ∞^3 projective Ebenenbüschel, deren Axen i. A. einen tetraëdralen quadratischen Strahlencomplex bilden. Diese ∞^3 Büschel erzeugen durch ihre homologen Ebenen wiederum die ∞^1 collinearen Räume von $|\Sigma_1|$. Sie bilden einen „linearen Büschelcomplex $|u_3|$“, d. h. eine dreifach unendliche Mannigfaltigkeit, welche linear genannt wird, weil sie nach dem Vorhergehenden jede durch zwei ihrer ∞^3 projectiven Büschel bestimmte Büschelschaar $|u_1|$ enthält. Der Raumbüschel $|\Sigma_1|$ und der Büschelcomplex $|u_3|$ erzeugen sich gegenseitig, und wir sagen von ihnen, sie „tragen“ oder „stützen sich“ oder „sie ruhen auf einander“. Der Complex $|u_3|$ ist durch homologe Ebenen seiner Büschel auf jeden Raum Σ_i von $|\Sigma_1|$ projectiv bezogen; seine ∞^4 Büschelschaaren $|u_1|$ und ∞^3 linearen Büschelcongruenzen $|u_2|$ entsprechen den ∞^4 Ebenenbüscheln und ∞^3 Bündeln von Σ_i. Da zwei oder drei Bündel von Σ_i allemal einen Ebenenbüschel resp. eine Ebene gemein haben, so haben zwei oder drei lineare Congruenzen $|u_2|$ von $|u_3|$ allemal eine Büschelschaar $|u_1|$ resp. einen und i. A. nur einen Ebenenbüschel gemein. Daraus folgt, dass eine Congruenz $|u_2|$ und eine Schaar $|u_1|$ von $|u_3|$ allemal einen

Büschel gemein haben. Der Raumbüschel $|\Sigma_1|$ ist zu allen Ebenenbüscheln von $|u_3|$ projectiv und kann durch sie auch auf andere Elementargebilde projectiv bezogen werden.

Jede in $|u_3|$ enthaltene lineare Büschelcongruenz $|u_2|$ wird durch homologe Bündel der collinearen Räume erzeugt; ihre Ordnungscurve ist der Ort der Mittelpunkte dieser Bündel und hat die Axen der Büschel von $|u_2|$ zu Sehnen (II. Abth. Seite 205); sie wird durch diese Büschel projectiv auf $|\Sigma_1|$ bezogen. Wir nennen diese cubische Raumcurve eine „Ordnungscurve" von $|\Sigma_1|$ und $|u_3|$; sie ist zugleich (Seite 2) eine Ordnungscurve des quadratischen Complexes der Axen von $|u_3|$.

„Homologe Punkte der collinearen Räume von $|\Sigma_1|$ liegen dem-
„nach i. A. auf einer zu $|\Sigma_1|$ projectiven cubischen Raumcurve,
„und zwar auf einer Ordnungscurve von $|\Sigma_1|$ und $|u_3|$."

Der Raumbüschel $|\Sigma_1|$ und der auf ihm ruhende Büschelcomplex $|u_3|$ sind ebensowohl durch vier beliebige projective Ebenenbüschel u, u_1, u_2, u_3 des letzteren wie durch zwei beliebige collineare Räume des ersteren bestimmt. Verbindet man nämlich u, u_1 und u_2 durch eine lineare Büschelcongruenz $|u_2|$, uud sodann u_3 mit jedem Büschel von $|u_2|$ durch eine Büschelschaar $|u_1|$, so enthalten die so bestimmten ∞^2 Schaaren zusammen alle ∞^3 Büschel von $|u_3$.*) Denn jede Schaar, welche u_3 mit einem beliebigen anderen Büschel von $|u_3|$ verbindet, hat mit der Congruenz $|u_2|$ einen Büschel gemein (Seite 124). Selbstverständlich dürfen u, u_1, u_2, u_3 nicht in einer linearen Congruenz $|u_2|$ enthalten sein, wenn sie zur Bestimmung des Complexes $|u_3|$ ausreichen sollen.

Die collinearen Räume von $|\Sigma_1|$ haben i. A. die Eckpunkte, Flächen und Kanten eines Tetraëders entsprechend gemein, welchem alle Ordnungscurven von $|\Sigma_1|$ umschrieben sind (Seite 3). In jedem Eckpunkte dieses „Haupttetraëders" von $|\Sigma_1|$ und $|u_3|$ schneiden sich ∞^3 homologe Ebenen der Büschel von $|u_3|$; woraus folgt:

„Von dem Raumbüschel $|\Sigma_1|$ arten i. A. vier Räume aus in
„Bündel; ihre vier Doppelpunkte bilden das Haupttetraëder von
„$|\Sigma_1|$."

---

*) In der früher citirten Abhandlung (Crelle's Journal für Math. 104) gelangte ich auf diese Art zu $|u_3|$ und $|\Sigma_1|$. Daselbst werden auch die Specialfälle des Raumbüschels und des Büschelcomplexes besprochen.

Auf jede Ebene des Haupttetraëders reducirt sich ein Büschel von $|u_3|$, weil in ihr ∞^1 homologe Ebenen der Räume von $|\Sigma_1|$ zusammenfallen. Jede Kante des Haupttetraëders ist die Axe von unendlich vielen Büscheln des Complexes $|u_3|$, welche eine „singuläre“ Büschelschaar von $|u_3|$ bilden; eine beliebig durch die Kante gelegte Ebene von Σ bildet mit ihren homologen Ebenen einen dieser Büschel.

Ist η eine Ebene und E der gegenüber liegende Eckpunkt des Haupttetraëders, so erzeugen zwei homologe Ebenenbüschel g, g_1 der Räume Σ, Σ_1, wenn ihre Axen in η liegen, einen Strahlenbüschel in einer durch E gehenden Ebene γ; denn g und g_1 haben die Ebene η entsprechend gemein und schicken durch E homologe Ebenen. Zwei homologe Bündel von Σ und Σ_1, deren Mittelpunkte S, S_1 in η liegen, erzeugen die Sehnencongruenz einer cubischen Raumcurve, welche in einen Kegelschnitt von η und eine durch E gehende Gerade s zerfällt (II. Abth. Seite 190). Liegt S auf g, so liegt zugleich s in γ; das ebene Feld η von Σ ist demnach zu dem Bündel E collinear. Einer beliebigen Ebene γ des auf den Bündel E reducirten Raumes von $|\Sigma_1|$ entsprechen in Σ alle durch den homologen Strahl g von η gehenden Ebenen; die Collineation der beiden Räume E und Σ ist eine ausgeartete.

Wir bezeichnen nunmehr mit Σ, Σ_1, Σ_2 drei collineare Räume, die nicht demselben Raumbüschel angehören. Dieselben bestimmen einen sie enthaltenden „Bündel collinearer Räume“ oder „Raumbündel“ $|\Sigma_2|$; und zwar rechnen wir zu $|\Sigma_2|$ den durch Σ und Σ_1 bestimmten Raumbüschel $|\Sigma_1|$ sowie die ∞^2 Räume der ∞^1 Raumbüschel, welche die Räume von $|\Sigma_1|$ mit Σ_2 verbinden. Aus dieser Entstehungsart von $|\Sigma_2|$ und dem Vorhergehenden folgt ohne Weiteres:

„Eine beliebige Ebene α von Σ bildet mit den homologen Ebenen
„der übrigen ∞^2 collinearen Räume von $|\Sigma_2|$ einen Bündel S,
„welcher auf den Raumbündel $|\Sigma_2|$ eindeutig bezogen ist.“

In dem Mittelpunkte S dieses Ebenenbündels schneiden sich α und die homologen beiden Ebenen α_1, α_2 von Σ_1 und Σ_2. Der Punkt S kann als ein beliebiger Punkt betrachtet werden; sind nämlich S' und S'' die beiden Punkte von Σ, denen in Σ_1 resp. Σ_2 der Punkt S entspricht, so hat die Ebene $SS'S''$ von Σ mit den homologen Ebenen von Σ_1 und Σ_2 den Punkt S gemein.

Dreht sich die Ebene α in Σ um eine Gerade g, so beschreiben ihre ∞^2 homologen Ebenen projective Ebenenbüschel, und deren

Schnittpunkt S durchläuft i. A. eine cubische Raumcurve k^3, welche die Axen dieser Büschel zu Sehnen hat. Nun wird aber die Sehnencongruenz von k^3 aus zwei beliebigen Punkten S, S' dieser Raumcurve durch collineare Bündel projicirt (II. Abth. Seite 196), und zwar jede Sehne g_i durch zwei homologe Ebenen α, α', welche zu einem jener Ebenenbüschel und damit zu einem und demselben Raume Σ_i des Bündels $|\Sigma_2|$ gehören. Die Mittelpunkte S, S' dieser Bündel können als zwei ganz beliebige Punkte betrachtet werden; wir erhalten demnach den Satz:

„Die homologen Ebenen der ∞^2 collinearen Räume von $|\Sigma_2|$ „bilden ∞^3 collineare (zu $|\Sigma_2|$ projective) Bündel, deren Ge„sammtheit $|S_3|$ ein linearer Bündelcomplex heissen möge; „die homologen Ebenen dieser Bündel aber bilden die ∞^2 col„linearen Räume von $|\Sigma_2|$, indem sie zu je einem der Räume ge„hören. Jeder Punkt S ist Mittelpunkt eines Bündels von $|S_3|$. „Zwei beliebige der collinearen Bündel erzeugen i. A. die Sehnen„congruenz einer cubischen Raumcurve k^3 und bestimmen eine „in $|S_3|$ enthaltene Bündelreihe $|S_1|$, welche k^3 zur Ordnungs„curve hat. Die Sehnen dieser Ordnungscurve von $|\Sigma_2|$ und „$|S_3|$ sind homologe Gerade der Räume von $|\Sigma_2|$, und die Curve „wird auch durch eine Congruenz $|u_2|$ homologer Ebenenbüschel „der Räume erzeugt.“

Ist also S einer der ∞^3 collinearen Bündel und sind α, α' zwei Ebenen von S, so bilden diese mit den homologen Ebenen der übrigen Bündel zwei collineare Räume von $|\Sigma_2|$, in denen α und α' einander entsprechen. Wenn α' den Bündel S beschreibt, so beschreibt der zugehörige Raum Σ' den Raumbündel $|\Sigma_2|$; dreht sich α' um einen Strahl u von S, so beschreiben die homologen Ebenen in den übrigen ∞^3 Bündeln von $|S_3|$ projective Ebenenbüschel, und der Raum Σ' beschreibt folglich in $|\Sigma_2|$ einen Raumbüschel $|\Sigma_1|$, welcher den Complex jener Ebenenbüschel erzeugt (Seite 124). Jedem Ebenenbüschel von S entspricht auf diese Weise ein Raumbüschel von $|\Sigma_2|$. Zugleich ergiebt sich:

„Der Raumbündel $|\Sigma_2|$ enthält jeden durch zwei seiner Räume „bestimmten Raumbüschel $|\Sigma_1|$. Er ist deshalb durch je drei „seiner collinearen Räume, die in keinem Raumbüschel liegen, „ebenso bestimmt, wie durch die zuerst angenommenen Räume „Σ, Σ_1, Σ_2. Zwei in $|\Sigma_2|$ enthaltene Raumbüschel haben alle„mal einen ihrer collinearen Räume gemein;“

und zwar entspricht dieser Raum der Ebene, welche die entsprechenden beiden Ebenenbüschel von S mit einander gemein haben.

Der lineare Bündelcomplex $|S_3|$ und der Raumbündel $|\Sigma_2|$ erzeugen sich gegenseitig, oder „ruhen auf einander" und „tragen oder stützen sich." Denn die collinearen Gebilde einer jeden dieser Mannigfaltigkeiten bestehen aus homologen Ebenen der Gebilde der anderen. Der Complex $|S_3|$ ist auf jeden Raum Σ von $|\Sigma_2|$ eindeutig, oder wie wir sagen dürfen, projectiv bezogen; nämlich einer beliebigen Ebene α von Σ entspricht der Bündel von $|S_3|$, welchen α mit den homologen Ebenen der übrigen Räume von $|\Sigma_2|$ bildet. Den ∞^4 Ebenenbüscheln und den ∞^3 Bündeln von Σ entsprechen die ∞^4 Bündelreihen $|S_1|$ und die ∞^3 Bündelnetze $|S_2|$ von $|S_3|$. Weil zwei resp. drei Bündel des Raumes Σ einen Ebenenbüschel resp. eine Ebene gemein haben, so haben zwei resp. drei Bündelnetze von $|S_3|$ allemal eine Bündelreihe resp. einen Bündel gemein. Ebenso haben ein Bündelnetz und eine Bündelreihe von $|S_3|$ allemal einen gemeinsamen Bündel, und zwar einen einzigen, wenn nicht das Netz die Reihe enthält. Jedes Netz $|S_2|$ von $|S_3|$ erzeugt ein Netz $|P_2|$ homologer Bündel der collinearen Räume von $|\Sigma_2|$ (vgl. Seite 58); seine cubische Ordnungsfläche enthält die Mittelpunkte der Bündel beider Netze und möge eine „Ordnungsfläche von $|S_3|$ und $|\Sigma_2|$" heissen. Also:

„Jede cubische Ordnungsfläche F^3 des Raumbündels $|\Sigma_2|$ und „des Bündelcomplexes $|S_3|$ verbindet ∞^2 homologe Punkte der „Räume von $|\Sigma_2|$ und ist zugleich die Ordnungsfläche eines „Bündelnetzes $|S_2|$ von $|S_3|$."

Nach dem Vorhergehenden enthält der Complex $|S_3|$ jede Bündelreihe, welche durch zwei, und jedes Bündelnetz, welches durch beliebige drei seiner ∞^3 collinearen Bündel bestimmt ist, und jede Reihe hat mit jedem Netze von $|S_3|$ einen Bündel gemein. Daraus folgt:

„Der lineare Bündelcomplex $|S_3|$ ist nebst dem Raumbündel $|\Sigma_2|$ „bestimmt durch je vier seiner collinearen Bündel S, S_1, S_2, „S_3, die in keinem Bündelnetze liegen."

Er besteht nämlich aus den ∞^3 collinearen Bündeln der Reihen, welche die ∞^2 Bündel des Netzes $(S\,S_1 S_2)$ mit dem Bündel S_3 bestimmen.

Um von der gegenseitigen Lage der cubischen Ordnungsflächen und Ordnungscurven von $|S_3|$ und $|\Sigma_2|$ eine bessere Anschauung zu gewinnen, wollen wir den Raum Π, welchen die

Mittelpunkte der ∞^3 Bündel von $|S_3|$ bilden, in folgender Weise auf einen Punktraum Π_1 projectiv beziehen oder auf ihm „abbilden“. Wir beziehen Π_1 reciprok auf die collinearen Räume $\Sigma, \Sigma_1, \Sigma_2, \ldots$ des Raumbündels $|\Sigma_2|$; jedem Punkte A_1 von Π_1 entsprechen dann in den ∞^2 Räumen von $|\Sigma_2|$ die Ebenen $\alpha, \alpha_1, \alpha_2, \ldots$ eines Bündels von $|S_3|$, zugleich aber entspricht ihm in Π der Mittelpunkt S dieses Bündels. Umgekehrt entsprechen dem beliebigen Punkte S von Π, wenn wir ihn zu den collinearen Räumen $\Sigma, \Sigma_1, \Sigma_2, \ldots$ rechnen, in dem reciproken Raume Π_1 die ∞^2 Ebenen des zu S homologen Punktes A_1, und wenn S den Raum Π durchläuft, so beschreiben diese Ebenen die ∞^2 collinearen und zu Π reciproken Räume eines Raumbündels. Die projective Beziehung der Räume Π und Π_1 ist demnach eine wechselseitig eindeutige. Wenn von den homologen Punkten A_1 von Π_1 und S von Π der eine eine Gerade oder Ebene durchläuft, so beschreibt der andere eine cubische Raumcurve oder Fläche. Hieraus und aus den vorhergehenden Sätzen ergiebt sich:

„Der Raum Π, welchen die Mittelpunkte der Bündel von $|S_3|$ „bilden, ist auf dem Raume Π_1 Punkt für Punkt so abgebil„det, dass die ∞^3 cubischen Ordnungsflächen F^3 und die ∞^4 „cubischen Ordnungscurven k^3 von $|S_3|$, die wir zu Π rechnen, „den ∞^3 Ebenen φ_1 und den ∞^4 Geraden k_1 von Π_1 ent„sprechen. Den Ebenen und Geraden von Π entsprechen ebenso „in Π_1 cubische Flächen und Raumcurven. Jede Ordnungscurve „k^3 in Π ist zu der entsprechenden Geraden k_1 von Π_1 projec„tiv. Jede Ordnungsfläche F^3 in Π ist auf der entsprechenden „Ebene φ_1 von Π_1 in der Weise abgebildet, dass ihren ∞^2 Ord„nungscurven k^3 die ∞^2 Geraden von φ_1 entsprechen.“

Wir nennen diese projective Beziehung der beiden Punkträume Π, Π_1 eine „cubische Verwandtschaft“*). Zu jedem Punkte des einen Raumes kann der entsprechende des anderen construirt werden, sobald drei beliebige collineare Räume $\Sigma, \Sigma_1, \Sigma_2$ von $|\Sigma_2|$ und deren reciproke Beziehung zum Raume Π_1 gegeben sind. Als Ordnungscurven und Ordnungsflächen von Π oder Π_1 bezeichnen wir die cubischen Raumcurven und Flächen dieser Räume, welche den Geraden und Ebenen von Π_1 resp. Π entsprechen. Eine be-

*) Unabhängig von der Polarentheorie hat zuerst Cremona (in Crelle's Journal für Mathematik Bd. 68 S. 72—75) diese Verwandtschaft begründet; später Nöther (Math. Annalen Bd. 3 S. 552) und R. Sturm (Math. Ann. 19 S. 480).

liebige dieser Ebenen enthält i. A. höchstens sechs Hauptpunkte, denen auf der homologen Ordnungsfläche alle Punkte je eines Hauptstrahles entsprechen (Seite 79), während den übrigen Punkten der Ebene nur je ein Punkt der Ordnungsfläche entspricht. Also:

„Jeder der beiden Räume Π, Π_1 enthält i. A. unendlich viele „Hauptpunkte, denen je ein Hauptstrahl des andern Raumes „entspricht. Der Ort dieser Hauptpunkte ist eine Raumcurve „sechster Ordnung k^6 oder k_1^6, die Kerncurve von Π resp. Π_1. „Jedem Hauptpunkte von Π_1 entspricht in dem linearen Bündel-„Complexe $|S_3|$ ein ausgearteter Bündel, nämlich ein Ebenen-„büschel, dessen Axe ein Hauptstrahl von Π ist. In jedem „Hauptstrahle von Π schneiden sich also ∞^2 homologe Ebenen „der Räume von $|\Sigma_2|$“ (vgl. Seite 80).

Weil eine Ebene von Π oder Π_1 mit jedem Hauptstrahle dieses Raumes einen Punkt gemein hat, so enthält ihre homologe Ordnungsfläche den entsprechenden Hauptpunkt des anderen Raumes. Also:

„Die cubischen Ordnungsflächen des Raumes Π oder Π_1 gehen „alle durch die Kerncurve k^6 resp. k_1^6 dieses Raumes. Je zwei „oder drei dieser Flächen schneiden sich ausserdem in einer „cubischen Ordnungscurve resp. in einem Punkte;“

denn die ihnen entsprechenden Ebenen schneiden sich in einer Geraden resp. in einem Punkte. Weil drei beliebige Punkte von Π_1 oder Π durch eine Ebene, zwei Punkte aber durch eine Gerade verbunden werden können, so ergiebt sich:

„Die Kerncurve k^6 oder k_1^6 kann mit drei beliebigen Punkten „und ebenso mit drei beliebigen Hauptstrahlen von Π resp. Π_1 „durch eine cubische Ordnungsfläche dieses Raumes, und mit „zwei Punkten oder einer cubischen Ordnungscurve des Raumes „durch einen Büschel cubischer Flächen verbunden werden.“

Jede cubische Ordnungsfläche F^3 des Raumes Π ist zugleich die Ordnungsfläche eines Bündelnetzes von $|S_3|$, und die Bündel dieses Netzes schicken ∞^2 homologe Ebenen durch jeden Punkt von F^3. Nun gehen aber alle Ordnungsflächen von Π durch die Kerncurve k^6; die Bündel des linearen Bündelcomplexes $|S_3|$ schicken folglich ∞^3 homologe Ebenen durch jeden Punkt H von k^6, und der Raum, welchen diese Ebenen in dem Raumbündel $|\Sigma_2|$ bilden, artet aus in den Bündel H. Also:

„Die Kerncurve k^6 ist der Ort der Punkte, in welchen je ∞^3

„homologe Ebenen der Bündel von $|S_3|$ sich schneiden; sie wird „durch beliebige vier dieser collinearen Bündel erzeugt. Jeder „Punkt H von k^6 ist von einem ausgearteten Raume des Raum- „bündels $|\Sigma_2|$ der Doppel- oder Mittelpunkt.“

Umgekehrt liegt auf k^6 der Mittelpunkt jedes Bündels, in welchen ein Raum von $|\Sigma_2|$ ausartet, weil die Bündel von $|S_3|$ homologe Ebenen durch ihn schicken, und weil er folglich auf allen cubischen Ordnungsflächen von $|S_3|$ liegt. Insbesondere ergiebt sich (Seite 125):

„Die Kerncurve k^6 ist den Haupttetraëdern der ∞^2 Raumbüschel „von $|\Sigma_2|$ umschrieben.“

Sei h_1 ein Hauptstrahl von Π_1 und H der entsprechende Hauptpunkt von Π. Jedem Punkte A_1 von h_1 entsprechen dann in den zu Π_1 reciproken Räumen Σ, Σ_1, Σ_2 drei homologe Ebenen α, α_1, α_2, die in H sich schneiden; und wenn A_1 den Hauptstrahl h_1 durchläuft, so beschreiben α, α_1 und α_2 drei projective Ebenenbüschel, deren Axen durch H gehen und einander entsprechen. Da nun Σ, Σ_1, Σ_2 drei beliebige Räume von $|\Sigma_2|$ sind, so ergiebt sich:

„Von den ∞^2 collinearen Räumen des Raumbündels $|\Sigma_2|$ gehen „homologe Strahlen durch jeden Punkt H der Kerncurve k^6; „zugleich ist H der Mittelpunkt von ∞^1 Bündeln des linearen „Bündelcomplexes $|S_3|$.“

Im Allgemeinen kommt A_1 auf h_1 dreimal in solche Lage, dass α, α_1 und α_2 in einer Geraden sich schneiden (I. Abth. Seite 129), und auf h_1 liegen folglich i. A. drei Hauptpunkte von Π_1, denen drei durch H gehende Hauptstrahlen von Π entsprechen. In diese drei Hauptstrahlen zerfällt die Ordnungscurve von Π, welche dem Hauptstrahle h_1 von Π_1 entspricht. Also:

„Die Hauptstrahlen von Π_1 (und ebenso die von Π) haben mit „der Kerncurve k_1^6 (resp. k^6) dieses Raumes je drei Punkte ge- „mein, sind also Doppelsehnen der Curve. Einem beliebigen „Punkte der einen Kerncurve entspricht allemal eine Doppel- „sehne der anderen. Durch den Punkt gehen i. A. drei Dop- „pelsehnen der ersteren Kerncurve, welche zusammen eine Ord- „nungscurve bilden, und welchen auf der letzteren Kerncurve „drei Punkte der homologen Doppelsehne entsprechen.“

Weil den Punkten eines Hauptstrahles ein und derselbe Hauptpunkt entspricht, und weil jeder Punkt, welchem mehrere Punkte entsprechen, ein Hauptpunkt ist, so ergiebt sich:

„Zwei incidente Hauptstrahlen von Π oder Π_1 schneiden sich

„in einem Hauptpunkte dieses Raumes; dem Hauptpunkte ent-
„spricht in Π_1 resp. Π die Verbindungslinie der beiden Haupt-
„punkte, welche den incidenten Hauptstrahlen entsprechen."

Die Fläche (achter Ordnung) der Doppelsehnen von k^6 oder k_1^6 hat demnach keine anderen mehrfachen Punkte als die Punkte der Kerncurve; durch diese aber geht sie dreimal.

Die ∞^2 collinearen Räume von $|\Sigma_2|$ schicken ∞^2 homologe Ebenen durch jeden Hauptstrahl h von Π (Seite 130). Daraus folgt:

„Die Doppelsehnen h der Kerncurve k^6 sind die Axen je eines
„ausgearteten Bündels von $|S_3|$ und gemeinsame Strahlen der
„∞^2 tetraëdralen quadratischen Strahlencomplexe, welche die
„∞^2 Raumbüschel $|\Sigma_1|$ des Raumbündels $|\Sigma_2|$ durch die homo-
„logen Ebenen ihrer Räume erzeugen."

Die vier Hauptpunkte eines solchen Raumbüschels $|\Sigma_1|$ können mit jeder Ordnungscurve k^3 von $|\Sigma_2|$ und $|S_3|$ durch eine geradlinige Fläche zweiter Ordnung verbunden werden. Denn in den ∞^1 collinearen Bündeln von $|S_3|$, welche die k^3 erzeugen, entsprechen dem Raumbüschel $|\Sigma_1|$ homologe Ebenenbüschel (Seite 128); diese aber erzeugen zu zweien jene Fläche zweiter Ordnung. Wir schliessen daraus:

„Die ∞^2 Flächen zweiter Ordnung, welche durch eine cubische
„Ordnungscurve k^3 von $|\Sigma_2|$ gehen, schneiden die Kerncurve k^6
„in den Hauptpunktquadrupeln der ∞^2 Raumbüschel von $|\Sigma_2|$.
„Dasselbe gilt von den ∞^2 Kegeln zweiter Ordnung, welche
„durch drei, in einem Punkte von k^6 sich schneidende Doppel-
„sehnen dieser Kerncurve gelegt werden können;"

denn in diese drei Doppelsehnen zerfällt ja eine Ordnungscurve von $|\Sigma_2|$.

Durch die Hauptpunktquadrupel und die Doppelsehnen von k^6 sind die zugehörigen tetraëdralen Strahlencomplexe und Raumbüschel $|\Sigma_1|$ bestimmt (vgl. Seite 6). Auch der Raumbündel $|\Sigma_2|$ ist deshalb durch die Kerncurve k^6 bestimmt, mit ihm aber auch der Bündelcomplex $|S_3|$.

Enthält eine Gerade f von Π einen Hauptpunkt H dieses Raumes, so zerfällt die ihr entsprechende Ordnungscurve von Π_1 in den homologen Hauptstrahl h_1 und einen zu f projectiven Kegelschnitt f_1^2. Der Ebene φ_1 von f_1^2 entspricht in Π eine cubische Fläche F^3, diese aber hat mit den Ebenen von f ausser der Geraden f noch Kegelschnitte gemein, denen in φ_1 die Strahlen eines

Hauptpunktes H_1 entsprechen (Seite 81); durch die von H_1 verschiedenen Hauptpunkte der Ebene φ_1 geht der Kegelschnitt f_1^2. Den Strahlen f', f'', ... von H, die mit f in irgend einer Ebene λ liegen, entsprechen auf der zugehörigen Ordnungsfläche L_1^3 von Π_1 Kegelschnitte, deren Ebenen φ_1', φ_1'' ... alle durch eine Gerade l_1 von L_1^3 gehen; und zwar entspricht l_1 dem in λ liegenden Kegelschnitte l^2 der Fläche F^3, geht also durch den Hauptpunkt H_1. Also:

„Den Geraden f eines beliebigen Hauptpunktes H von Π ent- „sprechen in Π_1 Kegelschnitte, deren Ebenen φ_1 alle durch „einen Hauptpunkt H_1 von Π_1 gehen; den Geraden l_1 von H_1 „entsprechen ebenso Kegelschnitte in Π, deren Ebenen λ durch „H gehen. Wird jeder dieser Geraden f und l_1 die Ebene φ_1 „resp. λ des entsprechenden Kegelschnittes zugewiesen, so wer- „den die beiden Bündel H, H_1 reciprok. Je zwei einander ent- „sprechende Punkte der Räume Π und Π_1 werden aus H und „H_1 durch conjugirte Strahlen dieser reciproken Bündel pro- „jicirt."

„Die beiden Kerncurven k^6 und k_1^6 sind demnach Punkt für „Punkt eindeutig auf einander bezogen. Zugleich ist jedem „Punkte H von k^6 eine Doppelsehne h dieser Kerncurve zu- „gewiesen; dieselbe entspricht dem homologen Punkte H_1 von „k_1^6. In gleicher Weise sind die Punkte und Doppelsehnen „von k_1^6 paarweise einander zugewiesen."

Projicirt die Gerade f von H einen zweiten Hauptpunkt H von Π, so zerfällt f^2 in den entsprechenden Hauptstrahl h_1' von Π_1 und eine Sehne f_1 von k_1^6; die Ebene φ_1 verbindet in diesem Falle h_1' und f_1 mit H_1. Also:

„In den reciproken Bündeln H, H_1 entsprechen einander die „Strahlen und Ebenen, welche aus H die Punkte von k^6 und „aus H_1 die homologen Doppelsehnen von k_1^6 projiciren. Die „Doppelsehnen von k_1^6 werden aus dem beliebigen Punkte H_1 „dieser Kerncurve durch die Ebenen eines Kegels fünfter Classe „projicirt; dieser ist dem Kegel fünfter Ordnung reciprok, „durch welchen k^6 aus H projicirt wird. Den drei Doppel- „strahlen des letzteren Kegels entsprechen drei doppelt berüh- „rende Ebenen des ersteren."

Die Doppelsehne h_1 von k_1^6, welche dem Punkte H von k^6 entspricht, wird von drei paar anderen Doppelsehnen in je einem Punkte von k_1^6 geschnitten. Diese Doppelsehnenpaare entsprechen den drei Punktepaaren, welche die Kerncurve k^6 mit ihren durch H gehenden drei Doppelsehnen ausser H gemein hat, und werden aus H_1 durch die eben erwähnten drei Doppelebenen des Kegels fünfter Classe projicirt. Beiläufig folgt:

„Die drei paar Doppelsehnen von k_1^6, welche eine beliebige „Doppelsehne h_1 dieser Kerncurve schneiden, liegen in drei „Ebenen des entsprechenden Punktes H_1 von k_1^6."

Fünfzehnter Vortrag.

Bündel von Flächen zweiter Ordnung.

Zu einem wichtigen Specialfalle der cubischen Raumverwandtschaft gelangen wir mit Hülfe von drei räumlichen Polarsystemen, die in keinem Büschel liegen. Bezüglich dieser Polarsysteme hat jeder Punkt A' drei Polarebenen α, α_1, α_2; er ist dem Schnittpunkte A dieser Ebenen dreifach conjugirt. Wenn der Punkt A' einen Raum Π' durchläuft, so beschreiben seine Polarebenen drei collineare, zu Π' reciproke Räume Σ, Σ_1, Σ_2; zugleich beschreibt ihr Schnittpunkt A einen zu Π' cubisch verwandten Raum Π (Seite 129). Uebrigens liegen die beiden Punkträume Π und Π' involutorisch; denn die drei Polarebenen von A schneiden sich in A', und jedem der beiden Punkte A, A' von Π' entspricht der andere in Π.

Von den drei collinearen Räumen Σ, Σ_1, Σ_2 bestimmen die beiden ersteren einen Raumbüschel $|\Sigma_1|$, dessen ∞^1 collineare Räume alle zu Π' reciprok sind. Diese ∞^1 Räume liegen ebenso wie Σ und Σ_1 zum Raume Π' involutorisch und bilden mit Π' einen Büschel räumlicher Polarsysteme (Seite 16, 17). Jeder Raum von $|\Sigma_1|$ bestimmt mit Σ_2 wiederum einen Büschel collinearer Räume, die zu Π' reciprok sind und mit Π' einen Büschel räumlicher Polarsysteme bilden. Ueberhaupt bestimmen Σ, Σ_1 und Σ_2 einen Bündel $|\Sigma_2|$ collinearer Räume, diese Räume aber sind alle zu Π' reciprok und bilden mit Π' einen „Bündel räumlicher Polarsysteme." Die Gesammtheit der Ordnungsflächen dieser ∞^2 Polarsysteme nennen wir einen Bündel oder ein Netz von Flächen zweiter Ordnung F^2, oder kürzer einen „F^2-Bündel". Die Räume von $|\Sigma_2|$ erzeugen durch ihre homologen Ebenen einen Complex $|S_3|$ von ∞^3 collinearen Bündeln, die aus den Polarebenen je eines Punktes von Π' bestehen. Es gelten demnach die Sätze:

„Drei Flächen zweiter Ordnung, die nicht in einem F^2-Büschel „liegen, bestimmen einen F^2-Bündel. Der F^2-Bündel besteht aus „∞^2 Flächen zweiter Ordnung und enthält jeden durch zwei seiner „Flächen gehenden F^2-Büschel; er ist bestimmt durch je drei „seiner Flächen, die nicht in einem F^2-Büschel liegen. Einem „beliebigen Punkte A' ist bezüglich des F^2-Bündels, d. h. be- „züglich aller seiner Flächen, ein Punkt A conjugirt; die Polar- „ebenen von A' bezüglich dieser Flächen bilden den Bündel A. „Die Polaren beliebiger Punkte A', B', C' . . . bezüglich der „einzelnen Flächen des F^2-Bündels sind homologe Ebenen col- „linearer Bündel A, B, C, . . ., die in einem linearen Bündel- „complexe $|S_3|$ enthalten sind. Der F^2-Bündel ist auf jeden „Bündel A von $|S_3|$ projectiv bezogen, und zwar entspricht „jeder seiner Flächen die Polare von A' bezüglich der Fläche, „jedem seiner F^2-Büschel also ein Ebenenbüschel erster Ord- „nung von A."

Weil zwei Ebenenbüschel erster Ordnung von A allemal eine Ebene gemein haben, so ergiebt sich:

„Zwei in dem F^2-Bündel enthaltene F^2-Büschel haben allemal „eine Fläche gemein, nämlich die reelle oder imaginäre Ord- „nungsfläche eines reellen räumlichen Polarsystemes."

Zu jedem Punkte A' kann der conjugirte Punkt A construirt werden, wenn irgend drei in keinem F^2-Büschel liegende Flächen des Bündels gegeben sind. Wenn die drei Flächen einen Punkt gemein haben, so ist dieser sich selbst conjugirt und liegt auf allen Flächen des Bündels.

„Alle durch sieben gegebene Punkte oder durch eine cubische „Raumcurve gehenden Flächen zweiter Ordnung bilden demnach „einen F^2-Bündel. Die Flächen eines nicht speciellen F^2-Bün- „dels haben höchstens acht Punkte gemein, von denen jeder „durch die sieben übrigen eindeutig bestimmt ist" (Seite 21).

Ich habe diese Punkte acht „associirte Punkte" genannt; sie sind die „Knotenpunkte" oder „Basispunkte" des F^2-Bündels, und bilden dessen „Basis". Eine cubische Raumcurve ist die „Knotenlinie" oder „Basis" eines speciellen F^2-Bündels. Die ersten Polaren der Punkte einer Ebene bezüglich einer cubischen

Fläche bilden einen F^2-Bündel (vgl. Seite 99); wir werden aber sehen, dass dieser Bündel kein allgemeiner ist. Die acht Eckpunkte eines Parallelepipedon sind associirt und bilden die Basis eines speciellen F^2-Bündels, welcher sechs Ebenenpaare enthält.

„Bezüglich eines F^2-Bündels sind den Punkten einer beliebigen Geraden k oder Ebene φ die Punkte einer cubischen „Ordnungscurve k^3 resp. Ordnungsfläche F^3 des zugehörigen „Bündelcomplexes $|S_3|$ conjugirt. Die reciproken Polaren der „Geraden k bezüglich der Flächen des F^2-Bündels sind die „Sehnen der Raumcurve k^3. Die Pole der Ebene φ bezüglich „dieser Flächen und insbesondere die Mittelpunkte aller Kegel „des Bündels liegen auf der Ordnungsfläche F^3."

Nämlich die Polaren der Punkte von k oder φ bezüglich der Flächen des F^2-Bündels bilden die collinearen Bündel einer Reihe $|S_1|$ resp. eines Netzes $|S_2|$ von $|S_3|$ und erzeugen die Ordnungscurve k^3 resp. Ordnungsfläche F^3. Die homologen Polaren jener Punkte aber schneiden sich in je einer Sehne von k^3 resp. in je einem Punkte von F^3, und zwar ist jene Sehne die Polare von k, und dieser Punkt der Pol von φ in Bezug auf eine Fläche des F^2-Bündels. — Rückt die Ebene φ in das Unendliche, so ergiebt sich:

„Die Mittelpunkte der Flächen des F^2-Bündels liegen auf einer „cubischen Fläche. Diese enthält alle Punkte, deren conju-„girte unendlich fern liegen, und halbirt deshalb die 28 Ver-„bindungslinien der acht Knotenpunkte des F^2-Bündels."

Durch den beliebigen Punkt A' gehen von dem Bündel A seiner Polaren die Ebenen des Büschels AA'; diese Ebenen aber berühren in A' die ihnen entsprechenden Flächen des F^2-Büschels. Also:

„Durch einen beliebigen Punkt A' gehen unendlich viele Flächen „des F^2-Bündels, und zwar bilden sie einen F^2-Büschel, dessen „Grundcurve in A' von der Geraden $A'A$ berührt wird."

Durch jeden nicht auf der Grundcurve liegenden Punkt B geht eine einzige Fläche des Büschels; dieselbe geht, wenn B auf $A'A$ liegt, durch diese Gerade. Also:

„Zwei beliebige Punkte A', B können durch eine und i. A. nur „durch eine Fläche des F^2-Bündels verbunden werden. Durch „jede Gerade, welche zwei conjugirte Punkte A, A' verbindet, „geht eine Fläche des Bündels."

Durch eine beliebige Fläche F_1^2 des F^2-Bündels gehen einfach unendlich viele F^2-Büschel desselben; diese Büschel verbinden F_1^2 mit den ∞^1 Flächen eines beliebigen F^2-Büschels des

Bündels. Die Fläche F_1^2 wird demnach von den übrigen Flächen des Bündels nicht in ∞^2, sondern nur in ∞^1 Raumcurven vierter Ordnung geschnitten. Für die auf F_1^2 liegenden Geraden aber ergiebt sich (vgl. Seite 32):

„Der F^2-Bündel wird von jeder Geraden, die auf einer seiner „Flächen liegt und durch keinen Knotenpunkt geht, in einer „Punktinvolution geschnitten. Die Doppelpunkte der Involu-„tion sind conjugirt bezüglich des F^2-Bündels."

Da alle durch einen Punkt A gehenden Flächen des Bündels einen F^2-Büschel bilden, so sind ihre durch A gehenden Geraden lauter Sehnen der Grundcurve dieses Büschels. Jede Sehne dieser Curve liegt auf einer Fläche des Büschels (Seite 19); und weil die Curve aus A durch einen Kegel dritter Ordnung projicirt wird (Seite 77), so ergiebt sich:

„Die Geraden der Flächen des F^2-Bündels bilden einen „Strahlencomplex dritten Grades, welcher die Strahlen aller „Knotenpunkte des F^2-Bündels enthält. Die Verbindungslinien „der Knotenpunkte sind Doppelstrahlen des Complexes. Der Com-„plex enthält die Verbindungslinien conjugirter Punkte."

Von einer beliebigen Ebene φ wird der F^2-Bündel in einem Kegelschnittnetze geschnitten, dessen Strahlenpaare auf den die Ebene berührenden Flächen des Bündels liegen. Bekanntlich liegen die Berührungspunkte auf einer Curve c^3 dritter Ordnung, die Strahlenpaare aber umhüllen eine Curve dritter Classe (I. Abth. Seite 238). In c^3 wird die Ebene φ von der cubischen Fläche geschnitten, deren Punkte den Punkten von φ conjugirt sind. Die Punkte von c^3 sind paarweise conjugirt bezüglich des F^2-Bündels.

„Die Mittelpunkte aller in einem F^2-Bündel enthaltenen „Kegel zweiter Ordnung liegen im Allgemeinen in einer Raum-„curve k^6 sechster Ordnung. In dieser **Kerncurve** des F^2-„Bündels schneiden sich die cubischen Ordnungsflächen F^3 des „zugehörigen Bündelcomplexes $|S_3|$."

Nämlich den Punkten von zwei beliebigen Ebenen φ und γ sind hinsichtlich des F^2-Bündels die Punkte von zwei cubischen Ordnungsflächen F^3 und G^3 conjugirt, welche jene Mittelpunkte und alle den Schnittpunkten von φ und γ conjugirten Punkte mit einander gemein haben (Seite 136). Die letzteren Punkte liegen auf einer cubischen Raumcurve; die vollständige Schnittlinie von F^3 und G^3 aber ist eine Raumcurve neunter Ordnung (Seite 78), und zerfällt in diese cubische Raumcurve und die im Satze genannte

Raumcurve k^6 sechster Ordnung. Jedem Punkte der letzteren, welche, wenn F^3 und G^3 sich längs einer Linie berühren, auf eine Curve von niedrigerer Ordnung sich reducirt, ist ein Punkt von φ und zugleich ein anderer Punkt von γ conjugirt, und damit die Verbindungslinie beider Punkte; woraus folgt:

„Jedem Punkte Q der Kerncurve k^6 sind hinsichtlich des F^2-„Bündels alle Punkte einer Geraden q conjugirt; und wenn „irgend einem Punkte Q eine Gerade q conjugirt ist, so liegt „er auf der Kerncurve.“

Bewegt sich auf dieser Geraden q ein Punkt P, so beschreiben seine Polaren in Bezug auf irgend drei Flächen des Bündels drei projective Ebenenbüschel, deren Axen durch Q gehen. Im Allgemeinen kommt deshalb P dreimal in solche Lage, dass seine Polaren durch eine und dieselbe Gerade gehen (I. Abth. Seite 129), d. h. es liegen auf q im Allgemeinen drei Punkte von k^6, und deren conjugirte Geraden gehen durch Q. Wir wollen die Gerade q eine „Doppelsehne“ von k^6 nennen, und erhalten den Satz:

„Bezüglich des F^2-Bündels ist jedem Punkte der Kerncurve k^6 „eine Doppelsehne der Curve conjugirt. Auf der Doppelsehne „liegen im Allgemeinen drei Punkte von k^6 und durch den „Punkt von k^6 gehen im Allgemeinen drei Doppelsehnen dieser „Curve.“

Zwei bezüglich des F^2-Bündels conjugirte Punkte sind auch bezüglich aller in dem Bündel enthaltenen Kegel zweiter Ordnung conjugirt. Wir schliessen daraus:

„Die Paare conjugirter Punkte werden aus einem beliebigen „Punkte P der Kerncurve k^6 durch Paare conjugirter Strahlen „eines polaren Bündels projicirt, dessen Ordnungskegel in dem „F^2-Bündel liegt. Die Punkte von k^6 und die ihnen conjugir-„ten Doppelsehnen werden aus P durch Strahlen des polaren „Bündels und durch deren Polarebenen projicirt.“

Auf k^6 liegt jeder Punkt, dessen Polaren in Bezug auf irgend zwei Flächen des F^2-Bündels zusammenfallen; denn nimmt man eine dritte Fläche des Bündels hinzu, so ergiebt sich sofort, dass dem Punkte alle Punkte einer Geraden conjugirt sind.

„Der Kerncurve k^6 ist demnach das gemeinschaftliche Polte-„traëder von je zwei Flächen des F^2-Bündels eingeschrieben; „die Ebenen dieses Tetraëders gehen durch je eine Doppelsehne „von k^6, welche dem gegenüberliegenden Eckpunkte conjugirt ist.“

Der Kerncurve k^6 können i. A. keine Pentaëder eingeschrieben werden, wie der besonderen Kerncurve C^6, welche in Bezug auf eine cubische Fläche zu einer Ebene π gehört (vgl. Seite 107). Die ersten Polaren der Punkte einer Ebene bezüglich einer cubischen Fläche bilden deshalb einen speciellen F^2-Bündel.

Die cubische Fläche F^3, deren Punkte den Punkten einer beliebigen Ebene φ conjugirt sind bezüglich des F^2-Bündels, enthält i. A. sechs Doppelsehnen der Kerncurve k^6; dieselben entsprechen den sechs Schnittpunkten von φ mit k^6. Der Verbindungslinie von zwei dieser sechs Punkte entspricht auf F^3 eine Gerade (Seite 81); den Punkten einer Sehne der Kerncurve sind also die Punkte einer Geraden, und zwar einer anderen Sehne, conjugirt.

Wir wollen zu dem F^2-Bündel auch die ∞^2 Grundcurven seiner F^2-Büschel rechnen; diese Curven haben die Knotenpunkte des Bündels mit einander gemein, und durch jeden anderen Punkt P geht eine von ihnen (Seite 136). Liegt der Punkt P auf der Kerncurve k^6, so wird die durch ihn gehende Grundcurve aus ihm durch einen Kegel des F^2-Bündels projicirt und hat P zum Doppelpunkte. Im Falle von acht reellen Knotenpunkten zerfallen 28 Grundcurven in je eine cubische Raumcurve durch sechs und eine Gerade durch die zwei übrigen Knotenpunkte. Diese 28 zerfallenden Grundcurven haben je zwei Doppelpunkte (Seite 21) und werden aus ihnen durch Kegel des F^2-Bündels projicirt; die 28 Verbindungslinien der acht Knotenpunkte des F^2-Bündels sind demnach Sehnen seiner Kerncurve k^6.

Ein F^2-Büschel enthält i. A. vier Kegel (Seite 35). Daraus folgt:

„Die Polaren eines beliebigen Punktes bezüglich der Kegel des
„F^2-Bündels umhüllen einen Kegel vierter Classe.“

Derselbe ist, beiläufig gesagt, kein specieller; er hat i. A. 28 Doppelstrahlen, welche dem Punkte in Bezug auf die 28 zerfallenden Grundcurven des Bündels conjugirt sind.

Unter den speciellen F^2-Bündeln ist derjenige von besonderem Interesse, dessen Flächen sich in einer Geraden g schneiden. Von drei beliebigen Flächen dieses Bündels schneidet jede die beiden übrigen in g und in zwei cubischen Raumcurven, welche g zur gemeinschaftlichen Sehne, und folglich im Allgemeinen und höchstens vier Punkte G mit einander gemein haben (II. Abth. Seite 200). Daraus folgt:

„Der specielle F^2-Bündel, dessen Flächen durch eine Gerade g
„gehen, hat ausser den Punkten von g im Allgemeinen und

„höchstens vier Knotenpunkte G, die auf allen seinen Flächen „liegen."

Weil zwei beliebige Punkte im Allgemeinen durch eine einzige Fläche des F^2-Bündels verbunden werden können, und weil andererseits durch neun Punkte, von denen drei auf g liegen, eine und im Allgemeinen nur eine (die Gerade g enthaltende) Fläche zweiter Ordnung gelegt werden kann, so ergiebt sich:

„Die Flächen zweiter Ordnung, welche eine Gerade g mit vier „beliebig ausserhalb g angenommenen Punkten G verbinden, bil„den einen speciellen F^2-Bündel; derselbe enthält vier Ebenen„paare."

Von jedem der vier Ebenenpaare geht die eine Ebene durch drei der vier Punkte G und die andere durch die Gerade g und den vierten Punkt G. Die Kerncurve dieses speciellen Bündels zerfällt in die vier Schnitt- oder Doppellinien dieser Ebenenpaare und die zweimal zu zählende Gerade g. Jeder Punkt von g ist Mittelpunkt eines Kegels des F^2-Bündels.

Sechzehnter Vortrag.

Das F^2-Gebüsch, seine projective Beziehung auf ein räumliches System und die Steiner'sche Fläche vierter Ordnung.

Vier Flächen zweiter Ordnung, welche nicht in einem F^2-Bündel liegen, bestimmen ein „F^2-Gebüsch" oder Gebüsch von Flächen zweiter Ordnung. Nämlich je zwei Flächen zweiter Ordnung, welche mit drei der gegebenen in einem F^2-Bündel liegen, bestimmen mit der vierten einen neuen F^2-Bündel, dessen sämmtliche Flächen wir zu dem F^2-Gebüsche rechnen. Jeder dieser durch die vierte Fläche gehenden F^2-Bündel hat demnach mit dem Bündel, welchen die übrigen drei Flächen bestimmen, einen F^2-Büschel gemein; letzterer aber hat mit jedem F^2-Büschel, welcher in dem einen oder anderen Bündel enthalten ist, eine Fläche zweiter Ordnung gemein (Seite 135). Der F^2-Bündel, welchen die vierte Fläche mit irgend zwei Flächen des F^2-Gebüsches bestimmt, enthält folglich auch Flächen des F^2-Bündels, welcher die anderen drei gegebenen Flächen verbindet, und gehört somit zu dem F^2-Gebüsche. Daraus folgt:

„Das F^2-Gebüsch Σ enthält jeden F^2-Büschel, welcher irgend „zwei seiner Flächen verbindet, also auch jeden F^2-Bündel, „welcher durch beliebige drei seiner Flächen bestimmt ist. Es „enthält dreifach unendlich viele Flächen zweiter Ordnung, und „ist durch je vier seiner Flächen, die in keinem F^2-Bündel „liegen, ebenso wie durch die zuerst angenommenen vier Flächen „bestimmt. Ein F^2-Büschel und ein F^2-Bündel des Gebüsches „haben allemal eine seiner Flächen mit einander gemein."

Das F^2-Gebüsch, welchem die ersten Polaren aller Punkte bezüglich einer cubischen Fläche angehören (Seite 99), ist ein specielles; denn die Doppellinien seiner zehn Ebenenpaare bilden die Kanten eines Pentaëders (Seite 120), was bei dem allgemeinen F^2-Gebüsche nicht der Fall ist.

Wenn zwei Punkte in Bezug auf die gegebenen vier Flächen zweiter Ordnung conjugirt sind, so sind sie hinsichtlich des F^2-Gebüsches, d. h. in Bezug auf alle seine Flächen conjugirt (Seite 135). Wenn insbesondere ein Punkt auf den ersten vier Flächen liegt, also sich selbst conjugirt ist, so gehen durch ihn alle Flächen des F^2-Gebüsches. Beispielsweise bilden alle durch sechs beliebige Punkte gehenden Flächen zweiter Ordnung ein specielles F^2-Gebüsch. Die sehr speciellen F^2-Gebüsche, in Bezug auf welche jeder Punkt des Raumes einem anderen Punkte oder sich selbst conjugirt ist, schliessen wir von unserer Untersuchung aus.

„Die Polaren beliebiger Punkte P, Q, R, . . . bezüglich der „einzelnen Flächen des F^2-Gebüsches sind homologe Ebenen „collinearer Räume";

vorausgesetzt, dass keiner dieser Punkte sich selbst oder einem anderen Punkte hinsichtlich des Gebüsches conjugirt ist. Beschreibt nämlich eine Fläche des Gebüsches einen F^2-Büschel oder F^2-Bündel, so beschreiben die Polaren von P und Q bezüglich der Fläche zwei homologe Ebenenbüschel oder -Bündel der im Satze erwähnten collinearen Räume (vgl. Seite 135). Aus diesem Satze folgt ohne Weiteres:

„Die Polaren einer Geraden PQ bezüglich der Flächen des Ge„busches bilden i. A. einen tetraëdralen quadratischen Strahlen„complex."

Jede Hauptebene dieses Complexes ist die Polare von PQ bezüglich eines Kegels, welcher in dem Gebüsch enthalten ist und dessen Mittelpunkt auf PQ liegt.

Weist man jeder Fläche des F^2-Gebüsches die Polare von P bezüglich derselben als entsprechende Ebene zu, so ergiebt sich:

„Das F^2-Gebüsch Σ ist auf ein räumliches System Σ_1 projectiv „so bezogen, dass jeder seiner Flächen eine Ebene von Σ_1 „entspricht und jedem seiner F^2-Büschel ein zu ihm projectiver „Ebenenbüschel erster Ordnung von Σ_1. Jeder Raumcurve $C^{2 \cdot 2}$ „vierter Ordnung, in welcher zwei Flächen des Gebüsches sich „schneiden, entspricht in Σ_1 eine Gerade als Schnittlinie der „homologen beiden Ebenen; jeder Gruppe von acht associirten „Punkten, in welchen drei beliebige Flächen des Gebüsches sich „schneiden, entspricht in Σ_1 der Schnittpunkt der entsprechen-„den drei Ebenen."

Umgekehrt entspricht einer beliebigen Geraden von Σ_1 im Allgemeinen eine biquadratische Raumcurve $C^{2 \cdot 2}$ des F^2-Gebüsches, einem beliebigen Punkte von Σ_1 aber eine Gruppe von acht associirten Punkten; doch sind diese acht Schnittpunkte dreier Flächen des Gebüsches und jene Raumcurve nicht immer reell. Auch die Flächen des Gebüsches, welche den Ebenen von Σ_1 entsprechen, können zum Theil durch räumliche Polarsysteme vertreten sein, die keine reellen Ordnungsflächen haben.

Durch einen beliebigen Punkt S gehen unendlich viele Flächen des Gebüsches, nämlich von jedem seiner F^2-Büschel eine; diese Flächen aber bilden einen F^2-Bündel und ihnen entsprechen im Raume Σ_1 die Ebenen eines Strahlenbündels S_1. Also:

„Einem im F^2-Gebüsche Σ beliebig angenommenen Punkte S „und seinen associirten Punkten entspricht allemal ein Punkt „S_1 des Raumes Σ_1. Zwei Gruppen associirter Punkte können „durch eine Raumcurve vierter Ordnung erster Art verbunden „werden, weil die entsprechenden beiden Punkte von Σ_1 auf „einer Geraden liegen; ebenso sind drei Gruppen associirter „Punkte allemal auf einer Fläche des Gebüsches enthalten. „Drei beliebige Punkte können im Allgemeinen durch eine „einzige Fläche des Gebüsches verbunden werden; derselben „entspricht die Verbindungs-Ebene der homologen drei Punkte „von Σ_1."

Die Strahlenbündel S und S_1 sind, wie sofort einleuchtet, collinear, wenn jeder Ebene oder Geraden von S_1 die Berührungsebene oder Tangente der ihr entsprechenden Fläche oder Raumcurve in S zugewiesen wird; nur wenn der Punkt S sich selbst associirt ist, tritt eine Ausnahme ein, weil dann diese Tangenten zusammenfallen. Daraus folgt:

„Unendlich kleine homologe Raumtheile von Σ und Σ_1 sind „collinear, falls der Raumtheil von Σ keinen sich selbst asso„ciirten Punkt enthält.“

Wenn ein Punkt A eine Gerade u beschreibt, so beschreiben seine Polaren in Bezug auf vier beliebige Flächen des F^2-Gebüsches vier projective Ebenenbüschel; im Allgemeinen kommt deshalb der Punkt viermal in solche Lage, dass seine vier Polaren sich in einem und demselbem Punkte A' schneiden (II. Abth. Seite 201). Wenn einem Punkte bezüglich eines in dem Gebüsche enthaltenen F^2-Bündels eine Gerade conjugirt ist, so ist ihm hinsichtlich des F^2-Gebüsches ein Punkt der Geraden conjugirt. Hieraus ergiebt sich:

„Die Punkte, welche paarweise conjugirt sind hinsichtlich des „F^2-Gebüsches, liegen auf einer Fläche K^4 vierter Ordnung. „Die Fläche enthält die Kerncurven aller in dem Gebüsche ent„haltenen F^2-Bündel (Seite 138), also auch die Mittelpunkte „aller Kegel des F^2-Gebüsches. Sie wird nach Jacob Steiner „die Kernfläche des Gebüsches genannt.“

Weil ein F^2-Büschel im Allgemeinen und höchstens vier Kegel enthält, so umhüllen die Polarebenen des beliebigen Punktes P bezüglich aller Kegel des F^2-Gebüsches eine Fläche vierter Classe; oder:

„Den Kegeln des F^2-Gebüsches entsprechen in dem Raume Σ_1 „die Berührungs-Ebenen einer Fläche Φ^4 vierter Classe; diese „ist eindeutig auf die Kernfläche K^4 bezogen, indem jeder Be„rührungs-Ebene von Φ^4 der Mittelpunkt M des zugehörigen „Kegels auf K^4 entspricht.“

Wir können zeigen, dass Φ^4 von der Berührungs-Ebene in demjenigen Punkte M_1 des Raumes Σ_1 berührt wird, welcher dem Punkte M des F^2-Gebüsches entspricht, dass also jedem Punkte der Kernfläche K^4 nicht nur eine Berührungsebene von Φ^4, sondern zugleich deren Berührungspunkt in Σ_1 entspricht. Nämlich einer beliebigen Geraden g_1 der Berührungsebene entspricht auf dem zugehörigen Kegel des Gebüsches eine Raumcurve vierter Ordnung; diese aber hat den Punkt M zum Doppelpunkt und schneidet in ihm zweimal die Kernfläche K^4, wenn g_1 durch M_1 geht. In diesem Falle hat also g_1 mit der Fläche von Σ_1, welche der Kernfläche des Gebüsches entspricht, zwei im M_1 sich vereinigende Punkte gemein, und berührt sie in M_1.

Zugleich aber ist g als Schnittlinie von zwei unendlich nahe benachbarten Berührungsebenen der Fläche Φ^4 aufzufassen, weil von den vier Kegeln zweiter Ordnung, welche durch die entsprechende Raumcurve gehen, zwei sich vereinigen (vgl. Seite 36). Und da M der Mittelpunkt dieser beiden zusammenfallenden Kegel ist, so wird Φ^4 in dem entsprechenden Punkte M_1 von g_1 und der zugehörigen Ebene des Raumes Σ_1 berührt. Damit ist der Satz bewiesen:

„Den Punkten der Kernfläche K^4 entsprechen in dem Raume „Σ_1 die Punkte der Fläche Φ^4 vierter Classe.“

Jede Verbindungs-Gerade s von zwei associirten Punkten des F^2-Gebüsches nenne ich einen „Hauptstrahl“ des Gebüsches. Den beiden associirten Punkten entspricht im Raume Σ_1 ein und derselbe Punkt P_1, einem beliebigen dritten Punkte von s entspricht in Σ_1 ein Punkt Q_1, und der Geraden s_1 von Σ_1, welche P_1 mit Q_1 verbindet, entspricht folglich in dem F^2-Gebüsche eine Raumcurve vierter Ordnung, welche mit s drei Punkte gemein hat, also in s und eine cubische Raumcurve zerfällt. Also:

„Jedem Hauptstrahle s des F^2-Gebüsches ist eine cubische Raum- „curve associirt, von welcher er eine Sehne ist; durch ihn geht „ein Büschel von Flächen des Gebüsches, und ihm entspricht „in dem Raume Σ_1 eine Gerade s_1.“

Einem beliebigen Ebenenbüschel von Σ_1, dessen Axe mit s_1 keinen Punkt gemein hat, entspricht ein F^2-Büschel des Gebüsches; der F^2-Büschel aber wird von s in einer Punkt-Involution geschnitten, deren Punktepaare den einzelnen Punkten von s_1 entsprechen. Daraus folgt:

„Die Hauptstrahlen des F^2-Gebüsches sind Träger von Punkt- „Involutionen, deren Punktepaare aus je zwei associirten Punkten „bestehen; sie werden von den Flächen des Gebüsches in eben „diesen Punktepaaren geschnitten. Die beiden sich selbst asso- „ciirten Doppelpunkte einer solchen Involution sind conjugirt „hinsichtlich des F^2-Gebüsches und liegen folglich auf der „Kernfläche K^4. Alle Flächen des Gebüsches, welche durch „einen sich selbst associirten Punkt gehen, berühren in ihm „den Hauptstrahl, welcher den Punkt mit seinem conjugirten „verbindet.“

In dem später zu betrachtenden besonderen Falle, in welchem alle Flächen des Gebüsches einen Punkt mit einander gemein haben, machen übrigens die durch diesen Punkt gehenden Hauptstrahlen eine Ausnahme von diesen Sätzen. Aus dem vorhergehenden Beweise folgt noch:

„Jede Gerade s, welcher in Σ_1 eine Gerade s_1 entspricht, ist „ein Hauptstrahl des F^2-Gebüsches.“

Den durch s_1 gehenden Ebenen von Σ_1 entsprechen durch s gehende Flächen des F^2-Gebüsches, welche sich in dem Hauptstrahle s und der ihm associirten cubischen Raumcurve schneiden. Weil s eine Sehne dieser Raumcurve ist, so giebt es unter jenen Flächen im Allgemeinen zwei Kegel; diesen entsprechen zwei durch s_1 gehende Berührungs-Ebenen der Fläche Φ^4, deren Berührungspunkte beide auf s_1 liegen, weil sie den auf s liegenden Mittelpunkten der beiden Kegel entsprechen (Seite 144). Daraus folgt:

„Jedem Hauptstrahle s des F^2-Gebüsches entspricht in Σ_1 eine „Doppeltangente s_1 der Fläche Φ^4 vierter Classe.“

Der Satz ist umkehrbar, wenn die Tangenten von Φ^4 definirt werden als Schnittlinien unendlich nahe benachbarter Berührungs-Ebenen der Fläche.

Acht associirte Punkte des F^2-Gebüsches können zu zweien durch 28 Hauptstrahlen verbunden werden; diesen entsprechen 28 durch einen Punkt gehende Doppeltangenten der Fläche Φ^4. Durch einen auf Φ^4 liegenden Punkt M_1 gehen höchstens 22 Doppeltangenten der Fläche, weil von den acht entsprechenden associirten Punkten zwei in einem sich selbst associirten Punkte M zusammenfallen; sechs von diesen 22 Doppeltangenten liegen in der Ebene, welche in M_1 die Fläche Φ^4 berührt, und sind als sechs Paare unendlich nahe benachbarter Doppeltangenten aufzufassen; ihnen entsprechen sechs Strahlen eines Kegels des Gebüsches.

„Die Doppeltangenten der Fläche Φ^4 bilden demnach eine „Strahlencongruenz 28ster Ordnung (12ter Classe), und Φ^4 ist „nach Kummer's Bezeichnung die Brennfläche dieser Con„gruenz, d. h. der Ort aller Punkte und aller Ebenen, für welche „zwei Strahlen der Congruenz zusammenfallen.“

Durch einen beliebigen Punkt gehen höchstens sieben Hauptstrahlen des F^2-Gebüsches, weil dem Punkte höchstens sieben Punkte associirt sind.

„Jeder Geraden l im F^2-Gebüsche, welche keine associirten „Punkte verbindet, entspricht in Σ_1 ein zu l projectiver Kegel„schnitt λ_1.“

Legt man nämlich durch drei Punkte A_1, B_1, C_1 von Σ_1, deren entsprechende A, B, C auf l liegen, eine Ebene, so entspricht dieser eine durch l gehende Fläche des Gebüsches, und der Geraden l entspricht folglich eine in der Ebene liegende Linie λ_1. Beziehen wir aber zwei Ebenenbüschel, deren Axen beliebig durch A_1 und B_1 gelegt sind, so auf einander, dass in jedem dritten Punkte C_1 von λ_1 zwei homologe Ebenen sich schneiden, so sind die Büschel projectiv, weil die ihnen entsprechenden F^2-Büschel des Gebüsches dadurch perspectiv auf die Punktreihe l bezogen sind (Seite 33); demnach ist λ_1 ein zu l projectiver Kegelschnitt. In zwei Gerade kann λ_1 nicht zerfallen (Seite 145).

„Der einer Geraden l entsprechende Kegelschnitt λ_1 von Σ_1
„berührt die Fläche Φ^4 im Allgemeinen in vier Punkten M_1;
„diese entsprechen den vier Punkten M, welche die Kernfläche
„K^4 mit l gemein hat.“

Legt man nämlich durch einen dieser Punkte M eine beliebige Fläche des F^2-Gebüsches, so wird diese in M und einem zweiten Punkte N von l geschnitten, und ihr entspricht in Σ_1 eine Ebene, welche mit dem Kegelschnitt λ_1 zwei Punkte M_1 und N_1 gemein hat; ist aber jene Fläche ein Kegel mit dem Mittelpunkte M, so fällt N mit M zusammen, und die entsprechende Berührungs-Ebene von Φ^4 tangirt folglich den Kegelschnitt λ_1 in ihrem Berührungspunkte M_1. — Einer beliebigen Linie $\varkappa$ im F^2-Gebüsche, welche die Kernfläche K^4 in n Punkten schneidet, entspricht ebenso eine Linie $\varkappa_1$ in Σ_1, welche in den zugehörigen n Punkten die Fläche Φ^4 berührt; doch ist $\varkappa_1$ doppelt oder dreifach u. s. w. zu zählen, wenn die Punkte der Linie $\varkappa$ zu zweien oder dreien u. s. w. associirt sind, sodass z. B. jedem Hauptstrahle s des F^2-Gebüsches eine doppelt gelegte Gerade s_1 entspricht.

Wenn eine Fläche des F^2-Gebüsches in zwei Ebenen zerfällt, so liegt die Doppelgerade dieses Ebenenpaares auf der Kernfläche K^4. Denn jeder Punkt der Doppelgeraden ist Mittelpunkt eines in die beiden Ebenen zerfallenden Kegels des Gebüsches. Aus einer früheren Bemerkung (Seite 143) folgt ohne Weiteres:

„Jedem Ebenenpaare des F^2-Gebüsches entspricht in Σ_1 eine
„singuläre Berührungsebene der Fläche Φ^4; nämlich Φ^4 wird
„von dieser Ebene in allen Punkten des Kegelschnittes berührt,
„welcher der Doppelgeraden des Ebenenpaares entspricht.“

Wir wenden uns nunmehr zu der von Steiner entdeckten sog. „Römischen“ Fläche vierter Ordnung dritter Classe, welche mit der projectiven Beziehung des F^2-Gebüsches auf den Raum Σ_1 in nahem Zusammenhange steht. Wenn im F^2-Gebüsche ein Punkt sich stetig bewegt und irgend eine Curve oder Fläche beschreibt, so bewegt auch der entsprechende Punkt in Σ_1 sich stetig und beschreibt die entsprechende Curve oder Fläche von Σ_1.

„Einer im F^2-Gebüsche beliebig angenommenen Ebene φ „entspricht in Σ_1 eine Steiner'sche Fläche F_1^4 vierter Ord- „nung, welche doppelt unendlich viele Kegelschnitte enthält; „die Fläche ist eindeutig auf die Ebene φ bezogen, sodass jedem „Punkte von φ ein einziger Punkt von F_1^4, und umgekehrt „einem beliebigen Punkte von F_1^4 im Allgemeinen ein und nur „ein Punkt von φ entspricht.“ *)

Die Fläche F_1^4 hat nämlich mit einer beliebigen Geraden von Σ_1 höchstens vier Punkte gemein, weil die der Geraden entsprechende Raumcurve vierter Ordnung höchstens vier Punkte mit der Ebene φ gemein hat. Jeder Geraden l von φ aber entspricht ein auf F_1^4 liegender Kegelschnitt λ_1.

Den die Ebene φ berührenden Flächen des F^2 Gebüsches entsprechen in Σ_1 die Berührungsebenen der Fläche F_1^4. Durch eine beliebige Gerade s_1 gehen aber im Allgemeinen höchstens drei Berührungsebenen**) von F_1^4, weil ein beliebiger F^2-Büschel im Allgemeinen höchstens drei die Ebene φ berührende Flächen enthält (Seite 18). Also:

„Die Steiner'sche Fläche F_1^4 vierter Ordnung ist von der „dritten Classe.“

Ist l irgend eine Gerade von φ, und λ_1 der ihr entsprechende Kegelschnitt von F_1^4, so hat die Ebene von λ_1 im Allgemeinen noch einen zweiten Kegelschnitt λ'_1 mit F_1^4 gemein; denn ihr entspricht im F^2-Gebüsche eine geradlinige Fläche zweiter Ordnung, welche mit der Ebene φ die Gerade l und folglich noch eine

*) Dieselbe Abbildung der Steiner'schen Fläche auf einer Ebene wurde von Clebsch (in Crelle's Journal 67) aus ihren Gleichungen und von Cremona (Rendiconti del R. Istituto Lombardo IV, 1867) aus gewissen Eigenschaften der Fläche abgeleitet.

**) Diese Berührungsebenen sind alle drei reell, wenn s_1 mit F_1^4 entweder vier reelle oder vier imaginäre Punkte gemein hat; denn der zu s_1 gehörige F^2-Büschel hat mit φ einen Kegelschnittbüschel gemein, dessen Poldreieck in diesen beiden Fällen reell ist, und drei seiner Flächen berühren φ in den Eckpunkten dieses Dreiecks.

Gerade l' gemein hat und von φ im Punkte ll' berührt wird. Also:

„Die Steiner'sche Fläche F_1^4 wird von den Ebenen, in „welchen ihre Kegelschnitte paarweise liegen, in je einem ge- „meinschaftlichen Punkte dieser Kegelschnitte berührt. Die „Tangenten der beiden Kegelschnitte in diesem Punkte oscu- „liren in ihm die Steiner'sche Fläche und sind Haupttangenten „der Fläche."

Weil alle diese Kegelschnitte λ_1, λ'_1 die Fläche Φ^4 im Allgemeinen in je vier Punkten berühren (Seite 146), so ergiebt sich:

„Die Steiner'sche Fläche F_1^4 berührt die Fläche Φ^4 vierter „Classe längs einer Raumcurve (achter Ordnung), welche der „Schnittlinie der Ebene φ und der Kernfläche K^4 des Gebüsches „entspricht."

Dem Punkte B_1, in welchem F_1^4 von der Ebene der Kegelschnitte λ_1 und λ'_1 berührt wird, entspricht in φ der Schnittpunkt B der Geraden l und l'; jedem anderen gemeinschaftlichen Punkte U_1 der Kegelschnitte λ_1 und λ'_1 entsprechen zwei verschiedene Punkte U und U' der Geraden l und l'. Diese beiden Punkte U, U' sind associirte Punkte des F^2-Gebüsches, und dem sie verbindenden Hauptstrahle entspricht in Σ_1 eine Gerade, durch deren Punkte die Fläche F_1^4 zweimal hindurchgeht. Die Kegelschnitte λ_1 und λ'_1 haben ausser B_1 höchstens drei Punkte mit einander gemein; also:

„Die beliebige Ebene φ enthält höchstens drei Hauptstrahlen „des F^2-Gebüsches und mindestens einen reellen Hauptstrahl; „die von den Hauptstrahlen gebildete Congruenz ist demnach „von der dritten Classe und der siebenten Ordnung."

Wenn in φ drei reelle Hauptstrahlen liegen, so sind deren Schnittpunkte drei associirte Punkte; denn jedem dieser Schnittpunkte O sind in den beiden durch ihn gehenden Hauptstrahlen zwei Punkte associirt, deren Verbindungslinie ebenfalls ein Hauptstrahl ist und mit dem dritten Hauptstrahle der Ebene zusammenfallen muss.

„Die Steiner'sche Fläche F_1^4 enthält folglich mindestens eine „und höchstens drei Doppelpunkts-Gerade; dieselben schneiden „sich in einem dreifachen Punkte O_1 der Fläche."

Den ebenen Schnittlinien der Steiner'schen Fläche F_1^4 entsprechen in der Ebene φ Kegelschnitte, welche mit den in φ liegenden Hauptstrahlen je zwei associirte Punkte gemein haben;

diese Kegelschnitte liegen auf den Flächen des F^2-Gebüsches, welche den Ebenen der Schnittlinien entsprechen (vgl. Seite 144). Auch die Geraden l, l' von φ, welche irgend zwei in einer Berührungsebene liegenden Kegelschnitten λ_1, λ'_1 von F_1^4 entsprechen, haben mit jedem in φ liegenden Hauptstrahle zwei associirte Punkte A, A' gemein; und wenn l sich um A dreht, so muss l' sich um A' drehen. Nun werden aber zwei beliebige dieser Geraden l' durch den Strahlenbüschel A projectiv auf einander bezogen; die ihnen entsprechenden, durch einen Doppelpunkt A_1 gehenden Kegelschnitte λ'_1 von F_1^4 werden folglich durch die Kegelschnitte λ_1 und deren Ebenen projectiv auf einander bezogen. Daraus folgt:

„Die Berührungsebenen der Steiner'schen Fläche, welche eine „ihrer Doppelpunkts-Geraden in irgend einem Punkte A_1 schnei- „den, bilden einen Ebenenbüschel zweiter Ordnung."

Dieser Ebenenbüschel ist sowohl zu dem Strahlenbüschel A als auch zu A' projectiv. Die beiden von l und l' beschriebenen Strahlenbüschel A, A' sind also ebenfalls projectiv; sie erzeugen einen Kegelschnitt, dessen Punkten die Berührungspunkte jener Ebenen auf F_1^4 entsprechen.

Wenn der Punkt A sich selbst associirt ist, so fällt A' mit ihm zusammen; die projectiven Strahlenbüschel A, A' von φ sind in diesem Falle concentrisch, und haben im Allgemeinen zwei Strahlen entsprechend gemein. In jedem dieser beiden Strahlen wird die Ebene φ von einem Kegel des F^2-Gebüsches berührt; in den Punkten des entsprechenden Kegelschnittes wird deswegen F_1^4 von einer Berührungsebene der Fläche Φ^4 tangirt. Daraus, und weil die in φ liegenden Hauptstrahlen je zwei sich selbst associirte Punkte enthalten, ergiebt sich:

„Die Steiner'sche Fläche F_1^4 hat im Allgemeinen vier sin- „guläre Berührungsebenen, von welchen sie in den Punkten „je eines Kegelschnittes berührt wird; den Ebenen entsprechen „vier die Ebene φ berührende Kegel des F^2-Gebüsches."

Die vier singulären Berührungsebenen sind imaginär, wenn die sich selbst associirten Punkte irgend eines in φ liegenden Hauptstrahles imaginär sind. Enthält die Ebene φ drei reelle Hauptstrahlen und sind deren drei paar sich selbst associirten Punkte reell, so bilden letztere die drei paar Gegenpunkte eines vollständigen Vierseits; die vier Kegel aber, welche den singulären

Berührungsebenen von F_1^4 entsprechen, berühren φ längs der Seiten dieses Vierseits.

Durch einen beliebigen Punkt P der Ebene φ gehen i. A. zwei dem Vierseit eingeschriebene Kegelschnitte $\varkappa$, $\varkappa'$ (I. Abth. Seite 150); diese werden in P von zwei Geraden l, l' berührt, welche je zwei Gegenpunkte des Vierseits harmonisch trennen und folglich die drei Hauptstrahlen von φ in drei paar associirten Punkten schneiden. Den Geraden l, l' entsprechen deshalb zwei in einer Berührungsebene liegende Kegelschnitte λ_1, λ'_1 der Steiner'schen Fläche F_1^4 (Seite 149); diese schneiden sich in dem zu P homologen Berührungspunkte P_1 der Ebene, und ihre Tangenten in P_1 berühren die Fläche F_1^4 dreipunktig in P_1. Wenn P den Kegelschnitt $\varkappa$ beschreibt und also l ihn einhüllt, so beschreibt P_1 auf F_1^4 eine biquadratische Raumcurve, welche von dem veränderlichen Kegelschnitt λ_1 in P_1 berührt wird und deren Tangenten die Fläche F_1^4 dreipunktig berühren oder „osculiren“ (vgl. Seite 61); diese Raumcurve ist deshalb eine sogenannte „asymptotische“ (Dupin) oder „Haupttangentencurve“ von F_1^4. Also:

„Die Haupttangentencurven der Steiner'schen Fläche F_1^4 werden „in der Ebene φ dargestellt durch die Kegelschnitte $\varkappa$, welche „dem vorhin erwähnten Vierseit eingeschrieben sind. Sie tan-„giren deshalb die Berührungskegelschnitte der vier singulären „Berührungsebenen von F_1^4 und sind von der vierten Ordnung „zweiter Art“ (Clebsch und Cremona).

Die Kegelschnitte $\varkappa$ stützen sich, beiläufig gesagt, auf das lineare Kegelschnittsystem dritter Stufe, in welchem das F^2-Gebüsch von φ geschnitten wird (I. Abth. Seite 229).

Von jeder durch eine ihrer Doppelpunkts-Geraden u_1 gelegten Ebene wird die Steiner'sche Fläche in einem Punkte von u_1 berührt und zugleich in u_1 und einer durch den dreifachen Punkt O_1 gehenden Curve zweiter Ordnung geschnitten. Der Ebene entspricht nämlich eine Fläche des F^2-Gebüsches, welche durch den entsprechenden Hauptstrahl u geht und folglich die Ebene φ in einem Punkte von u berührt, indem sie dieselbe in u und einer anderen Geraden schneidet.

Projicirt man die Steiner'sche Fläche aus ihrem dreifachen Punkte O_1 durch einen Strahlenbündel, so entspricht jedem Strahle des Bündels der Punkt von φ, dessen entsprechenden der Strahl projicirt. Jeder Geraden l von φ entspricht in dem Bündel O_1

ein zu l projectiver Kegel zweiter Ordnung, welcher durch die Doppelpunkts-Geraden von F_1^4 geht; jedem Strahlenbüschel von O_1 entspricht ein Kegelschnitt von φ, welcher durch die Schnittpunkte O der in φ liegenden Hauptstrahlen geht. Daraus kann man schliessen:

„Die Steiner'sche Fläche wird aus ihrem dreifachen Punkte „durch einen Strahlenbündel projicirt, welcher auf die Ebene φ „quadratisch projectiv bezogen ist."

Die oben aufgestellte projective Beziehung zwischen dem F^2-Gebüsche und dem Raume Σ_1 führt noch zu anderen Flächen vierter Ordnung. So entspricht jeder in Σ_1 angenommenen Fläche zweiter Ordnung L_1^2 eine Fläche vierter Ordnung L^4 in dem F^2-Gebüsche; denn L^4 hat mit einer Geraden ebenso viele Punkte gemein, wie L_1^2 mit dem entsprechenden Kegelschnitte von Σ_1, also höchstens vier, wenn die Gerade nicht ganz auf L^4 liegt. Einer Ebene, welche L_1^2 in einem Punkte berührt, entspricht eine Fläche des Gebüsches, welche L^4 in den entsprechenden acht associirten Punkten berührt. Die Fläche L_1^2 kann durch zwei reciproke Strahlenbündel erzeugt werden; ebenso kann L^4 auf unendlich viele Arten durch zwei reciproke F^2-Bündel des Gebüsches erzeugt werden, sodass jede Fläche des einen Bündels von der entsprechenden biquadratischen Raumcurve des anderen in associirten Punkten der Fläche L^4 geschnitten wird. Ist L_1^2 eine geradlinige Fläche, also Erzeugniss projectiver Ebenenbüschel, so kann L^4 auf unendlich viele Arten durch zwei projective F^2-Büschel erzeugt werden. Ist insbesondere L_1^2 ein Kegel zweiter Ordnung, so entsprechen dessen Mittelpunkte im Allgemeinen acht conische Doppelpunkte auf der Fläche L^4.

„Zwei projective F^2-Büschel erzeugen im Allgemeinen eine „Fläche L^4 vierter Ordnung; diese enthält zwei Schaaren von „Raumcurven vierter Ordnung. Zwei beliebige Raumcurven der „einen oder der anderen Schaar sind allemal die Grundcurven „von zwei projectiven F^2-Büscheln, welche die Fläche L^4 erzeugen."

Der Beweis ergiebt sich ohne Weiteres aus dem Vorhergehenden, wenn man berücksichtigt, dass zwei F^2-Büschel durch ein F^2-Gebüsch verbunden werden können. Da L^4 von einer beliebigen Ebene in einer Curve vierter Ordnung geschnitten wird, so ergiebt sich beiläufig:

„Zwei projective Kegelschnittbüschel, die in einer Ebene liegen,

„erzeugen im Allgemeinen eine Curve vierter Ordnung; diese „kann auf unendlich viele Arten durch projective Kegelschnitt-„büschel erzeugt werden.“

Siebenzehnter Vortrag.

Besondere Fälle des F^2-Gebüsches.

Wir wenden uns nunmehr dem besonderen Falle zu, in welchem alle Flächen des F^2-Gebüsches einen Punkt A oder auch mehrere Punkte mit einander gemein haben. Der gemeinschaftliche Punkt A gehört zu jeder Gruppe associirter Punkte; er ist jedem anderen Punkte des Gebüsches associirt und entspricht jedem Punkte des Raumes Σ_1.

„Jede durch A gehende Gerade s ist ein Hauptstrahl des „F^2-Gebüsches; ihr entspricht in Σ_1 eine zu s projective Ge-„rade s_1.“

Verbindet man nämlich zwei Punkte von Σ_1, welche irgend zwei Punkten von s entsprechen, durch eine Gerade s_1, so entspricht derselben im F^2-Gebüsche eine Raumcurve vierter Ordnung, die mit s drei Punkte gemein hat, also in s und eine cubische Raumcurve zerfällt; und bringt man s_1 zum Schnitt mit einem Ebenenbüschel von Σ_1, so wird s der Träger einer zu dem entsprechenden F^2-Büschel perspectiven und folglich zu s_1 projectiven Punktreihe.

Es giebt in s_1 einen Punkt A_1, welchem in s nur der Punkt A entspricht, und zwar doppelt, sodass jeder durch A_1 gehenden Ebene von Σ_1 eine den Hauptstrahl s in A berührende Fläche des F^2-Gebüsches entspricht. Zwei durch A gelegten Strahlen s entsprechen nur dann, wenn sie auf einer Fläche des Gebüsches liegen, zwei sich schneidende Gerade s_1; die Punkte A_1 dieser Geraden sind also im Allgemeinen von einander verschieden. Jeder Ebene von Σ_1, welche durch zwei der Punkte A_1 geht, entspricht eine Fläche des Gebüsches, welche die zugehörigen beiden Hauptstrahlen s und somit deren Ebene im Punkte A berührt; der Ebene α_1, welche beliebige drei der Punkte A_1 verbindet, entspricht demnach eine Fläche zweiter Ordnung, welche im Punkte

A drei verschiedene Berührungsebenen hat, also ein reeller oder imaginärer Kegel ist mit dem Mittelpunkte A. Daraus folgt:

„Die Punkte A_1 von Σ_1, welchen der gemeinschaftliche Punkt „A des F^2-Gebüsches doppelt entspricht, liegen in einer Ebene „α_1; der Ebene entspricht im Gebüsche ein Kegel zweiter Ord- „nung mit dem Mittelpunkte A.“

In einer beliebigen Ebene von Σ_1 liegen im Allgemeinen und höchstens zwei Gerade s_1, welchen durch A gehende Hauptstrahlen s des Gebüsches entsprechen; denn der Ebene entspricht eine Fläche des Gebüsches, auf welcher im Allgemeinen höchstens zwei dieser Strahlen s liegen. Weisen wir jedem Strahle s von A den Punkt der Ebene α_1 zu, welcher auf der entsprechenden Geraden s_1 von Σ_1 liegt, so entspricht jeder Geraden von α_1 eine Ebene von A, nämlich die gemeinschaftliche Berührungs-Ebene der Flächen zweiter Ordnung, welche den durch die Gerade gehenden Ebenen entsprechen. Daraus folgt:

„Die Doppeltangenten der Fläche Φ^4 vierter Classe, welche den „durch A gehenden Hauptstrahlen des F^2-Gebüsches entsprechen, „bilden eine Congruenz zweiter Classe, von welcher Φ^4 die „Brennfläche ist, und welche von der Ebene α_1 in einem zu „dem Strahlenbündel A collinearen Felde geschnitten wird.“

„Diese Congruenz ist von der $8 - n$ten Ordnung, wenn die „Flächen des Gebüsches ausser A noch $n - 1$ Punkte mit ein- „ander gemein haben.“

Zum Beweise dieses Zusatzes bemerken wir, dass einem beliebigen Punkte P_1 von Σ_1 im Allgemeinen höchstens acht associirte Punkte entsprechen, von welchen n auf allen Flächen des Gebüsches liegen; nur denjenigen Strahlen von A, welche durch die übrigen $8 - n$ Punkte gehen, entsprechen durch P gehende Strahlen der Congruenz.

Dem Kegel des F^2-Gebüsches, welcher A zum Mittelpunkt hat, entspricht in dem zum Bündel A collinearen Felde α_1 ein zu ihm projectiver Kegelschnitt, und seinen Strahlen entsprechen im Raume Σ_1 Strahlen des Feldes. Die Ebene α_1 ist demnach eine „singuläre“ Ebene der Congruenz zweiter Classe. Die in ihr enthaltenen Strahlen der Congruenz bilden im Allgemeinen einen Strahlenbüschel sechster Ordnung; nämlich eine beliebige Gerade von Σ_1 schneidet höchstens sechs von ihnen, weil die entsprechende Raumcurve vierter Ordnung mit dem Kegel A ausser seinem Mittelpunkte höchstens sechs Punkte gemein hat. Ein beliebiger

Strahl von A schneidet die Kernfläche K^4 ausser in A noch in den beiden Punkten, welche er mit der ihm associirten cubischen Raumcurve gemein hat; von diesen beiden Punkten aber fällt der eine mit A zusammen, wenn der Strahl und folglich auch die ihm associirte Raumcurve auf dem Kegel A des Gebüsches liegt. Daraus folgt:

„Der Punkt A ist ein conischer Knotenpunkt der Kernfläche „K^4 und sein Tangentenkegel ist eine Fläche des F^2-Gebüsches. „Die Ebene α_1 andererseits ist eine singuläre Berührungsebene „der Fläche Φ^4 vierter Classe; sie berührt diese Fläche in allen „Punkten des Kegelschnittes, welcher jenem Tangentenkegel in „dem Felde α_1 entspricht."

Während einem beliebigen Punkte der Kernfläche K^4 nur ein einziger Punkt von Φ^4 entspricht, haben alle Punkte dieses Kegelschnittes den Knotenpunkt A von K^4 zum entsprechenden Punkte.

„Einer beliebig durch den Punkt A gelegten Ebene φ entspricht in dem Raume Σ_1 eine geradlinige Fläche F_1^3 dritter „Ordnung; diese ist auf die Ebene φ eindeutig bezogen und „kann in Verbindung mit der Ebene α_1 als eine Steiner'sche „Fläche vierter Ordnung aufgefasst werden."

Die Fläche F_1^3 hat nämlich mit einer beliebigen Geraden von Σ_1 höchstens drei Punkte gemein, weil die entsprechende Raumcurve vierter Ordnung des F^2-Gebüsches höchstens drei von A verschiedene Punkte mit φ gemein hat. Wird φ durch Drehung eines Hauptstrahles s beschrieben, so beschreibt der entsprechende Strahl s_1 die Fläche F_1^3, indem er an einer Geraden u_1 der Ebene α_1 entlang gleitet; die Punktreihe u_1 ist projectiv zu dem von s beschriebenen Strahlenbüschel. Einer beliebigen Geraden l von φ entspricht auf F_1^3 ein zu l projectiver Kegelschnitt λ_1 (Seite 145), dessen Ebene durch eine der „Erzeugenden" s_1 von F_1^3 geht; dieser Ebene nämlich entspricht im F^2-Gebüsche eine Fläche zweiter Ordnung, welche mit φ die Gerade l und folglich noch eine durch A gehende Gerade s gemein hat. Die Ebene von λ_1 berührt die Fläche F_1^3 in dem einen Schnittpunkte von s_1 und λ_1, welchem der Punkt sl entspricht; dem anderen Schnittpunkte von s_1 und λ_1 entsprechen auf s und l zwei associirte Punkte, und der Verbindungslinie v der letzteren entspricht eine Doppelpunkts-Gerade v_1 der Fläche F_1^3. Da der in φ liegende Strahlenbüschel A von den übrigen Geraden l der Ebene φ in projectiven Punktreihen geschnitten wird, so ergiebt sich:

„Die Kegelschnitte λ_1 der geradlinigen Fläche F_1^3 werden durch „die Erzeugenden s_1 der Fläche projectiv auf einander und auf „die Punktreihe u_1 bezogen; die Fläche kann also durch u_1 „und einen zu u_1 projectiven Kegelschnitt erzeugt werden.“

Von dieser Erzeugungsart ausgehend haben wir die cubische Regelfläche bereits früher (I. Abth. Seite 209) besprochen. Wir beschränken uns deshalb hier auf wenige Bemerkungen. Durch die Ebenen des Büschels u_1 werden die Erzeugenden von F_1^3 und die Punkte aller auf F_1^3 liegenden Kegelschnitte involutorisch gepaart, sodass je zwei conjugirte Erzeugende resp. Punkte mit u_1 in einer Ebene liegen und erstere sich in einem Punkte der Doppelpunkts-Geraden v_1 schneiden. Zugleich werden die Strahlen des in φ liegenden Büschels A involutorisch so gepaart, dass je zwei conjugirte Strahlen desselben durch associirte Punkte von v gehen. Enthält die Punktinvolution v zwei reelle Doppelpunkte M, N, so entsprechen den Geraden AM und AN zwei „singuläre“ Erzeugende von F_1^3 und den Punkten M und N zwei „Cuspidalpunkte“. Die Fläche F_1^3 wird längs dieser singulären Erzeugenden von zwei Berührungsebenen der Fläche Φ^4 tangirt; die Berührungsebenen der Punkte einer anderen Erzeugenden s_1 dagegen bilden einen Ebenenbüschel s_1, welcher zu der Punktreihe der Berührungspunkte projectiv ist. Jede ebene Schnittlinie von F_1^3 wird in der Ebene φ durch einen Kegelschnitt dargestellt, welcher durch A geht und den Hauptstrahl v in zwei associirten Punkten schneidet.

Die Haupttangentencurven der cubischen Fläche F_1^3 sind, abgesehen von den Erzeugenden s_1, biquadratische Raumcurven zweiter Art wie die der Steiner'schen Fläche, von welcher F_1^3 ja eine Ausartung ist; sie werden in φ durch die Kegelschnitte dargestellt, welche in M und N die Geraden AM und AN berühren, und sie tangiren die beiden singulären Erzeugenden in den Cuspidalpunkten (Clebsch und Cremona). Wir übergehen den Beweis der Kürze wegen.

Weil die Fläche Φ^4 von den Erzeugenden s_1 und den Kegelschnitten λ_1 der Fläche F_1^3 im Allgemeinen in je zwei resp. je vier Punkten berührt wird (Seite 145, 146), so ergiebt sich:

„Die cubische Fläche F_1^3 berührt die Fläche Φ^4 vierter Classe „längs einer Raumcurve (sechster Ordnung), welche der Schnitt- „linie der Ebene φ und der Kernfläche K^4 entspricht.“

Wenn alle Flächen des F^2-Gebüsches durch zwei Punkte A, B gehen, deren Verbindungslinie c heissen möge, so entspricht den Punkten der Geraden c ein und derselbe Punkt C_1 des Raumes Σ_1. Denn wenn C_1 irgend einem von A und B verschiedenen Punkte der Geraden c entspricht, so gehen alle Flächen des F^2-Gebüsches, welche den durch C_1 gehenden Ebenen von Σ_1 entsprechen, durch die Gerade c. Diese Flächen bilden einen speciellen F^2-Bündel (vgl. Seite 139); sie haben ausser c im Allgemeinen und höchstens vier Punkte C mit einander gemein, welche einander und allen Punkten von c associirt sind und dem Punkte C_1 von Σ_1 entsprechen. Die vier Ebenenpaare, welche durch c und die vier Punkte C gelegt werden können, gehören zu diesem speciellen F^2-Bündel und damit auch zu dem F^2-Gebüsche; ihnen entsprechen in Σ_1 vier durch C_1 gehende singuläre Berührungs-Ebenen $\varkappa_1$ der Fläche Φ^4 (Seite 146). Die Punkte A und B sind conische Knotenpunkte der Kernfläche K^4 und Mittelpunkte von zwei durch c gehenden Kegeln des Gebüsches, welchen in Σ_1 zwei durch C_1 gehende singuläre Berührungsebenen α_1 und β_1 von Φ^4 entsprechen. Die Kernfläche K^4 geht durch die Gerade c, weil jeder Punkt von c der Mittelpunkt eines Kegels des Gebüsches ist (Seite 140); diesen Kegeln entsprechen in Σ_1 Ebenen, welche die Fläche Φ^4 im Punkte C_1 berühren, und C_1 ist deshalb ein Knotenpunkt von Φ^4.

Weil zwei beliebig durch A oder B gelegte Gerade des F^2-Gebüsches auf die ihnen in Σ_1 entsprechenden Geraden projectiv bezogen sind, so ergiebt sich sehr leicht:

„Einer durch die Gerade AB oder c gelegten Ebene φ entspricht im Allgemeinen eine Regelfläche F_1^2 zweiter Ordnung in Σ_1, welche eindeutig auf φ bezogen ist. Die beiden Regelschaaren von F_1^2 entsprechen den Strahlenbüscheln A und B von φ und sind zu ihnen projectiv; der Geraden c entsprechen zwei durch C_1 gehende und in α_1 und β_1 liegende Gerade von F_1^2, und einer beliebigen Geraden von φ entspricht auf F_1^2 ein durch C_1 gehender Kegelschnitt."

Der Büschel A wird nämlich von zwei beliebigen Geraden des Büschels B in projectiven Punktreihen geschnitten; die entsprechenden beiden Punktreihen von Σ_1 erzeugen die dem Büschel A entsprechende Regelschaar von F_1^2. — Die Fläche F_1^2 kann in Verbindung mit den Ebenen α_1 und β_1 als eine Steiner'sche Fläche vierter Ordnung aufgefasst werden; sie berührt die Fläche

Φ^4 längs einer (biquadratischen) Raumcurve, welche der Schnittlinie von φ mit der Kernfläche K^4 entspricht.

Der Ebene φ_1, welche die Fläche F_1^2 im Punkte C_1 berührt, entspricht eine Fläche des Gebüsches, die mit φ nur die Gerade c gemein hat, also ein von φ berührter Kegel ist. Wenn φ den Ebenenbüschel c beschreibt, so beschreibt φ_1 einen zu c projectiven Ebenenbüschel zweiter Ordnung; denn zwei beliebige Ebenen der Strahlenbündel A und B werden von dem Ebenenbüschel c in zwei perspectiven Strahlenbüscheln geschnitten, und da A auf α_1 und B auf β_1 collinear bezogen ist (Seite 153), so entsprechen diesen Büscheln in α_1 und β_1 zwei projective Punktreihen, deren Paare homologer Punkte auf den Ebenen jenes Büschels zweiter Ordnung liegen. Zu dem Büschel gehören insbesondere die singulären Berührungsebenen α_1, β_1 sowie die vier $\varkappa_1$, welche den durch c gehenden Ebenenpaaren des Gebüsches entsprechen. Hieraus und aus einer früheren Bemerkung folgt:

„Der Punkt C_1 von Σ_1, welcher der Geraden AB oder c „entspricht, ist ein conischer Knotenpunkt der Fläche Φ^4; die „Fläche wird in ihm von den Ebenen eines Büschels zweiter „Ordnung berührt, welcher auch die sechs singulären Berüh„rungsebenen α_1, β_1 und vier $\varkappa_1$ der Fläche enthält.“

Wir wollen jetzt annehmen, dass alle Flächen des F^2-Gebüsches einem Dreiecke umschrieben seien, in welchem den Eckpunkten A, B, C die resp. Seiten a, b, c gegenüberliegen. Diesen Seiten entsprechen in Σ_1 drei Punkte A_1, B_1, C_1, und der Verbindungs-Ebene $\triangle_1$ dieser drei Punkte entspricht im F^2-Gebüsche eine Fläche, welche durch a, b und c geht und folglich in die Ebene $\triangle$ des Dreiecks ABC und eine andere Ebene zerfällt. Jedem Punkte der Ebene $\triangle$ entspricht ein Punkt von $\triangle_1$, und umgekehrt; einer beliebigen Geraden l von $\triangle$ entspricht in $\triangle_1$ ein zu ihr projectiver Kegelschnitt λ_1, welcher durch A_1, B_1 und C_1 geht. Umgekehrt entspricht einer Geraden g_1 von $\triangle_1$ ein durch A, B und C gehender Kegelschnitt von $\triangle$, welcher in BC und eine durch A gehende Gerade g zerfällt, wenn g_1 durch A_1 geht. Die Strahlenbüschel A von $\triangle$ und A_1 von $\triangle_1$ sind projectiv und Scheine der projectiven Punktreihen l und λ_1, welche in $\triangle$ und $\triangle_1$ einander entsprechen. Ueberhaupt ergiebt sich:

„Die beiden Punktfelder $\triangle$ und $\triangle_1$ sind quadratisch ver„wandt; A, B, C sind die drei Hauptpunkte von $\triangle_1$, und A_1, „B_1, C_1 die zugehörigen drei Hauptpunkte von $\triangle_1$.“

Indem wir andere Specialfälle*) des F^2-Gebüsches theils übergehen, theils in den letzten Vortrag und in den Anhang verweisen, wenden wir uns nunmehr zu dem besonders interessanten Fall, in welchem alle Flächen des Gebüsches durch sechs beliebige Punkte gehen.

Achtzehnter Vortrag.

Die Strahlencongruenz zweiter Ordnung zweiter Classe und die Kummer'sche Fläche vierter Ordnung mit sechzehn Knotenpunkten.**)

Auf Grund der Ergebnisse der letzten beiden Vorträge wollen wir jetzt das specielle F^2-Gebüsch untersuchen, dessen Flächen einem räumlichen Sechseck *123456* oder *hiklmn* umschrieben sind. Weil durch drei beliebige Punkte im Allgemeinen eine Fläche des Gebüsches, und andererseits durch neun beliebige Punkte im Allgemeinen nur eine Fläche zweiter Ordnung hindurchgeht, so ergiebt sich:

„Jede durch die sechs Eckpunkte gehende Fläche zweiter Ord-„nung gehört zu dem F^2-Gebüsche."

Die Kernfläche K^4 enthält die Mittelpunkte aller durch die sechs Eckpunkte gehenden Kegel zweiter Ordnung; woraus folgt:

„Die Kernfläche K^4 des Gebüsches geht durch die fünfzehn „Kanten $\overline{ik}$ des Sechsecks und durch die zehn Doppellinien „seiner 10 paar Gegenebenen *hik*, *lmn*; sie enthält ausserdem „die Raumcurve dritter Ordnung k^3, welche dem Sechseck um-„schrieben werden kann."

Wir denken uns das F^2-Gebüsch wieder auf die früher (Seite 142) angegebene Art projectiv auf einen Raum Σ_1 bezogen. Der Punkt (0) von Σ_1, welcher einem beliebigen Punkte der Raum-

*) Man vergleiche wegen der hier übergangenen Specialfälle meine Abhandlung „über Strahlensysteme zweiter Classe und die Kummer'sche Fläche vierter Ordnung" in Crelle's Journal für d. r. u. a. Mathematik, Bd. 86.

**) Kummer, über die algebraischen Strahlensysteme, S. 52. (Abhandlungen der Berliner Akademie, math. Klasse, 1866.)

curve k^3 entspricht, muss dann allen Punkten von k^3 entsprechen, weil jeder durch (O) gelegten Ebene φ_1 von Σ_1 eine Fläche des Gebüsches entspricht, welche durch sieben und folglich durch alle Punkte von k^3 geht. Jedem durch (O) gehenden Strahle von φ_1 entspricht ausser k^3 eine auf dieser Fläche liegende Sehne, dem Strahlenbüschel (O) in φ_1 entspricht einen Sehnenschaar von k^3. Also:

„Die Punkte der cubischen Raumcurve k^3 sind associirte „Punkte des F^2-Gebüsches und entsprechen alle einem Punkte „(O) des Raumes Σ_1. Die Sehnencongruenz von k^3 ist auf den „Strahlenbündel (O) projectiv bezogen, und zwar so, dass die „collinearen Strahlenbündel, durch welche sie aus den Punkten „von k^3 projicirt wird, zu dem Bündel (O) reciprok sind."

Den Tangenten von k^3 entsprechen folglich im Bündel (O) die Strahlen eines Kegels zweiter Ordnung, und den durch k^3 gehenden Kegeln des Gebüsches, weil sie nur je eine Tangente von k^3 enthalten, die Berührungsebenen dieses Kegels (O). Auch leuchtet ein, dass die Tangenten und Punkte von k^3 auf die Strahlen und Berührungsebenen des Kegels (O) projectiv bezogen sind.

Jede Sehne von k^3 ist ein Hauptstrahl des F^2-Gebüsches und der Raumcurve k^3 associirt (Seite 144); sie schneidet die Flächen und insbesondere die zehn Ebenenpaare des Gebüsches in Punktepaaren einer Involution associirter Punkte. Hieraus ergiebt sich beiläufig die folgende Eigenschaft von acht Punkten einer cubischen Raumcurve k^3:

„Die zehn paar Gegenebenen eines der Raumcurve k^3 einge„schriebenen Sechsecks schneiden eine beliebige Sehne der Curve „in zehn Punktepaaren einer Involution, in welcher auch die „beiden Schnittpunkte von k^3 und der Sehne einander zuge„ordnet sind."

Dieser Satz erinnert an den Lehrsatz von Desargues (I. Abth. Seite 149). Die beiden sich selbst associirten Punkte der Sehne liegen auf der Kernfläche K^4 und sind conjugirt bezüglich aller Flächen des Gebüsches, also auch in Bezug auf k^3. Die Kernfläche K^4 wird folglich von den Sehnen der Curve k^3 in je vier harmonischen Punkten geschnitten, von den Tangenten dieser cubischen Raumcurve aber osculirt, sodass k^3 eine Haupttangentencurve von K^4 ist. Der Punkt (O) ist deshalb ein Knotenpunkt der Fläche Φ^4 vierter Classe, und sein Tangentenkegel ist der vorhin erwähnte Kegel zweiter Ordnung (O). Ausserdem hat Φ^4

noch fünfzehn Knotenpunkte (ik), welche den 15 Kanten $\overline{ik}$ des Sechsecks entsprechen (Seite 156).

Die Doppeltangenten der Fläche Φ^4, welche den Strahlen des Sechseck-Punktes *1* entsprechen, bilden eine Strahlencongruenz *I* zweiter Classe zweiter Ordnung (Seite 153). Die Congruenz enthält die Erzeugenden von doppelt unendlich vielen geradlinigen Flächen dritter Ordnung und kann auf fünf Arten durch ein gewöhnliche Regelschaar beschrieben werden, welcher ein Strahlenbüschel des Bündels *1* entspricht (Seite 156). Seine Brennfläche Φ^4 ist eine „Kummer'sche" Fläche vierter Classe mit 16 Knotenpunkten (0) und (ik); sie ist auf die Kernfläche K^4 eindeutig bezogen und von noch fünf anderen, gleichartigen Strahlencongruenzen *II*, *III*, *IV*, *V*, *VI*, welche den Strahlenbündeln *2*, *3*, *4*, *5*, *6* entsprechen, die Brennfläche. Sie wird von unendlich vielen Flächen zweiter Ordnung längs biquadratischer Raumcurven berührt, welche durch je acht von den 16 Knotenpunkten gehen; diese Flächen entsprechen den durch je eine Sechseckkante gehenden Ebenen (Seite 156) und enthalten je zwei Regelschaaren, die zu zwei der sechs Congruenzen gehören.

Diese sechs Congruenzen zweiter Ordnung zweiter Classe haben sechzehn gemeinschaftliche singuläre Ebenen; sechs dieser Ebenen (i) entsprechen den sechs Kegeln des Gebüsches, durch welche die Raumcurve k^3 aus den Eckpunkten $i = 1, 2, 3, 4, 5, 6$ des Sechsecks projicirt wird, die übrigen zehn (ikl) entsprechen den zehn Ebenenpaaren ikl, mnh des Sechsecks. Dem Ebenenpaare *1 2 3*, *4 5 6* z. B. entspricht die singuläre Ebene (123), welche auch mit (456), (213), (231) u. s. w. bezeichnet werden kann.

„Von der Strahlencongruenz *I* zweiter Ordnung zweiter Classe „enthält jede der 16 singulären Ebenen einen gewöhnlichen „Strahlenbüschel; der Mittelpunkt des in $(1kl)$ liegenden Bü„schels ist (kl) und der Mittelpunkt des in (i) liegenden Büschels „ist $(1i)$ für $i > 1$ und (0) für $i = 1$."

Nämlich den Strahlen des Bündels *1*, welche die Sechseckkante $\overline{kl}$ schneiden, entsprechen die durch (kl) gehenden Strahlen der Ebene $(1kl)$, der Sechseckkante $1i$ entsprechen (Seite 156) alle durch $(1i)$ gehenden Strahlen der Ebene (i), und den Strahlen des Kegels, welcher aus dem Punkte *1* die Raumcurve k^3 projicirt, entsprechen die durch (0) gehenden Strahlen der Ebene (1).

„Die Kummer'sche Fläche Φ^4 hat sechzehn Knotenpunkte (*0*) „und (*ik*) und sechzehn singuläre Ebenen (*i*) und (*ikl*), welche „durch die Congruenz *I* einander zugeordnet sind wie folgt:

„Knotenpunkte: (*0*) (*12*) (*13*) (*14*) (*15*) (*16*) (*23*) (*24*) ... (*46*) (*56*)

„sing. Ebenen: (*1*) (*2*) (*3*) (*4*) (*5*) (*6*) (*123*) (*124*) ... (*146*) (*156*)."

Jeder singulären Ebene ist der Knotenpunkt zugeordnet, durch welchen alle in der Ebene liegenden Strahlen der Congruenz *I* gehen. — Die sechs Ebenen (*1*), (*2*), (*3*), (*4*), (*5*), (*6*) gehen durch den Knotenpunkt (*0*); sie bilden ein Sechsseit, welches einem Kegel zweiter Ordnung umschrieben und auf das Sechseck *123456* in der Raumcurve k^3 projectiv bezogen ist (Seite 159), sodass:

$$(1)\,(2)\,(3)\,(4)\,(5)\,(6) \;\overline{\wedge}\; k^3\,(123456).$$

Auch durch jeden der übrigen fünfzehn Knotenpunkte (*ik*) gehen sechs von den 16 singulären Ebenen; diese berühren ebenfalls einen Kegel zweiter Ordnung (Seite 157) und können mit (*ik1*), (*ik2*), (*ik3*), (*ik4*), (*ik5*), (*ik6*), bezeichnet werden, wenn (*ikk*) die Ebene (*i*) und (*iki*) die Ebene (*k*) bedeutet. Durch den Knotenpunkt (*12*) z. B. gehen die sechs Ebenen (*2*), (*1*), (*123*), (*124*), (*125*) und (*126*), weil die ihnen entsprechenden Flächen des F^2-Gebüsches durch die Sechseckkante *12* gehen.

In jeder der sechzehn singulären Ebenen liegen sechs von den sechzehn Knotenpunkten; z. B. in (*i*) liegen die Knotenpunkte (*i1*), (*i2*), (*i3*), (*i4*), (*i5*), (*i6*), wenn (*ii*) den Punkt (*0*) bedeutet, und in der Ebene (*123*) = (*456*) liegen die sechs Knotenpunkte (*23*), (*31*), (*12*), (*56*), (*64*), (*45*), weil die entsprechende Fläche des F^2-Gebüsches durch die zugehörigen sechs Linien geht. Der Kegelschnitt, längs dessen die Fläche Φ^4 von der singulären Ebene (*123*) oder allgemeiner (*ikl*) berührt wird, geht durch die sechs in der Ebene liegenden Knotenpunkte; ihm entspricht nämlich die Doppellinie eines Ebenenpaares des Gebüsches (Seite 146), und diese schneidet die sechs den Knotenpunkten entsprechenden Sechseckkanten.

„Die 120 Verbindungslinien der 16 Knotenpunkte sind iden- „tisch mit den 120 Schnittlinien der 16 singulären Ebenen."

Denn z. B. (*0*) und (*12*) liegen beide auf (*1*) und (*2*); (*12*) und (*13*) liegen auf (*1*) und (*123*); ebenso liegen (*12*) und (*34*) auf (*125*) = (*346*) und (*126*) = (*345*).

Der Strahlenbündel *i* ist (Seite 153) collinear auf das ebene Feld (*i*) bezogen, wenn man jedem Strahle von *i* den Punkt zuweist, in welchem (*i*) von der entsprechenden Geraden des Raumes

Σ_1 geschnitten wird. Bezieht man nun die Bündel *1*, *2*, *3*, *4*, *5*, *6* perspectiv auf die Sehnencongruenz der Raumcurve k^3 und somit (Seite 159) reciprok auf den Strahlenbündel (*0*), so werden dadurch auch die Felder (*1*), (*2*), (*3*), (*4*), (*5*), (*6*) reciprok auf den Bündel (*0*) und collinear auf einander bezogen. Zugleich werden die sechs Congruenzen *I*, *II*, . . ., *VI* so auf einander bezogen, dass je sechs homologe Strahlen derselben mit (*0*) in einer Ebene liegen; denn die entsprechenden sechs Strahlen der Bündel *1*, *2*, . . ., *6* liegen mit k^3 auf einer Fläche des F^2-Gebüsches. Jeder Strahl der Strahlencongruenz *I* liegt in der Ebene von (*0*), welche dem Schnittpunkte des Strahles mit der Ebene (*1*) entspricht, und jeder Strahl von (*1*) welcher durch den Punkt (*0*) geht, fällt folglich mit dem ihm entsprechenden Strahle des Bündels (*0*) zusammen.

Die Geraden des Raumes Σ_1, welche in je einer Ebene ε_1 von (*0*) liegen und zugleich durch den entsprechenden Punkt E_1 von (*1*) gehen, bilden einen linearen Strahlencomplex. Denn diejenigen von ihnen, welche durch einen beliebigen Punkt P_1 gehen, bilden einen Strahlenbüschel erster Ordnung, weil sie die Ebene (*1*) auf der dem Strahle $\overline{(0)P_1}$ entsprechenden Geraden p' schneiden; und wenn P_1 eine Gerade g_1 beschreibt, so beschreibt p' einen zu g_1 projectiven Strahlenbüschel, von welchem ein Strahl durch den ihm entsprechenden Punkt geht, und die Ebene P_1p' beschreibt folglich einen zu g_1 perspectiven Ebenenbüschel erster Ordnung. Zu dem linearen Complexe gehören alle Strahlen der Congruenz *I* zweiter Classe zweiter Ordnung; in dem Nullsysteme, aus dessen Leitstrahlen er besteht, ist demnach jeder Strahl der Congruenz *I* sich selbst zugeordnet, und jeder Punkt P_1 hat die Verbindungsebene π_1 der beiden durch ihn gehenden Strahlen der Congruenz zur Nullebene. Einem Punkte der Brennfläche Φ^4, durch welchen zwei zusammenfallende Strahlen der Congruenz *I* gehen, ist allemal eine Ebene von Φ^4 zugeordnet, in welcher zwei zusammenfallende Strahlen der Congruenz liegen (vgl. Seite 145). Also:

„Die sechs Congruenzen zweiter Ordnung zweiter Classe *I*, „*II*, *III*, *IV*, *V*, *VI*, welche den sechs Strahlenbündeln *1*, *2*, „*3*, *4*, *5*, *6* entsprechen, liegen in sechs linearen Strahlen„complexen und bestimmen die zugehörigen sechs Nullsyteme.*)

*) Auf diese sechs Nullsysteme oder linearen „Fundamental-Complexe" hat zuerst (in den Math. Annalen II, S. 199—226) Herr F. Klein aufmerksam gemacht, von welchem auch die meisten der hier folgenden Sätze herrühren.

„Die gemeinschaftliche Brennfläche Φ^4 der sechs Congruenzen „ist in jedem dieser Nullsysteme sich selbst zugeordnet, sodass „jedem Punkte von Φ^4 eine durch ihn gehende Ebene von Φ^4, „jedem Knotenpunkte aber eine singuläre Ebene zugeordnet ist. „Die Kummer'sche Fläche Φ^4 vierter Classe ist folglich von „der vierten Ordnung."

Die Zuordnung der 16 Knotenpunkte und 16 singulären Ebenen in dem Nullsysteme *I* ist aus der oben (Seite 161) aufgestellten Tabelle ersichtlich. In dem *i*ten der sechs Nullsysteme ist dem Knotenpunkte (*kl*) die Ebene (*ikl*) zugeordnet, weil durch (*kl*) alle in (*ikl*) liegenden Strahlen der *i*ten Congruenz gehen (vgl. Seite 160). Verbindet man die sechs Punkte, welche irgend einer Berührungsebene von Φ^4 in den sechs Nullsystemen zugeordnet sind, mit dem Berührungspunkte der Ebene, so erhält man sechs in der Ebene liegende Doppeltangenten von Φ^4; ihrem Berührungspunkte ist die Ebene im Allgemeinen nicht zugeordnet.

Dem Sechsseit (*1*) (*2*) (*3*) (*4*) (*5*) (*6*), welches zu dem Sechseck *123456* auf k^3 projectiv und einem Kegel zweiter Ordnung umschrieben ist (Seite 161), ist in dem *i*ten der sechs Nullsysteme das Sechseck (*i1*) (*i2*) (*i3*) (*i4*) (*i5*) (*i6*) zugeordnet. Das Sechseck ist deshalb einem Kegelschnitte so eingeschrieben, dass

$$(i1)\,(i2)\,(i3)\,(i4)\,(i5)\,(i6) \;\overline{\wedge}\; k^3\,(1\,2\,3\,4\,5\,6), \text{ für } (ii) = (0).$$

In dem *k*ten der sechs Nullsysteme ist aber dieses Sechseck dem Sechsseit (*ik1*) (*ik2*) (*ik3*) (*ik4*) (*ik5*) (*ik6*) zugeordnet, welches folglich ebenfalls zu k^3 (*123456*) projectiv ist. Und weil dem Sechsseit, wenn beispielsweise $i = 2$, $k = 3$ gesetzt wird, in dem ersten Nullsysteme das Sechseck (*23*) (*31*) (*12*) (*56*) (*64*) (*45*) zugeordnet ist, so muss auch dieses Sechseck zu k^3 (*123456*) projectiv sein. Ueberhaupt ergiebt sich:

„Alle Gruppen von je sechs singulären Ebenen, die durch „einen Knotenpunkt gehen, und alle Gruppen von je sechs „Knotenpunkten, die in einer singulären Ebene liegen, sind zu „einander und zu dem Sechseck *123456* auf k^3 projectiv. Die „sechzehn Knotenpunkte der Kummer'schen Fläche Φ^4 liegen „zu sechsen in sechzehn Kegelschnitten, längs welcher Φ^4 von „den 16 singulären Ebenen berührt wird" (Seite 161).

Da je zwei dieser 16 Kegelschnitte sich in zwei Knotenpunkten schneiden (Seite 161), so können sie mit jedem nicht auf ihnen liegenden Knotenpunkte durch eine Fläche zweiter Ordnung verbunden werden; diese Fläche aber geht durch noch einen zwölften

Knotenpunkt und durch vier von den 16 Kegelschnitten. Beispielsweise liegen die zwölf Knotenpunkte der vier Kegelschnitte (*1*), (*2*), (*134*), (*234*) auf einer Fläche zweiter Ordnung; ebenso diejenigen von (*123*), (*345*), (*561*) und (*246*). Man beweist leicht den Satz:

„Es giebt achtzig Flächen zweiter Ordnung, welche je zwölf „von den 16 Knotenpunkten und je vier von den 16 Berührungs- „Kegelschnitten enthalten, und ebenso achtzig Flächen zweiter „Classe, welche je zwölf von den 16 singulären Ebenen berühren."

Die beiden Punkte, welche einer Ebene in irgend zwei von den sechs Nullsystemen zugeordnet sind, sind homologe Punkte von zwei collinearen Räumen; letztere aber liegen involutorisch, weil die beiden Punkte einander in doppelter Weise entsprechen. Denn z. B. in den Nullsystemen *I* und *II* sind (*1i*) und (*2i*) der Ebene (*i*), zugleich aber (*2i*) und (*1i*) der Ebene (*12i*) zugeordnet; ferner (*34*) und (*56*) der Ebene (*134*) = (*256*), und umgekehrt (*56*) und (*34*) der Ebene (*156*) = (*234*). Die acht Punktepaare (*12*) (*0*), (*13*) (*23*), (*14*) (*24*), (*15*) (*25*), (*16*) (*26*), (*34*) (*56*), (*35*) (*46*) und (*36*) (*45*) bestehen demnach aus je zwei einander zugeordneten Punkten eines geschaart involutorischen Raumes *I II*, in welchem jeder gemeinschaftliche Leitstrahl der beiden Nullsysteme *I*, *II* sich selbst, und die Ebene (*1ik*) der Ebene (*2ik*) zugeordnet ist. Solcher involutorischer Räume giebt es fünfzehn, die wir mit *I II*, *I III*, . . ., *V VI* bezeichnen. In jedem derselben ist die Kummer'sche Fläche Φ^4 sich selbst zugeordnet; und zwar sind je zwei einander zugeordnete Punkte oder Ebenen der Fläche durch die beiden Involutionsaxen des Raumes harmonisch getrennt. Die lineare Strahlencongruenz, welche aus den Leitstrahlen des involutorischen Raumes *I II* besteht, wird von den collinearen Feldern (*1*) und (*2*) erzeugt (vgl. Seite 162).

Welcher Knotenpunkt von Φ^4 einer beliebigen singulären Ebene in jedem der sechs Nullsysteme oder einem beliebigen Knotenpunkte in jedem der 15 involutorischen Räume zugeordnet ist, ersieht man aus folgender Tabelle:

	(*1*)	(*2*)	(*3*)	(*4*)	(*5*)	(*6*)	(*123*)	(*124*)	(*125*)	(*126*)	(*134*)	(*135*)	(*136*)	(*145*)	(*146*)	(*156*)
I	(*0*)	(*12*)	(*13*)	(*14*)	(*15*)	(*16*)	(*23*)	(*24*)	(*25*)	(*26*)	(*34*)	(*35*)	(*36*)	(*45*)	(*46*)	(*56*)
II	(*12*)	(*0*)	(*23*)	(*24*)	(*25*)	(*26*)	(*13*)	(*14*)	(*15*)	(*16*)	(*56*)	(*46*)	(*45*)	(*36*)	(*35*)	(*34*)
III	(*13*)	(*23*)	(*0*)	(*34*)	(*35*)	(*36*)	(*12*)	(*56*)	(*46*)	(*45*)	(*14*)	(*15*)	(*16*)	(*26*)	(*25*)	(*24*)
IV	(*14*)	(*24*)	(*34*)	(*0*)	(*45*)	(*46*)	(*56*)	(*12*)	(*36*)	(*35*)	(*13*)	(*26*)	(*25*)	(*15*)	(*16*)	(*23*)
V	(*15*)	(*25*)	(*35*)	(*45*)	(*0*)	(*56*)	(*46*)	(*36*)	(*12*)	(*34*)	(*26*)	(*13*)	(*24*)	(*14*)	(*23*)	(*16*)
VI	(*16*)	(*26*)	(*36*)	(*46*)	(*56*)	(*0*)	(*45*)	(*35*)	(*34*)	(*12*)	(*25*)	(*24*)	(*13*)	(*23*)	(*14*)	(*15*)

Z. B. der Ebene (*136*) ist in dem dritten Nullsysteme der Knotenpunkt (*16*) und im fünften der Punkt (*24*) zugeordnet; diese Punkte (*16*) und (*24*) aber entsprechen einander doppelt in dem involutorischen Systeme *III V*. Auch die projective Beziehung der in zwei singulären Ebenen liegenden Gruppen von je sechs Knotenpunkten ist aus der Tabelle ersichtlich; z. B. in den Ebenen (*1*), (*123*) und (*135*) ist:

$$(0)\ (12)\ (13)\ (14)\ (15)\ (16) \barwedge (23)\ (31)\ (12)\ (56)\ (64)\ (45)$$
$$\barwedge (35)\ (46)\ (51)\ (62)\ (13)\ (24).$$

Der von Herrn H. Weber*) herrührende Satz, dass aus sechs passend gewählten Knotenpunkten, wie (*12*), (*23*), (*34*), (*45*), (*51*), (*0*) oder (*23*), (*31*), (*12*), (*14*), (*25*), (*36*), alle singulären Ebenen und die übrigen zehn Knotenpunkte linear construirt werden können, ergiebt sich ebenfalls leicht mit Hülfe der Tabelle.

Drei beliebige von den sechs Nullsystemen, z. B. *I*, *II* und *III*, bestimmen drei involutorische Räume *II III*, *III I* und *I II*, ausserdem aber ein räumliches Polarsystem *I II III*. Sucht man nämlich zu irgend einem Elemente des Raumes die zugeordneten in *I* und *II III*, oder in *II* und *III I*, oder in *III* und *I II*, so erhält man homologe Elemente von zwei reciproken Räumen; diese Räume aber liegen involutorisch und bilden ein räumliches Polarsystem *I II III*, weil unserer Tabelle zufolge von den acht Tetraëdern, welche durch die vier Horizontal- und die vier Verticalreihen des Schemas**)

(*0*)	(*23*)	(*31*)	(*12*)
(*56*)	(*14*)	(*24*)	(*34*)
(*64*)	(*15*)	(*25*)	(*35*)
(*45*)	(*16*)	(*26*)	(*36*)

dargestellt werden, jeder Eckpunkt der ihm gegenüberliegenden Fläche entspricht. Diese Tetraëder sind aber nicht blos von *I II III*, sondern auch von dem Polarsysteme *IV V VI* Poltetraëder, und das letztere Polarsystem ist folglich mit *I II III* identisch.

*) Crelle's Journal für d. r. u. a. Mathematik, Bd. 84, S. 349. Herr Weber gelangte bei einer Untersuchung über Thetafunctionen zuerst zu der obigen Bezeichnung der Knotenpunkte und singulären Ebenen einer Kummer'schen Fläche.

**) Die vier durch die vier Horizontal- oder Verticalreihen dargestellten Tetraëder sind einander gegenseitig um- und zugleich eingeschrieben. Die vier Flächen eines jeden von ihnen enthalten zusammen alle 16 Knotenpunkte von Φ^4.

Ebenso sind *I II IV* und *III V VI* zwei identische Polarsysteme; man erhält acht Poltetraëder derselben, wenn man in dem vorstehenden Schema die Ziffern *3* und *4* vertauscht. Ueberhaupt bestimmen die sechs Nullsysteme zu dreien zehn verschiedene Polarsysteme; in jedem der Systeme ist die Kummer'sche Fläche Φ^4 sich selbst zugeordnet, ihre 16 Knotenpunkte sind die Pole ihrer 16 singulären Ebenen und bilden zu vieren acht Poltetraëder.

Die Configuration der 16 Knotenpunkte und der 16 singulären Ebenen der Kummer'schen Fläche geht in sich selbst über durch 16 Collineationen und 16 Correlationen, nämlich durch die Identität und die 15 involutorischen Collineationen und durch die vertauschbaren Correlationen der sechs Nullsysteme und der zehn Polarsysteme.*)

In Bezug auf die drei Nullsysteme *I*, *II* und *III* gruppiren sich die Punkte und Ebenen des Raumes zu Poltetraëdern eines räumlichen Polarsystemes *I II III* = *IV V VI*; und zwar sind jedem Eckpunkte eines solchen Tetraëders in den involutorischen Räumen *II III*, *III I* und *I II* die übrigen drei Eckpunkte und in den drei Nullsystemen die durch ihn gehenden Tetraëderflächen zugeordnet, und Analoges gilt von jeder Fläche des Tetraëders. In Bezug auf die drei Nullsysteme *IV*, *V*, *VI* gruppiren sich die Punkte und Ebenen zu anderen Poltetraëdern desselben Polarsystems. Zwei Tetraëder, welche diesen beiden verschiedenen Gruppirungen angehören und eine gemeinschaftliche Ebene besitzen, haben auch den gegenüberliegenden Eckpunkt mit einander gemein, und ihre anderen sechs Eckpunkte, welche der Ebene in den sechs Nullsystemen zugeordnet sind, bilden zwei Poldreiecke eines in *I II III* enthaltenen polaren Feldes und liegen folglich auf einem Kegelschnitt (II. Abth. Seite 122). In den sechs Nullsystemen sind sonach einer beliebigen Ebene sechs Punkte eines Kegelschnittes zugeordnet, und einem beliebigen Punkte sechs durch ihn gehende Ebenen eines Ebenenbüschels zweiter Ordnung.

Ein beliebiger Punkt des Raumes bildet mit den fünfzehn Punkten, welche ihm in den 15 involutorischen Räumen zugeordnet sind, eine den 16 Knotenpunkten einer Kummer'schen Fläche analoge Gruppe von 16 Punkten. Nämlich die 16 Punkte dieser Gruppe liegen zu sechsen auf 16 Ebenen (genauer: Kegelschnitten), welche ihrerseits zu sechsen durch die 16 Punkte gehen. In den

*) Diese merkwürdige Gruppe vertauschbarer Correlationen und Collineationen wurde schon in der II. Abtheilung Seite 114 kurz erörtert.

sechs Nullsystemen sind nach dem Vorhergehenden jedem der 16 Punkte die sechs durch ihn gehenden Ebenen zugeordnet, und jeder der 16 Ebenen die sechs auf ihr liegenden Punkte; in den zehn Polarsystemen sind jedem der 16 Punkte die zehn nicht durch ihn gehenden Ebenen, und jeder der 16 Ebenen die zehn nicht auf ihr liegenden Punkte zugeordnet; in den fünfzehn involutorischen Räumen endlich sind jedem der 16 Punkte (oder Ebenen) der Gruppe die 15 übrigen zugeordnet. Die 16 Punkte sind, beiläufig bemerkt, die Knotenpunkte einer durch sie bestimmten Kummer'schen Fläche vierter Ordnung, welche ebenso wie Φ^4 in jedem der sechs Nullsysteme sich selbst zugeordnet ist; und mit Φ^4 sind dreifach unendlich viele andere Kummer'sche Flächen bestimmt.

Die Ordnungsfläche des Polarsystemes *I II III* enthält alle Strahlen, welche in jedem der drei Nullsysteme *I*, *II* und *III* sich selbst zugeordnet sind, und folglich auch die drei paar Axen der involutorischen Räume *II III*, *III I* und *I II*; denn diese Axen sind Leitstrahlen der Regelschaar jener Strahlen. Ebenso enthält die Ordnungsfläche alle gemeinsamen Leitstrahlen der Nullsysteme *IV*, *V* und *VI*. Diese Leitstrahlen bilden die Leitschaar der ersteren Regelschaar; denn wenn sie dieselbe Schaar bildeten, so gäbe es unendlich viele, in allen sechs Nullsystemen sich selbst zugeordnete Strahlen, und die zehn durch die Nullsysteme bestimmten Polarsysteme hätten identische Ordnungsflächen, während sie doch von einander verschieden sind. Die beiden Axen von *II III* sind folglich in jedem der Nullsysteme *IV*, *V*, *VI* (und *I*) sich selbst zugeordnet und schneiden die Axenpaare der sechs involutorischen Räume *IV V*, *IV VI*, ..., *VI I*. Die Axenpaare von drei involutorischen Räumen, welche wie *I II*, *III IV* und *V VI* zusammen von allen sechs Nullsystemen abhängen, bilden demnach die drei paar Gegenkanten eines Tetraëders. Uebrigens hat entweder einer oder jeder der drei Räume *II III*, *III I* und *I II* imaginäre Axen, weil die Ordnungsfläche des Polarsystemes *I II III*, wenn sie reell und geradlinig ist, nur von je zwei paar Gegenkanten ihrer Poltetraëder in reellen Punkten geschnitten wird. Die beiden Punkte, welche einem beliebigen Punkte in irgend zwei der involutorischen Räume *I II*, *III IV* und *V VI* zugeordnet sind, sind in dem dritten einander zugeordnet, wie man aus der obigen Tabelle leicht ersieht.

Das F^2-Gebüsch, durch welches wir zu der Kummer'schen Fläche Φ^4 gelangt sind, ist bestimmt durch vier Flächen zweiter

Ordnung, von denen drei beliebig durch eine cubische Raumcurve k^3 gehen; die vierte hat mit k^3 die sechs Punkte *1*, *2*, *3*, *4*, *5*, *6* gemein. Je nachdem nun von diesen Punkten keine, zwei, vier oder alle sechs reell sind, werden von den sechs zu der Kummer'schen Fläche gehörigen Strahlencongruenzen zweiter Ordnung und zweiter Classe keine, zwei, vier oder alle sechs reell. Der letzte dieser vier Hauptfälle, zwischen denen eine Anzahl geometrisch evidenter Uebergangsfälle und Ausartungen stehen, liegt den Untersuchungen dieses Vortrages zu Grunde.

Neunzehnter Vortrag.

Das F^2-Gebüsch mit einer Basisgeraden.*)

Vier Flächen zweiter Ordnung, die beliebig durch eine Gerade b gelegt sind, bestimmen ein specielles F^2-Gebüsch Σ, dessen Flächen alle durch b gehen. Dasselbe verdient wegen besonderer Eigenschaften und gewisser mit ihm verbundener Raumgebilde eine genauere Untersuchung. Wir nennen b die „Basisgerade" oder „Basis" dieses Gebüsches Σ und schliessen von vorn herein den Specialfall aus, in welchem zwei durch b gehende Ebenen eine Fläche des Gebüsches bilden.

Die Flächen des F^2-Gebüsches schneiden sich büschelweise in der Basis b und je einer cubischen Raumcurve, bündelweise aber in b und je einer Gruppe von i. A. vier associirten Punkten (Seite 139). Hieraus ergiebt sich, wenn das Gebüsch in der früher (Seite 142) angegebenen Weise projectiv auf einen Raum Σ_1 bezogen wird:

„Einer beliebigen Geraden des Raumes Σ_1 entspricht in dem „F^2-Gebüsche Σ, abgesehen von der Basis b, eine cubische „Raumcurve, welche b zur Sehne hat. Einem beliebigen Punkte „von Σ_1 entsprechen in Σ alle Punkte von b und ausserdem „i. A. vier associirte Punkte. Zwei resp. drei Gruppen asso-

*) Dasselbe wurde zuerst untersucht von Herrn Rich. Krause in seiner Inaugural-Dissertation „Ueber ein specielles Gebüsch von Flächen zweiter Ordnung", Strassburg 1879.

„ciirter Punkte von Σ können allemal durch eine cubische „Raumcurve resp. durch eine Fläche des Gebüsches verbunden „werden.“

Ausserdem lehren unsere früheren Untersuchungen:

„Einer beliebigen Geraden l im F^2-Gebüsche entspricht im „Raume Σ_1 ein zu l projectiver Kegelschnitt λ_1 (Seite 145). „Jede Verbindungslinie associirter Punkte des Gebüsches ist ein „Hauptstrahl desselben und schneidet die Flächen des Gebüsches „in den Punktepaaren einer Involution associirter Punkte; sie „entspricht einer Geraden von Σ_1, und ihr sind in Σ zwei Ge- „rade associirt, welche b und sie selbst schneiden. Auch jede „Gerade s, welche die Basis b schneidet, ist (Seite 152) ein „Hauptstrahl des Gebüsches Σ und entspricht einer zu ihr pro- „jectiven Geraden s_1 von Σ_1; ihr ist in Σ ein Kegelschnitt „associirt, welcher mit b und s je einen Punkt gemein hat.“

Durch b, s und diesen Kegelschnitt gehen alle Flächen des Gebüsches, denen in Σ_1 die Ebenen der Geraden s_1 entsprechen. Eine dieser Flächen ist der Kegel, welcher aus dem Punkte $\dot{bs}$ den Kegelschnitt projicirt. Da der Kegel sich ändert, wenn s um den Punkt sich dreht, so folgt hieraus:

„Jeder Punkt G der Basis b ist der Mittelpunkt von einfach „unendlich vielen Kegeln des F^2-Gebüsches. Diese bilden „einen Büschel und entsprechen demnach den Ebenen einer Ge- „raden g_1 von Σ_1. Durch g_1 gehen i. A. drei Ebenen φ_1, „welchen in Σ je ein Ebenenpaar des Kegelbüschels entspricht. „Die drei von b verschiedenen Schnittlinien der Kegel sind asso- „ciirt und entsprechen der Geraden g_1. Jeder anderen Geraden „s, welche durch G geht, entspricht eine zu ihr projective Ge- „rade s_1, welche g_1 schneidet; dem Schnittpunkte aber ent- „spricht in s der Punkt G als der einzige Punkt, welchen s „mit einem beliebigen von jenen Kegeln gemein hat. Von den „vier associirten Punkten, die irgend einem Punkte von g_1 ent- „sprechen, fällt demnach einer mit G zusammen.“

„Zwei Gerade g_1, g'_1 von Σ_1, die zwei beliebigen Punkten „G, G' der Basis b entsprechen, sind windschief.“

Denn wenn sie in einer Ebene lägen, so würden die beiden Kegelbüschel des F^2-Gebüsches, deren Mittelpunkte G und G' sind, einen Kegel gemein haben; was ausgeschlossen ist.

Seien P, Q, R irgend drei Punkte, die mit der Basis b in einer Ebene φ liegen, und P_1, Q_1, R_1 die entsprechenden drei

Punkte von Σ_1. Dann entspricht der Ebene $P_1 Q_1 R_1$ oder φ_1 eine Fläche des F^2-Gebüsches, welche mit φ die Punkte P, Q, R und die Gerade b gemein hat, und deshalb in φ und eine andere Ebene φ' zerfällt. Da nun jedem Punkte P und jeder Geraden s von φ ein Punkt P_1 resp. eine zu s projective Gerade s_1 in φ_1 entspricht, so ergiebt sich:

„Jeder durch die Basis b gelegten Ebene φ entspricht im Raume „Σ_1 eine zu ihr collineare Ebene φ_1, und ihr ist in dem Ge-„büsche Σ eine Ebene φ' associirt (Krause). Die Ebenen φ, φ' „bilden zusammen eine Fläche des Gebüsches. Den Geraden „von φ ist in φ' je ein Kegelschnitt associirt, welcher durch „den Schnittpunkt von b und φ' geht."

Das Gebüsch enthält demnach unendlich viele Ebenenpaare $\varphi\varphi'$. Verbindet man von vier associirten Punkten irgend drei durch eine Ebene φ' und den vierten mit b durch eine Ebene φ, so bilden φ' und φ ein Ebenenpaar des Gebüsches. Die zu b windschiefen Hauptstrahlen p, q, r, ... des Gebüsches werden von dem Ebenenpaare $\varphi\varphi'$ in Paaren associirter Punkte PP', QQ', RR', ... geschnitten; und wenn φ um b sich dreht, so beschreiben nicht nur P, Q, R, ..., sondern zugleich P', Q', R', ... projective Punktreihen, und zwar liegen die letzteren in resp. p, q, r, ... zu den ersteren involutorisch. Daraus folgt (II. Abth. Seite 203):

„Die Ebenenpaare $\varphi\varphi'$ des Gebüsches Σ bestehen aus homologen „Ebenen des Büschels b und eines zu b projectiven Ebenen-„büschels $\varkappa^3$ dritter Ordnung; die zu der Basis b windschiefen „Hauptstrahlen p, q, r, ... von Σ sind die Axen von $\varkappa^3$ „(Krause). Die cubischen Raumcurven von Σ, welche je einer „Geraden des Raumes Σ_1 entsprechen, stehen zu $\varkappa^3$ in der „Hurwitz'schen Beziehung" (vgl. II. Abth. Seite 227).

Eine beliebige Fläche F^2 des Gebüsches Σ berührt i. A. und höchstens sechs Ebenen φ' des cubischen Büschels $\varkappa^3$. Denn wenn sie mehr als sechs und folglich alle Ebenen von $\varkappa^3$ berührte, so würde eine der Ebenen durch b gehen und mit ihrer associirten Ebene ein Ebenenpaar von Σ bilden, welches die Basis b zur Doppellinie hätte; diesen Specialfall aber haben wir von vorn herein ausgeschlossen. Jede der sechs Berührungsebenen φ' schneidet F^2 in zwei associirten Hauptstrahlen, welchen die Schnittlinie zweier Ebenen von Σ_1 entspricht, und von welchen der eine zu b windschief ist. Da derselbe von $\varkappa^3$ eine Axe ist, so gehen durch ihn zwei Ebenen von $\varkappa^3$, welche F^2 berühren, und es ergiebt sich:

„Eine Fläche des Gebüsches Σ enthält i. A. drei zu der Basis b „windschiefe Hauptstrahlen, also drei Axen des cubischen Ebenen- „büschels $\varkappa^3$; eine Ebene von Σ_1 enthält i. A. drei Gerade, „welchen solche Hauptstrahlen entsprechen."

Weil vier associirte Punkte von Σ zu dreien durch vier Ebenen φ' verbunden werden können, so gehen durch den entsprechenden Punkt von Σ_1 vier der Ebenen φ_1, welchen Ebenenpaare $\varphi\varphi'$ von Σ entsprechen.

„Den Ebenenpaaren $\varphi\varphi'$ des Gebüsches entsprechen demnach „in Σ_1 die Ebenen φ_1 eines Ebenenbüschels $\varkappa_1^4$ vierter Ord- „nung" (Krause).

Den mit b incidenten Hauptstrahlen des Gebüsches entsprechen in Σ_1 Gerade, die in je einer Ebene von $\varkappa_1^4$ liegen; den zu b windschiefen Hauptstrahlen, also den Axen von $\varkappa^3$, entsprechen die Axen von $\varkappa_1^4$, in welchen je zwei Ebenen von $\varkappa_1^4$ sich schneiden. Durch einen beliebigen Punkt gehen i. A. vier Ebenen und sechs Axen von $\varkappa_1^4$; die letzteren entsprechen den sechs Verbindungslinien von vier associirten Punkten. Also:

„Die Congruenz der Axen von $\varkappa_1^4$ ist von der sechsten Ordnung „und von der dritten Classe."

Hieraus können wir schliessen, dass $\varkappa_1^4$ nicht von der ersten Art ist (vgl. Seite 19). Denn da die Sehnen einer biquadratischen Raumcurve erster Art eine Congruenz sechster Classe zweiter Ordnung bilden (Seite 20), so bilden die Axen eines biquadratischen Ebenenbüschels erster Art eine Congruenz sechster Ordnung zweiter (nicht aber dritter) Classe.

Da eine beliebige Ebene φ_1 von $\varkappa_1^4$ zu der entsprechenden Ebene φ von b collinear ist, so enthält sie eine Gerade b_1, welche der Basisgeraden b in φ entspricht. Den Ebenen der Geraden b_1 entsprechen in dem F^2-Gebüsche Flächen, die mit φ nur die Gerade b gemein haben; diese Flächen sind folglich Kegel, welche φ längs der Geraden b berühren, einen Büschel bilden und sich in einem der Basis b associirten Kegelschnitt von φ' schneiden. Den Geraden s von φ, welche durch einen beliebigen Punkt G von b gehen, entsprechen in φ_1 die Geraden s_1 des homologen Punktes G_1 von b_1. Nun schneiden aber diese Geraden s_1 auch die Gerade g_1, welche (nach Seite 169) dem Punkte G von b entspricht; und da g_1 i. A. nicht in φ_1 liegt, so muss g_1 durch G_1 gehen. Die Gerade b_1 schneidet somit jede der windschiefen Geraden g_1, und es ergiebt sich:

„Die Geraden g_1, welche je einem Punkte von b, und die Ge-„raden b_1, welche der Basis b in je einer der Ebenen φ_1 ent-„sprechen, bilden die beiden Regelschaaren einer Fläche Φ_1^2 „zweiter Ordnung. Diese Fläche wird umhüllt von den Ebenen des „Raumes Σ_1, welche den Kegeln des F^2-Gebüsches Σ entsprechen „(Seite 169), und ihr entspricht in Σ eine geradlinige Fläche „vierter Ordnung, der Ort der Axen von $\varkappa^3$, welche die Basis „b schneiden. Die Ebenen φ' des cubischen Büschels $\varkappa^3$ schnei-„den die letztere Fläche in je zwei Geraden, denen eine Ge-„rade g_1, und in je einem Kegelschnitte, welchem eine Gerade „b_1 von Φ_1^2 entspricht; sie berühren die Fläche in je zwei asso-„ciirten Punkten. Die Fläche Φ_1^2 ist dem Ebenenbüschel $\varkappa_1^4$ ein-„geschrieben, und durch eine beliebige ihrer Geraden g_1 gehen „i. A. drei Ebenen φ_1 dieses Büschels vierter Ordnung (Seite 169). „Durch die Geraden b_1 von Φ_1^2 geht je eine Ebene von $\varkappa_1^4$; „die Geraden g_1 werden deshalb durch $\varkappa_1^4$ ebenso wie durch „die Regelschaar der b_1 projectiv auf einander bezogen.“

Weil der Ebenenbüschel b von beliebigen Geraden l in projectiven Punktreihen geschnitten wird, so werden die Kegelschnitte λ_1 von Σ_1, welche den Geraden entsprechen, durch den Ebenenbüschel $\varkappa_1^4$ projectiv auf einander bezogen. Dieser Büschel $\varkappa_1^4$ kann, wie hieraus leicht sich ergiebt, durch einen der Kegelschnitte λ_1 und die zu λ_1 projective Regelschaar der b_1 erzeugt werden, woraus folgt (vgl. die Anmerkung zu Seite 19):

„Der Ebenenbüschel $\varkappa_1^4$ vierter Ordnung ist von der zweiten „Art.“

Die Kernfläche K^4 des F^2-Gebüsches ist der Ort der Doppelgeraden seiner Ebenenpaare $\varphi\varphi'$; sie wird erzeugt durch die projectiven Ebenenbüschel b und $\varkappa^3$, und geht deshalb dreimal durch die Punkte der Basisgeraden b. Sind $\varphi\varphi'$ und $\chi\chi'$ zwei Ebenenpaare des Gebüsches, φ_1 und χ_1 die entsprechenden beiden Ebenen von $\varkappa_1^4$, so entsprechen der Geraden $\varphi_1\chi_1$ von Σ_1, abgesehen von der Basis b, in welcher φ und χ sich schneiden, die drei associirten Hauptstrahlen $\varphi\chi'$, $\varphi'\chi$ und $\varphi'\chi'$ von Σ. Wenn nun χ_1 in $\varkappa_1^4$ der Ebene φ_1 unbegrenzt sich nähert, so nähern sich $\varphi\chi'$ und $\varphi'\chi$ unbegrenzt der Doppelgeraden des Ebenenpaares $\varphi\varphi'$, und $\varphi'\chi'$ geht über in die Gerade, längs welcher die Ebene φ' die von $\varkappa^3$ umhüllte abwickelbare Fläche berührt. Also:

„Die biquadratische Kernfläche K^4 des Gebüsches ist der Ort „der Doppelgeraden seiner Ebenenpaare, hat die Basis b zur

„dreifachen Leitlinie, und ist der von $\varkappa^3$ umhüllten abwickel- „baren Fläche vierter Ordnung associirt. Ihr entspricht in Σ_1 „ausser der Fläche Φ_1^2 die von dem biquadratischen Ebenen- „büschel $\varkappa_1^4$ umhüllte, abwickelbare Fläche F_1^6 (sechster Ord- „nung) (Krause). Diese Fläche F_1^6 berührt die Kegelschnitte „λ_1 von Σ_1, welche beliebigen Geraden l des Gebüsches Σ ent- „sprechen, in je vier Punkten (Seite 146); ihre Tangenten und „Doppeltangenten entsprechen den mit b incidenten bezw. den „zu b windschiefen Hauptstrahlen von Σ“ (Seite 171).

Einer beliebigen Ebene η im F^2-Gebüsche entspricht im Raume Σ_1 eine geradlinige Fläche E_1^3 dritter Ordnung; diese nämlich hat mit einer Geraden von Σ_1 ebenso viele Punkte gemein, wie η mit der entsprechenden cubischen Raumcurve von Σ, also i. A. drei. Den mit b incidenten Geraden von η entsprechen die zu ihnen projectiven geraden Erzeugenden von E_1^3, ihrem Schnittpunkte G entspricht die Schnittlinie g_1 der Ebenen, welche E_1^3 doppelt berühren und je zwei Erzeugende von E_1^3 verbinden; der in η liegenden Axe von $\varkappa^3$ entspricht die Doppelpunktsgerade d_1 von E_1^3, und jedem Paare associirter Punkte dieser Axe entspricht ein Punkt von d_1. Den übrigen Geraden l von η entspricht auf E_1^3 je ein Kegelschnitt λ_1. Durch den Ebenenbüschel d_1 werden die Kegelschnitte λ_1 auf einander und auf die Punktreihe g_1 projectiv bezogen, weil die Geraden l den Strahlenbüschel G von η in projectiven Punktreihen schneiden. Die cubische Regelfläche E_1^3 ist der abwickelbaren Fläche F_1^6 längs einer Raumcurve (fünfter Ordnung) eingeschrieben, welche der Schnittlinie von η mit der Kernfläche K^4 entspricht (vgl. Seite 155). Die ebenen Schnittcurven von E_1^3 werden in η durch je einen Kegelschnitt abgebildet, welcher auf einer Fläche des Gebüsches liegt.

Einer cubischen Fläche von Σ_1, und insbesondere der Fläche E_1^3 entspricht in Σ eine Fläche sechster Ordnung; denn letztere hat mit einer Geraden l ebenso viele Punkte gemein, wie die cubische Fläche mit dem entsprechenden Kegelschnitt λ_1, also i. A. sechs. Der beliebigen Ebene η ist deshalb in dem Gebüsche eine Fläche fünfter Ordnung associirt, welche die Schnittcurve von η mit der Kernfläche K^4, die in η liegende Axe von $\varkappa^3$ und eine Schaar von Kegelschnitten enthält. Die Punkte der Basis b sind dreifache Punkte dieser Fläche, weil die ihnen entsprechenden Geraden von Σ_1 je drei Punkte mit E_1^3 gemein haben; der einfachen Leitlinie g_1 von E_1^3 entsprechen auf der Fläche drei Gerade (Seite 169), welche durch den Schnittpunkt G von η und b gehen. — Einer beliebigen Geraden l ist in dem Gebüsche eine Raumcurve fünfter Ordnung associirt, welche mit l und der Basis b auf einer Fläche des Gebüsches liegt, durch die vier Schnittpunkte von l mit K^4 geht und auch mit b vier Punkte gemein hat.

Einer Regelfläche R^2 zweiter Ordnung in Σ, die nicht dem Gebüsche selbst angehört, entspricht in Σ_1 eine Fläche R_1^6 sechster Ordnung, weil die cubische Raumcurve von Σ, die einer beliebigen Geraden von Σ_1 entspricht, i. A. sechs Punkte mit R^2 gemein hat. Die Fläche R_1^6 ist eindeutig auf R^2 bezogen und enthält drei Schaaren von Kegelschnitten; zwei dieser Schaaren entsprechen den beiden Regelschaaren von R^2, die dritte entspricht der Schaar von Kegelschnitten, in welchen R^2 von den Ebenen der Basis b geschnitten wird. Durch jede dieser drei Schaaren werden die Kegelschnitte der beiden übrigen projectiv auf einander bezogen, wie aus der Abbildung auf R^2 sich sofort ergiebt (Krause). — Wenn die Regelfläche R^2 die Basis b enthält, so entspricht ihr in Σ_1 abgesehen von der Fläche Φ_1^2 eine Regelfläche R_1^4 vierter Ordnung. Den Geraden von R^2, welche die Basis b schneiden, entsprechen die geraden Erzeugenden von R_1^4, den zu b windschiefen Geraden von R^2 dagegen entsprechen Kegelschnitte auf R_1^4. Diese Kegelschnitte werden durch die Schaar der Erzeugenden projectiv auf einander bezogen, wie aus der Abbildung auf R^2 sich ergiebt. Die Regelfläche R_1^4 kann also durch projective Kegelschnitte erzeugt werden, und ist einer früher (II. Abth. Seite 231) untersuchten reciprok; sie berührt demnach i. A. die Ebenen eines Büschels dritter Ordnung doppelt und hat i. A. eine räumliche Doppelpunktscurve dritter Ordnung.

Anhang.

Aufgaben und Lehrsätze.

Tetraëdrale quadratische Strahlencomplexe.

1. Zwei projective Strahlenbüschel erster Ordnung in nicht specieller Lage bestimmen einen tetraëdralen Complex zweiten Grades (Hirst); der Complex besteht aus den Strahlen, welche je zwei homologe Strahlen der Büschel schneiden (vgl. Seite 6 und 7). Die Mittelpunkte und die Ebenen der beiden Büschel sind Hauptpunkte und Hauptebenen des Complexes; durch die übrigen beiden reellen oder imaginären Hauptpunkte gehen je zwei homologe Strahlen der Büschel. Besteht der eine Büschel aus Durchmessern einer Kugel und der andere aus den unendlich fernen Polaren der Durchmesser bezüglich der Kugel, so ergiebt sich:

Die Geraden, welche je einen Strahl eines Büschels erster Ordnung rechtwinklig schneiden, bilden einen tetraëdralen Complex (Thieme). Die Ebene α des Büschels und die unendlich ferne Ebene sind zwei Hauptebenen, der Mittelpunkt S des Büschels und der unendlich ferne Punkt der zu α normalen Geraden sind zwei Hauptpunkte des Complexes. Die Complexkegel sind orthogonal, die Complexcurven sind Parabeln. Jeder Complexstrahl hat gleiche Abstände von zwei Punkten, deren Verbindungsstrecke in S gehälftet wird und zu α normal ist. Zwei so gelegene Punkte bestimmen den Complex, und dieser ändert sich nicht durch Drehung um die Verbindungslinie der beiden Punkte oder durch Spiegelung an der Ebene α oder an einer durch S normal zu α gelegten Ebene.

2. Ein Strahlenbündel A und ein zu ihm collineares Feld α bestimmen i. A. ebenfalls einen tetraëdralen Complex zweiten Grades (Briefliche Mittheilung von R. Sturm). Der Complex besteht aus den Strahlen, welche mit je zwei homologen Elementen von A und α

incident sind, etwa in je einer Ebene von A liegen und die entsprechende Gerade von α schneiden. Der Punkt A ist ein Hauptpunkt des Complexes, und α ist die ihm gegenüberliegende Hauptebene. Ein tetraëdraler Complex kann auf unendlich viele Arten so bestimmt werden, wenn er einen reellen Hauptpunkt hat. — Die Erzeugung des tetraëdralen Complexes durch zwei collineare Räume geht über in diese oder die vorhergehende Erzeugung, wenn die Collineation der beiden Räume ausartet.

Zwei reciproke Räume Σ, Σ_1 enthalten i. A. zwei quadratische tetraëdrale Complexe von homologen Strahlen, die sich rechtwinklig kreuzen oder schneiden. Die Strahlen, welche durch je einen Punkt von Σ gehen und zu der entsprechenden Ebene von Σ_1 normal sind, bilden in Σ den einen dieser Complexe. Der Mittelpunkt von Σ ist ein Hauptpunkt des Complexes; jeder andere Hauptpunkt liegt unendlich fern in der Richtung, welche zu der ihm entsprechenden Ebene von Σ_1 normal ist, und die unendlich ferne Ebene ist eine Hauptebene beider Complexe.

Auch in zwei collinearen Räumen Σ, Σ_1 giebt es i. A. zwei quadratische Complexe von homologen Strahlen, die sich rechtwinklig kreuzen oder schneiden; diese Complexe aber sind keine tetraëdralen. Der Ort der singulären Punkte des Complexes in Σ zerfällt nämlich in die unendlich ferne Ebene η, die Fluchtebene φ von Σ und ein Paraboloid Π, nicht aber in vier Ebenen; und der Ort seiner singulären Ebenen zerfällt in das Paraboloid Π und dessen zwei Schnittpunkte mit der unendlich fernen Geraden $\varphi\eta$. Alle Complexkegel gehen durch diese beiden Punkte, und die Complexcurven sind Parabeln, welche die Fluchtebene φ berühren.

3. Die Sehnen und Tangenten der cubischen Raumcurven, welche einem Tetraëder $ABCD$ umschrieben sind und eine beliebige Gerade s zur Sehne haben, bilden einen tetraëdralen quadratischen Complex, von welchem $ABCD$ das Haupttetraëder ist. Denn die Ebenenbüschel, durch welche aus ihnen die vier Eckpunkte A, B, C, D projicirt werden, sind zu dem Büschel $s(ABCD)$ projectiv (vgl. Seite 6). Die cubischen Raumcurven sind ∞^2 Ordnungscurven des Complexes; durch einen beliebigen Punkt geht eine von ihnen (II. Abth. Seite 202), desgleichen durch ein beliebiges Punktepaar von s. Je zwei dieser cubischen Ordnungscurven haben eine Schaar gemeinsamer Sehnen und liegen mit der Schaar und daher mit der Sehne s auf einer Fläche zweiter Ordnung (Seite 8).

4. Dem Tetraëder $ABCD$ können ∞^2 durch die Gerade s gehende Flächen zweiter Ordnung umschrieben werden; dieselben schneiden sich büschelweise in je einer der ∞^2 cubischen Ordnungscurven des tetraëdralen Complexes, welche s zur Sehne haben. Eine beliebige dieser Flächen enthält eine Schaar von Strahlen und eine Schaar cubischer Ordnungscurven des Complexes; durch jeden Punkt der Fläche geht eine dieser Curven (II. Abth. Seite 199). Dem Tetraëder $ABCD$ können ∞^1 cubische Ordnungscurven umschrieben werden, welche s und einen beliebigen Complexstrahl s_1 zu Sehnen haben; dieselben liegen mit der Schaar ihrer gemeinsamen Sehnen auf der Fläche zweiter Ordnung, welche von den projectiven Ebenenbüscheln s $(ABCD)$ und s_1 $(ABCD)$ erzeugt wird. Diese ∞^1 Ordnungscurven werden aus dem Punkte A durch Kegel zweiter Ordnung projicirt, welche in AB, AC, AD und einem Strahle jener Schaar sich schneiden, also einen Kegelbüschel bilden. Der Complexstrahl s_1 schneidet demnach (I. Abth. Seite 150) diese Kegel und zugleich jene ∞^1 Ordnungscurven in Punktepaaren einer Involution; er berührt in den Doppelpunkten der Involution je eine der Ordnungscurven.

5. Die ∞^2 cubischen Raumcurven, welche dem Tetraëder $ABCD$ umschrieben sind und die Gerade s zur Sehne haben, werden von zwei beliebig durch s gelegten Ebenen η, η_1 in je zwei homologen Punkten collinearer Felder geschnitten (vgl. Seite 10). Denn diejenigen unter ihnen, welche η in je einem Punkte einer Geraden g schneiden, können mit g durch Flächen zweiter Ordnung verbunden werden (II. Abth. Seite 195), welche ausser g die Gerade s und die Punkte A, B, C, D gemein haben und folglich zusammenfallen (vgl. II. Abth. Seite 38); sie schneiden deshalb die Ebene η_1 in je einem Punkte einer Geraden g_1 dieser identischen Flächen. Jeder Geraden g von η wird also wirklich eine Gerade g_1 von η_1 durch jene Raumcurven zugewiesen. Zwei homologe Gerade von η und η_1 liegen allemal mit A, B, C, D und s auf einer Fläche zweiter Ordnung.

6. Die collinearen Felder η, η_1 haben mit jeder Ebene des Tetraëders $ABCD$ zwei homologe Gerade gemein, sodass ihre Collineation bestimmt ist durch ihre homologen Schnitte mit dem Tetraëder. Denn jeder Kegelschnitt $\varkappa$, welcher durch drei Eckpunkte des Tetraëders geht und mit s einen Punkt gemein hat, geht durch zwei homologe Punkte von η und η_1, weil eine jener cubischen Raumcurven in $\varkappa$ und die Gerade zerfällt, welche den

vierten Eckpunkt enthält und $\varkappa$ und s in getrennten Punkten schneidet.

7. Bezieht man also zwei Felder η, η_1 collinear so auf einander, dass sie mit jeder Ebene eines Tetraëders zwei homologe Gerade gemein haben, so liegen je zwei homologe Punkte der Felder auf einer dem Tetraëder umschriebenen cubischen Raumcurve, welche die Gerade $\eta\eta_1$ zur Sehne hat. Dieser Satz enthält eine Eigenschaft von sechs Punkten und einer Sehne der cubischen Raumcurve.

8. Ein tetraëdraler Complex mit reellem Haupttetraëder $ABCD$ ist zu sich selbst polar bezüglich jedes Polarsystemes, von welchem $ABCD$ ein Poltetraëder ist. Sind nämlich g, g_1 zwei reciproke Polaren hinsichtlich des Polarsystemes, so sind die Ebenenbüschel g $(ABCD)$ und g_1 $(ABCD)$ projectiv (II. Abth. Anhang Nr. 56); die Polare g_1 eines beliebigen Complexstrahles g ist demnach (Seite 6) gleichfalls ein Strahl des Complexes. — Die Polaren einer Geraden g bezüglich der ∞^3 Polarsysteme und Flächen zweiter Ordnung, welche $ABCD$ zum Poltetraëder haben, bilden also einen tetraëdralen quadratischen Complex; $ABCD$ ist das Haupttetraëder und g ein Strahl dieses Complexes.

9. Ein tetraëdraler Complex mit reellem Haupttetraëder geht in sich selbst über durch jede Collineation, welche die Eckpunkte A, B, C, D des Tetraëders in sich selbst überführt. Weil nämlich je zwei homologe Ebenenbüschel g $(ABCD)$ und g_1 $(ABCD)$ der Collineation projectiv sind, so entspricht einem beliebigen Complexstrahle g allemal ein Strahl g_1 des Complexes. — Eine beliebige Gerade wird also durch die ∞^3 Collineationen, welche A, B, C, D zu Doppelpunkten haben, in die Strahlen eines tetraëdralen Complexes transformirt, von welchem $ABCD$ das Haupttetraëder ist.

10. Insbesondere geht ein tetraëdraler Complex mit reellem Haupttetraëder in sich selbst über durch sieben involutorische Collineationen, von denen vier centrisch sind und je einen Eckpunkt des Tetraëders zum Centrum und die gegenüberliegende Ebene zur Involutionsebene haben, die übrigen drei aber geschaart sind und je zwei Gegenkanten des Tetraëders zu Involutionsaxen haben. Ein beliebiger Complexstrahl g wird durch diese sieben Collineationen in sieben andere Complexstrahlen transformirt, die mit g auf einer Regelfläche zweiter Ordnung liegen (II. Abth., Anhang Nr. 54); $ABCD$ ist ein Poltetraëder dieser Fläche.

11. Durch eine biquadratische Raumcurve erster Art ist ein tetraëdraler quadratischer Complex bestimmt, welcher alle Tangenten der Curve enthält (Seite 19). Der Complex hat das gemeinsame Poltetraëder der ∞^1 durch die Curve gehenden Flächen zweiter Ordnung zum Haupttetraëder und wird durch die Polarsysteme dieser Flächen erzeugt. Je zwei Curvenpunkte, deren Tangenten sich schneiden, liegen mit einem Hauptpunkte des Complexes in einer Geraden; letztere wird in dem Hauptpunkte von ∞^1 anderen Sehnen der Curve geschnitten und liegt mit ihnen auf einem Kegel zweiter Ordnung.

12. Ein tetraëdraler Complex mit reellem Haupttetraëder $ABCD$ enthält die Tangenten von dreifach unendlich vielen biquadratischen Raumcurven erster Art. Jeder zu den Tetraëderkanten windschiefe Complexstrahl s berührt in einem beliebigen seiner Punkte P eine dieser Raumcurven; in der Curve schneiden sich die ∞^1 Flächen zweiter Ordnung, welche $ABCD$ zum Poltetraëder haben und s in P berühren (Nr. 11; vgl. II. Abth., Anhang Nr. 53). Alle jene den Strahl s berührenden Raumcurven liegen mit s auf einer Regelfläche zweiter Ordnung, welche $ABCD$ zum Poltetraëder hat. Eine beliebige der ∞^3 Flächen zweiter Ordnung, von denen $ABCD$ ein Poltetraëder ist, berührt ∞^2 Complexstrahlen, nämlich i. A. zwei in jedem ihrer Punkte; diese ∞^2 Strahlen aber sind die Tangenten von ∞^1 biquadratischen Raumcurven der Fläche, und zwar gehen durch einen beliebigen Punkt der Fläche i. A. zwei dieser Curven. Der tetraëdrale Complex wird erzeugt durch ∞^3 Büschel von Polarsystemen (vgl. Nr. 11).

Specielle F^2-Büschel und tetraëdrale Complexe.

13. Ein tetraëdraler quadratischer Complex ist speciell, wenn zwei seiner Hauptpunkte sich in einem Punkte A vereinigen. Sein Haupttetraëder artet aus, indem zugleich seine den beiden Hauptpunkten gegenüber liegenden Ebenen mit einer durch A gehenden Ebene α zusammenfallen. Die cubischen Ordnungscurven und die Kegel des Complexes berühren in A eine Kante k des Tetraëders, die Complexkegelschnitte aber werden von α in je einem Punkte der gegenüber liegenden Tetraëderkante k_1 berührt. Die übrigen zwei paar Gegenkanten des Haupttetraëders fallen

zusammen mit einem in α liegenden Paare reeller oder imaginärer Strahlen des Punktes A; sie haben mit k_1 die übrigen beiden Eckpunkte des Tetraëders gemein und liegen mit k in den übrigen beiden Ebenen desselben.

14. Wird dieser specielle tetraëdrale Complex durch die Polarsysteme der Flächen eines F^2-Büschels erzeugt, so ist bezüglich derselben α die Polarebene von A (vgl. Seite 17). Die Flächen des F^2-Büschels berühren folglich sich und α im Punkte A, und der F^2-Büschel ist ebenfalls speciell. — Zwei Flächen zweiter Ordnung, die sich in einem Punkte A berühren, bestimmen allemal einen speciellen F^2-Büschel, und ihre Polarsysteme erzeugen einen speciellen tetraëdralen Complex. Denn die Polaren von A bezüglich der beiden Flächen fallen mit der Berührungsebene α dieses Punktes zusammen, von dem Haupttetraëder des Complexes ist folglich A ein Eckpunkt und α die gegenüberliegende Ebene; weil aber α durch A geht, so vereinigt sich mit A ein zweiter Eckpunkt des Tetraëders, und der Complex ist speciell, mit ihm aber der F^2-Büschel.

15. Der specielle F^2-Büschel enthält einen reellen oder imaginären Kegel zweiter Ordnung, welcher aus dem Hauptpunkte A die Grundcurve des Büschels projicirt (Seite 20). Die Schnittlinien dieses Kegels mit der Ebene α berühren beide die Grundcurve im Punkte A, welcher demnach ein Doppelpunkt der Curve ist. Der Polstrahl von α bezüglich des Kegels berührt in A die cubischen Ordnungscurven und die Kegel des tetraëdralen Complexes und ist von dessen Haupttetraëder eine Kante k; die gegenüberliegende Kante k_1 ist die Polare von k bezüglich aller Flächen des F^2-Büschels und liegt in α. Die übrigen beiden Gegenkanten des ausgearteten Haupttetraëders berühren diese Flächen in A und sind reciproke Polaren bezüglich derselben; ihre Construction führt zu einer leichten Aufgabe zweiten Grades. Sie bestimmen mit k_1 und k die übrigen beiden Eckpunkte und Ebenen des Haupttetraëders, können übrigens imaginär sein.

16. Die Flächen zweiter Ordnung, welche eine cubische Raumcurve k^3 mit einer ihrer Sehnen s verbinden, bilden einen speciellen F^2-Büschel. Sie berühren sich nämlich doppelt, und zwar in den reellen oder conjugirt imaginären Schnittpunkten A, B von k^3 und s. Die cubischen Ordnungscurven des zugehörigen tetraëdralen Complexes berühren sich ebenfalls doppelt in diesen beiden Punkten; ihre Tangenten a, b in resp. A und B sind zwei Schmiegungs-

strahlen von k^3 und schneiden die Tangenten der resp. Punkte B und A von k^3, wenn diese Punkte reell sind (vgl. Nr. 15). Von dem Haupttetraëder des Complexes fallen in A und B je zwei Eckpunkte und in s zwei paar Gegenkanten zusammen; die Geraden a, b bilden die übrigen beiden Gegenkanten, und in jeder der beiden Ebenen, welche durch s gehen und k^3 in A und B berühren, vereinigen sich zwei Ebenen des Tetraëders. Die beiden Schmiegungsstrahlen a, b von k^3 sind reciproke Polaren bezüglich aller Flächen des F^2-Büschels.

17. Wenn ein F^2-Büschel ein Ebenenpaar enthält, so besteht seine Grundcurve aus zwei Kegelschnitten, und seine Flächen berühren sich doppelt. Die beiden Kegelschnitte, von denen einer oder jeder imaginär sein kann, liegen in je einer Ebene des Paares und haben mit der Schnittlinie s ihrer Ebenen die beiden Berührungspunkte der Flächen gemein. Bezüglich der Flächen dieses singulären F^2-Büschels hat die Gerade s eine und dieselbe Polare s_1, und ein beliebiger Punkt von s eine und dieselbe durch s_1 gehende Polarebene. Der zu dem Büschel gehörige quadratische Complex hat sonach alle Punkte von s zu Hauptpunkten und alle Ebenen von s_1 zu Hauptebenen; er besteht aus den Geraden, welche theils s theils s_1 schneiden, zerfällt also in zwei specielle lineare Complexe. Die cubischen Ordnungscurven des Complexes zerfallen in s und je einen Kegelschnitt k^2, welcher mit s_1 in einer Ebene liegt. Die Kegelschnitte k^2 haben zwei reelle oder imaginäre Hauptpunkte gemein, die auf s_1 liegen und mit je zwei conjugirten Punkten von s ein Haupttetraëder des Complexes und Poltetraëder des F^2-Büschels bilden.

18. Ein anderer singulärer F^2-Büschel ist bestimmt durch zwei Involutionen u, u_1 conjugirter Punkte, die in zwei windschiefen reciproken Polaren liegen. Zwei beliebige Punktepaare von u und u_1 bilden allemal die Eckpunkte eines Poltetraëders dieses Büschels. Sind M, N die Doppelpunkte von u, und M_1, N_1 diejenigen von u_1, so schneiden sich die Flächen des F^2-Büschels in den Kanten des windschiefen Vierecks MM_1NN_1, und zwei von ihnen zerfallen in je zwei Gegenebenen des Vierecks. Uebrigens können die vier Doppelpunkte paarweise imaginär sein. Die Geraden, welche je einem Punkte oder einer Ebene des Raumes conjugirt sind bezüglich aller Flächen dieses speciellen Büschels, bilden keinen quadratischen Complex, sondern die lineare Congruenz der mit u und u_1 incidenten Strahlen.

19. Ein dritter singulärer F^2-Büschel besteht aus Flächen zweiter Ordnung, die sich längs eines reellen oder imaginären Kegelschnittes k^2 berühren; seine Grundcurve reducirt sich auf diesen doppelt zu zählenden Kegelschnitt, und eine seiner Flächen reducirt sich auf die Ebene η desselben. Jeder Punkt von η hat bezüglich der Flächen des Büschels identische Polarebenen; jedes Poldreieck des Kegelschnittes k^2 bildet folglich mit dem Pole E von η ein Poltetraëder des F^2-Büschels, und jede Gerade von η hat bezüglich jener Flächen eine durch E gehende Polare. Die Pole einer veränderlichen Ebene und die Polaren eines veränderlichen Punktes in Bezug auf zwei beliebige Flächen des Büschels sind homologe Punkte resp. homologe Ebenen von perspectiven Räumen, die η zur Collineationsebene und den Pol E von η zum Collineationscentrum haben. Jeder Ebene ist ein Strahl von E, jedem Punkte aber eine Gerade von η conjugirt bezüglich aller Flächen des Büschels. Der F^2-Büschel besteht, wenn η unendlich fern liegt, aus concentrischen, ähnlichen und ähnlich liegenden Flächen zweiter Ordnung. — Die F^2-Büschel der Nummern 18 und 19 sind Specialfälle des in Nr. 17 besprochenen F^2-Büschels.

Flächen dritter Ordnung.

20. Drei collineare Bündel S, S_1, S_2 erzeugen eine Fläche F^3 dritter Ordnung mit dem Doppelpunkte D, wenn in D drei homologe Strahlen d, d_1, d_2 der Bündel sich schneiden. Dem Punkte D von F^3 entsprechen in einer Bildebene η, die zu den Bündeln reciprok ist, alle Punkte einer Geraden d' (vgl. Seite 55). Alle cubischen Raumcurven des ersten und des zweiten Curvennetzes von F^3 gehen durch D, und dieser Doppelpunkt ist Mittelpunkt von je einer Reihe collinearer Bündel der zugehörigen Bündelnetze $|S_2|$ und $|P_2|$ (vgl. Seite 58).

21. Von den sechs Hauptstrahlen der Fläche F^3, in denen je drei homologe Ebenen von S, S_1 und S_2 sich schneiden, gehen i. A. drei durch den Doppelpunkt D; dieselben entsprechen drei in der Geraden d' liegenden Hauptpunkten der Bildebene η und in sie zerfällt eine cubische Raumcurve l^3 des ersten Curvennetzes von F^3. Nämlich die drei homologen Ebenenbüschel d, d_1, d_2 von S, S_1, S_2 erzeugen diese zerfallende Raumcurve (vgl. I. Abth.,

Seite 129), welche in η durch die Gerade d' und deren drei Hauptpunkte abgebildet wird. Auch von dem zweiten Curvennetze der Fläche zerfällt eine cubische Raumcurve k^3 in drei durch D gehende Gerade. Weil nun jede Curve k^3 des zweiten Netzes mit jeder l^3 des ersten Netzes durch eine Fläche zweiter Ordnung verbunden werden kann (Seite 59), so ergiebt sich:

Durch den Doppelpunkt D gehen i. A. sechs Gerade der cubischen Fläche F^3; dieselben liegen auf einem Kegel zweiter Ordnung. Die erste Polare von D in Bezug auf F^3 fällt mit diesem Kegel zusammen, weil auch sie die sechs Geraden enthält (vgl. Seite 64).

22. Wir setzen nunmehr die sechs Hauptpunkte der Bildebene η wieder als reell voraus und bezeichnen die 27 Geraden der Fläche F^3 zunächst ganz so, wie im neunten Vortrage. Es seien a_1, a_2, a_3 die drei Hauptstrahlen von F^3, welche durch D gehen und deren entsprechende drei Hauptpunkte in der Geraden d' liegen; dann gehen auch die drei Geraden b_4, b_5, b_6 durch D, weil sie diese drei Hauptstrahlen schneiden. Die sechs Geraden c_{23}, c_{31}, c_{12}, c_{56}, c_{64}, c_{45} fallen mit resp. a_1, a_2, a_3, b_4, b_5, b_6 zusammen; denn z. B. die Schnittlinie c_{23} der Ebenen $a_2 b_3$ und $a_3 b_2$ geht durch D, schneidet b_2 und b_3 ebenso wie der Hauptstrahl a_1 und ist deshalb mit a_1 identisch. Die übrigen fünfzehn, von a_1, a_2, a_3, b_4, b_5, b_6 verschiedenen Geraden c_{ik} der cubischen Fläche liegen in den 15 Ebenen, welche je zwei der sechs durch D gehenden Geraden verbinden.

Die nachfolgende Untersuchung dieser 15 Geraden, ihrer Schnittpunkte und ihrer Verbindungsebenen verdanken wir, abgesehen von Nr. 39 bis 44, einer klassischen Abhandlung Cremona's.*)

23. Wir bezeichnen die sechs durch den Doppelpunkt D gehenden und auf einem Kegel zweiter Ordnung liegenden Geraden der cubischen Fläche F^3 nunmehr mit $1'$, $2'$, $3'$, $4'$, $5'$, $6'$. Sie sind mit einander vertauschbar, und $1'$, $2'$, $3'$, $4'$ können als vier beliebige von diesen sechs Geraden betrachtet werden. Die übrigen fünfzehn Geraden g der Fläche bezeichnen wir mit

$$1'2',\ 1'3',\ 1'4',\ 1'5',\ 1'6',\ 2'3',\ 2'4',\ \ldots\ldots,\ 4'6',\ 5'6',$$

---

*) Cremona, Teoremi stereometrici dai quali si deducono le proprietà del Esagramma di Pascal (Mem. d. R. Accad. dei Lincei, 1876—77); vgl. Math. Annalen 13, S. 301—4. Herr Cremona hat mir bereitwilligst gestattet, diese seine schönen Untersuchungen hier den deutschen Mathematikern und insbesondere den deutschen Studirenden zugänglich zu machen.

und nehmen an, dass die Gerade *1'2'* mit *1'* und *2'*, überhaupt *ik* mit den Geraden *i* und *k* in einer Ebene liegt.

Zwei der 15 Geraden *g* schneiden sich, wenn ihre Symbole keine Ziffer gemein haben; z. B. *1'2'* und *3'4'* schneiden sich in dem Punkte, in welchem *1'2'* die Verbindungsebene von *3'* und *4'* trifft, weil dieser Punkt auf F^3 und damit auf *3'4'* liegt. Jede der Geraden *g* schneidet also drei paar andere und liegt mit ihnen in drei, die Fläche F^3 dreifach berührenden Ebenen △. Beispielsweise liegt die Gerade *1'2'* mit den drei paar sie schneidenden Geraden *g* in den Ebenen

1'2' . *3'4'* . *5'6'*, *1'2'* . *3'5'* . *4'6'*, *1'2'* . *3'6'* . *4'5'*.

Die 15 Geraden *g* der cubischen Fläche bilden demnach 15 Dreiecke △ und schneiden sich in 45 Punkten *A*; jede von ihnen enthält drei paar Punkte *A* in Involution (Seite 91). Ein beliebiges der 15 Dreiecke △ hat mit drei paar anderen je eine, mit den acht übrigen aber keine Seite gemein.

24. Von zwei Dreiecken △, die keine Seite gemein haben, sagen wir mit Cremona, „sie bilden ein Paar“. Jedes der fünfzehn Dreiecke △ kommt sonach in acht Paaren vor, und die Anzahl aller Dreieckpaare ist $15 . 4 = 60$. Die Schnittlinie *p* der beiden Ebenen eines Paares hat mit der Fläche F^3 drei Punkte *A* gemein, in welchen je zwei Seiten der beiden Dreiecke sich und *p* schneiden. Beispielsweise bilden die Dreiecke *1'2'* . *3'4'* . *5'6'* und *4'5'* . *6'1'* . *2'3'* ein Paar, und die Schnittlinie *p* ihrer Ebenen hat mit F^3 die drei Punkte *1'2'* . *4'5'*, *3'4'* . *6'1'* und *5'6'* . *2'3'* gemein.

Projicirt man aus dem Doppelpunkte *D* die drei paar sich schneidenden Seiten eines Dreieckpaares auf eine beliebige Ebene, so erhält man die drei paar Gegenseiten eines einfachen Sechsecks, dessen Eckpunkte auf den sechs Geraden *1'*, *2'*, *3'*, *4'*, *5'*, *6'* und somit auf einem Kegelschnitte liegen; die Projection der Geraden *p* enthält die Schnittpunkte der drei paar Gegenseiten und ist die Pascal'sche Gerade des Sechsecks. Cremona nennt deshalb *p* selbst eine Pascalgerade und entlehnt der Theorie der Pascal'schen Sechsecke ebenso die später folgenden N men.

25. Die Ebenen der 60 paar Dreiecke △ schneiden sich also in 60 Pascalgeraden *p*, welche je drei der 45 Punkte *A* enthalten; in jeder der 15 Ebenen △ liegen acht dieser Geraden *p*. Durch jeden der 45 Punkte *A* gehen vier Pascalgerade; denn die beiden Geraden *g*, welche in einem Punkte *A* sich schneiden, liegen in

je drei Ebenen △, und nur zwei dieser sechs Ebenen fallen zusammen, die übrigen vier aber schneiden sich in den vier durch A gehenden Pascalgeraden p. Beispielsweise gehen durch den Punkt $1'2'.3'4'$ die vier p, welche die Ebenen $1'2'.3'5'.4'6'$ und $1'2'.3'6'.4'5'$ mit $3'4'.1'6'.2'5'$ und $3'4'.1'5'.2'6'$ gemein haben.

26. Jedes paar Dreiecke △ bestimmt zwei conjugirte Dreikante oder Steiner'sche Triëder (Seite 88); jedes dieser Triëder wird von den Ebenen des andern in drei Dreiecken △ geschnitten. Beispielsweise bestimmen die Dreiecke $1'3'.4'6'.2'5'$ und $6'2'.3'5'.1'4'$ durch ihre drei paar incidenten Seiten das Triëder der Ebenen $1'3'.6'2'.4'5'$, $4'6'.3'5'.1'2'$, $2'5'.1'4'.3'6'$; ihre beiden Ebenen aber bilden mit $4'5'.1'2'.3'6'$ das conjugirte Triëder. Die Mittelpunkte S, S_1 von zwei conjugirten Triëdern heissen conjugirte Steinerpunkte; die Kanten der conjugirten Triëder sind sechs Pascalgerade. Jede der 60 Pascalgeraden p ist Kante eines Steiner'schen Triëders und enthält einen Steinerpunkt S; durch jeden Steinerpunkt aber gehen drei Pascalgerade.

Die 15 dreifach berührenden Ebenen △ bilden demnach 20 Steiner'sche Triëder oder zehn paar conjugirte Triëder; die Kanten und Mittelpunkte der 20 Triëder sind die 60 Pascalgeraden p und die 20 Steinerpunkte S. Jede Ebene △ enthält vier Steinerpunkte S; sie kommt nämlich in vier Triëdern vor, weil sie vier paar Pascalgerade p enthält (Nr. 25).

27. Mit den beiden Dreiecken △ eines beliebigen Paares, z. B. mit $1'2'.3'4'.5'6'$ und $3'5'.1'6'.2'4'$, haben ausser dem Dreiecke $4'6'.2'5'.1'3'$, welches mit ihnen auf einem Steiner'schen Triëder liegt, nur drei andere Dreiecke △ keine Seite gemein, nämlich:

$$3'6'.2'5'.1'4', \quad 4'5'.2'6'.1'3' \text{ und } 4'6'.1'5'.2'3'.$$

Diese drei △ bilden mit jenen beiden eine Gruppe von fünf Dreiecken, die zusammen alle fünfzehn Geraden g der Fläche F^3 enthalten, und von denen keine zwei eine Seite gemein haben.

Die Ebenen der fünf Dreiecke bilden demnach ein Fünfflach, dessen zehn Kanten aus Pascalgeraden p bestehen und welches ich ein Cremona'sches Pentaëder nenne. Das Pentaëder ist durch je zwei seiner fünf Ebenen △ oder auch durch eine beliebige seiner 10 Kanten p bestimmt, und hat mit der Fläche F^3 die 15 Geraden g gemein.

28. Die 60 Pascalgeraden sind die Kanten von sechs Cremona'schen Pentaëdern, welche von je fünf Ebenen △ gebildet werden

(Nr. 27). Jede der 15 Ebenen △ kommt in zweien dieser Pentaëder vor und wird von deren übrigen Ebenen in ihren acht Pascalgeraden geschnitten. Beliebige zwei der sechs Pentaëder haben allemal eine Ebene △ gemein; denn die fünf Ebenen von einem beliebigen der Pentaëder liegen in je einem der übrigen fünf Pentaëder.

Die 60 Eckpunkte K der sechs Pentaëder heissen Kirkmanpunkte; durch jeden von ihnen gehen drei Pascalgerade p, und auf jeder p liegen $3K$. In den Pentaëdern liegt jeder Pascalgeraden ein Kirkmanpunkt K gegenüber. Die 15 Ebenen △ enthalten jede acht Pascalgerade und zwölf Kirkmanpunkte, welche zwei vollständige Vierseite bilden.

29. Die dreifach berührende Ebene $1'2'.3'4'.5'6'$ liegt mit den Ebenenquadrupeln:

$3'5'.1'6'.2'4'$, $3'6'.2'5'.1'4'$, $4'5'.2'6'.1'3'$, $4'6'.1'5'.2'3'$
und $4'6'.2'5'.1'3'$, $4'5'.1'6'.2'3'$, $3'6'.1'5'.2'4'$, $3'5'.2'6'.1'4'$

in zwei Cremona'schen Pentaëdern; zugleich bildet sie mit jeder Ebene des ersten Quadrupels und der darunter verzeichneten Ebene des zweiten ein Steiner'sches Triëder. Auf den vier Schnittlinien p dieser vier paar Ebenen liegen deshalb die vier Steinerpunkte der Ebene $1'2'.3'4'.5'6'$. Nun gehen aber diese vier Pascalgeraden p durch je drei der folgenden sechs Punkte A:

$3'5'.4'6'$, $1'6'.2'5'$, $2'4'.1'3'$, $3'6'.4'5'$, $2'6'.1'5'$, $1'4'.2'3'$,

in welchen sie sich schneiden; sie bilden folglich ein vollständiges Vierseit mit diesen 6 Eckpunkten A, und liegen in einer Plückerebene π. Die vier Steinerpunkte S der Ebene $1'2'.3'4'.5'6'$ aber liegen auf der Schnittlinie der Ebene mit π, also in einer Geraden, welche eine Plücker- oder Steinergerade heissen möge. Das Nämliche gilt von jeder anderen dreifach berührenden Ebene △.

30. Von jeder der 15 Ebenen △ liegen also die vier Steinerpunkte S auf einer Steinergeraden s; die vier Pascalgeraden aber, welche der Ebene △ in den vier sie enthaltenden Steiner'schen Triëdern gegenüberliegen, schneiden sich in sechs Punkten A und liegen mit s in einer Plückerebene π. Es giebt 15 Steinergerade s, welche je vier Steinerpunkte, und 15 Plückerebenen π, welche je eine Steinergerade s, je vier Pascalgerade p, je sechs Punkte A und je zwölf Kirkmanpunkte K enthalten. Die $60p$ liegen in je einer, die $45A$ aber in je zwei der 15 Ebenen π.

Die 10 Kanten p eines Cremona'schen Pentaëders enthalten

zehn Steinerpunkte S, nämlich jede einen (Nr. 26); in jeder Ebene $\triangle$ des Pentaëders aber liegen vier dieser 10 S auf einer Steinergeraden s. Die 10 Punkte S liegen also zu vieren in fünf Geraden s, und je zwei der 5 s schneiden sich auf einer der Kanten p in einem der 10 Punkte S. Kurz, die 5 s und die 10 S sind die Seiten und Eckpunkte eines vollständigen Fünfseits und liegen in einer Ebene γ.

31. Solcher Cremona-Ebenen γ giebt es sechs; jede von ihnen gehört zu einem der sechs Cremona'schen Pentaëder und schneidet dessen 5 Ebenen und 10 Kanten in 5 Steinergeraden s und 10 Steinerpunkten S. Weil je zwei dieser Pentaëder eine Ebene $\triangle$ gemein haben (Nr. 28), so schneiden sich je zwei der sechs Ebenen γ in einer Steinergeraden s. Das Sechsflach der 6 Cremona-Ebenen γ hat folglich die 15 Steinergeraden s zu Kanten und die 20 Steinerpunkte S zu Eckpunkten.

32. Eine beliebige Ebene schneidet die sechs durch D gehenden Geraden der cubischen Fläche F^3 in sechs Punkten eines Kegelschnittes. Projiciren wir nun die bisher betrachteten Geraden und Punkte aus dem Doppelpunkte D auf diese Ebene, so ergeben sich die folgenden Sätze über Pascal's Hexagramma mysticum (vgl. Nr. 24).

Sechs Punkte eines Kegelschnittes sind die Eckpunkte von 60 einfachen Sechsecken, deren Gegenseiten auf je einer Pascalgeraden p sich schneiden. Ihre 15 Verbindungslinien g haben ausser den 6 Punkten noch 45 Schnittpunkte A, welche zu sechsen auf den 15 g und zu dreien auf den 60 Pascalgeraden p liegen. Die 60 p gehen zu vieren durch die 45 Punkte A, ausserdem aber zu dreien durch 20 Steinerpunkte S und 60 Kirkmanpunkte K; jede Pascalgerade p enthält einen Steinerpunkt und drei Kirkmanpunkte. Die 20 S sind die Projectionen der 20 Eckpunkte eines vollständigen Sechsflaches (Nr. 31); sie liegen zu vieren in 15 Plücker- oder Steinergeraden s und bilden mit diesen die Eckpunkte und Seiten von 6 vollständigen Fünfseiten (Nr. 30). Jedem Steinerpunkte S ist ein anderer S_1 conjugirt, und zwar auch bezüglich des Kegelschnittes, wie weiterhin (Nr. 34) sich ergiebt. Die 60 Pascalgeraden p bilden zu vieren 15 Plücker'sche Vierseite, die je sechs der 45 Punkte A zu Eckpunkten haben, und je vier auf einer Geraden s liegende Steinerpunkte S enthalten.

Die 60 Pascalgeraden p und die 60 Kirkmanpunkte K gruppiren sich zu sechs Veronese-Cremona'schen Configurationen von je $10p$ und $10K$. Jede dieser Configurationen kann (Nr. 28) als Projection eines vollständigen Fünfflaches und daher auch als Schnitt eines vollständigen Fünfecks aufgefasst werden; sie ist zu sich selbst reciprok-polar, ihre 10 Geraden p enthalten je drei ihrer 10 Punkte K, und durch ihre $10K$ gehen je drei ihrer $10p$; die Steinerpunkte S ihrer 10 Pascalgeraden bilden die 10 Eckpunkte von einem der 6 vollständigen Fünfseite, die aus je 5 Steinergeraden s bestehen.

Die 60 Kirkmanpunkte K liegen, wie unten (Nr. 37) sich ergiebt, zu dreien noch auf 20 Salmon- oder Cayleygeraden c, die je einen Steinerpunkt S enthalten; diese $20c$ aber gehen zu vieren durch 15 Salmonpunkte S', und jede von ihnen enthält drei dieser S'. Die 20 Cayleygeraden und 15 Salmonpunkte sind die Projectionen der 20 Geraden und 15 Punkte einer bekannten Configuration, welche 15 paar perspective Tetraëder enthält.

33. Wir wenden uns nach dieser Abschweifung wieder den sechs Cremona'schen Pentaëdern zu, und bezeichnen dieselben mit *1*, *2*, *3*, *4*, *5*, *6*. Mit *12* bezeichnen wir die gemeinsame Ebene $\triangle$ der Pentaëder *1* und *2*, mit *1(23)* die Pascalgerade p, in welcher die Ebenen *12* und *13* des Pentaëders *1* sich schneiden, mit *1(234)* den Kirkmanpunkt K, welchen die drei Ebenen *12*, *13*, *14* von *1* gemein haben, u. s. w. Da die Pentaëder mit einander vertauschbar sind, so können *1*, *2*, *3*, *4* als beliebige vier von ihnen betrachtet werden, und was für diese bewiesen wird, gilt von je vier der sechs Pentaëder.

Die Ebenen von zwei Dreiecken $\triangle$, die ein Paar bilden, liegen in einem und demselben Pentaëder (Nr. 27); ihre Symbole haben deshalb eine Ziffer gemein, wie *12* und *13*. Dagegen bilden die Ebenen *12* und *34* kein Paar, sie schneiden sich nicht in einer Pascalgeraden p, sondern in einer der 15 Geraden g von F^3. Durch dieselbe g aber geht auch die Ebene *56*, weil jedes der 6 Pentaëder in seinen 5 Ebenen $\triangle$ alle $15g$ enthält. Die sechs Pentaëder führen demnach zu einer Bezeichnung der 15 Ebenen $\triangle$ und der 15 Geraden g, welche der früheren Bezeichnung der $15g$ bezw. der $15\triangle$ ganz analog ist.

34. Wir bezeichnen mit *123* das Dreiflach der Ebenen *23*, *31* und *12*, welche in je zweien der Pentaëder *1*, *2*, *3* liegen. Zwei Dreiflache, wie *123* und *456*, deren Symbole keine Ziffer gemein haben, sind allemal conjugirte Steiner'sche Triëder, weil jedes derselben von den Ebenen des andern in drei Dreiecken $\triangle$

geschnitten wird (Nr. 33). In dem Mittelpunkte S des Triëders *123* schneiden sich (Nr. 31) die Cremona-Ebenen der drei Pentaëder *1*, *2*, *3*; diejenigen der übrigen drei Pentaëder schneiden sich in dem Mittelpunkte S_1 von *456*. Die 10 paar conjugirten Steinerpunkte S, S_1 sind demnach die 10 paar Gegenpunkte des Sechsflaches der Cremona-Ebenen γ.

Die Mittelpunkte conjugirter Triëder liegen auf der Kernfläche K^4 der cubischen Fläche F^3 und sind reciproke Pole in Bezug auf F^3 (Seite 102); d. h. sie sind conjugirt bezüglich der ersten Polaren aller Punkte nach F^3. Das Sechsflach der Cremona-Ebenen γ ist also ein Polsechsflach der cubischen Fläche F^3 und ihrer ersten Polaren (vgl. Seite 115); seine Gegenpunkte sind conjugirt bezüglich der ersten Polaren und insbesondere (Nr. 21) bezüglich des Kegels D^2 zweiter Ordnung, welcher die sechs Geraden *1'*, *2'*, *3'*, *4'*, *5'*, *6'* der Fläche F^3 verbindet.

35. Hier möge eine Bemerkung Cremona's über die allgegemeine cubische Fläche mit 27 reellen Geraden ihren Platz finden. Die 27 Geraden bilden 36 Doppelsechse, und nach Ausscheidung der 12 Geraden einer Doppelsechs bleiben 15 Gerade übrig, die wir wie früher (Seite 82) mit

$$c_{12},\ c_{13},\ c_{14},\ c_{15},\ c_{16},\ c_{23},\ c_{24},\ \ldots,\ c_{56}$$

bezeichnen. Zwei dieser 15 Geraden nun schneiden sich, wenn ihre Symbole, wie c_{12} und c_{34} keinen Index gemein haben. Für die 15 Geraden c_{ik} gelten deshalb alle Sätze, die wir für die 15 Geraden g der cubischen Fläche mit Doppelpunkt bewiesen haben; denn lediglich von der Bemerkung ausgehend, dass zwei Gerade g sich schneiden, wenn ihre Symbole, wie *1'2'* und *3'4'*, keine Ziffer gemein haben, gelangten wir zu jenen Sätzen.

Auch die 15 Geraden c_{ik} der allgemeinen cubischen Fläche liegen also zu dreien in 15 dreifach berührenden Ebenen $\triangle$, welche 10 paar conjugirte Steiner'sche Triëder und 5 Cremona'sche Pentaëder bilden; die 15 Ebenen $\triangle$ schneiden sich zu dreien in den 15 Geraden c_{ik} und zu zweien in 60 Pascalgeraden p, welche je einen Steinerpunkt S und je drei Kirkmanpunkte K enthalten; die 10 paar conjugirten Steinerpunkte aber sind die 10 paar Gegenpunkte eines vollständigen Sechsflaches, welches von der cubischen Fläche ein Polsechsflach ist. Den 36 Doppelsechsen der Fläche entsprechen übrigens 36 Polsechsflache, und jedes der 120 Paare conjugirter Steinerpunkte kommt in drei Polsechsflachen vor. — Auch die weiterhin bewiesenen Sätze gelten ebensowohl für die allgemeine cubische Fläche wie für diejenige mit einem Doppelpunkte.

36. Die dreifach berührende Ebene *56* schneidet in den drei Seiten *g* ihres Dreiecks △ die drei paar Ebenen

12,*34*; *13*,*24* und *23*,*14*

(Nr. 33). Die letzteren zwei paar Ebenen gehen folglich durch einen Eckpunkt *A* dieses Dreiecks und schneiden sich ausserhalb der Ebene *56* in den vier durch *A* gehenden Pascalgeraden:

3(*12*), *4*(*12*), *1*(*34*), *2*(*34*).

Von den vier Pascalgeraden *p*, welche der Ebene *12* in ihren vier Steinerpunkten *S* begegnen, nämlich von den vier Geraden:

3(*12*), *4*(*12*), *5*(*12*), *6*(*12*)

schneiden sich also die beiden ersteren und ebenso je zwei andere in einem Punkte *A*; woraus wiederum folgt, dass diese 4*p* in einer Plückerebene π oder (*12*), die 4 *S* aber in einer Steinergeraden *s* liegen. In letzterer wird die Ebene *12* von der Plückerebene (*12*) geschnitten. Die Plückerebene (*34*) verbindet mit der Steinergeraden von *34* u. A. die beiden Pascalgeraden *1*(*34*) und *2*(*34*); sie geht also durch denselben Eckpunkt des in *56* liegenden Dreiecks △, wie die Plückerebene (*12*), und ist durch die übrigen beiden Eckpunkte *A* harmonisch von (*12*) getrennt.

37. Die drei Plückerebenen (*12*), (*13*) und (*23*) schneiden sich in einer Salmon- oder Cayley-Geraden $c = (123)$, welche drei Kirkmanpunkte *K* und einen Steinerpunkt *S* enthält. Nämlich die drei Pascalgeraden:

4(*12*), *5*(*12*), *6*(*12*) der Plückerebene (*12*)

liegen (Nr. 33) mit den drei Geraden *p*:

4(*13*), *5*(*13*), *6*(*13*) der Ebene (*13*)

in den resp. drei Ebenen *41*, *51*, *61* des Pentaëders *1*, schneiden also diese 3*p* in drei Punkten der Geraden *c*, welche (*12*) mit (*13*) gemein hat. Die drei Schnittpunkte auf *c* sind die Kirkmanpunkte:

4(*123*), *5*(*123*), *6*(*123*),

welchen in den Pentaëdern *4*, *5*, *6* die resp. Pascalgeraden

4(*56*), *5*(*64*), *6*(*45*),

also die Kanten des Steiner'schen Triëders *456* gegenüberliegen. Durch dieselben drei Punkte *K* geht auch die Plückerebene (*23*), wie durch Vertauschung von *1* mit *3* sich ergiebt. Den Mittelpunkt *S* des Triëders *123* aber enthält die Gerade *c*, weil die Ebenen (*12*), (*13*) und (*23*) durch *S* gehen.

Diese Cayleygerade c, die wir mit (*123*) bezeichnen, verbindet also den Steinerpunkt S des Triëders *123* mit den drei Kirkmanpunkten K, welchen die drei Pascalgeraden des mit S conjugirten Steinerpunktes S_1 gegenüberliegen; durch S_1 geht die conjugirte Cayleygerade (*456*).

38. Es giebt 10 paar conjugirte Cayleygerade c. In jeder der $20\,c$ schneiden sich drei Plückerebenen π; in jeder c liegen drei Kirkmanpunkte K und ein Steinerpunkt S. Zwei Cayleygerade liegen in einer Plückerebene und schneiden sich, wenn ihre Symbole zwei Ziffern gemein haben; so liegen (*123*) und (*124*) in der Ebene (*12*). Die vier Cayleygeraden:

(*123*), (*124*), (*134*), (*234*)

liegen demnach zu zweien in den sechs Plückerebenen:

(*12*), (*13*), (*23*), (*34*), (*24*), (*14*);

sie bilden mit diesen $6\,\pi$ ein vollständiges Vierkant und gehen mit ihnen durch einen Salmonpunkt (*1234*) oder S'.

Ueberhaupt schneiden sich die 20 Cayleygeraden zu vieren und die 15 Plückerebenen zu sechsen in 15 Salmonpunkten S' und bilden 15 vollständige Vierkante. Jede der 15 Plückerebenen π enthält vier Cayleygerade c, die sich in sechs Salmonpunkten S' schneiden; beispielsweise enthält (*12*) die vier Geraden (*123*), (*124*), (*125*), (*126*) und deren 6 Salmonpunkte (*1234*), (*1235*), ..., (*1256*). Die 12 Kirkmanpunkte K einer Plückerebene π liegen zu dreien einerseits auf den vier Cayleygeraden c, andererseits (Nr. 28, 29) auf den vier Pascalgeraden p von π; die $4\,p$ schneiden die $4\,c$ in den $12\,K$ und den vier Steinerpunkten S von π.

39. Die 15 Plückerebenen π, die 20 Cayleygeraden c und die 15 Salmonpunkte S' bilden die bekannte Configuration $(15_6, 20_3)$, welche 15 paar perspective Tetraëder enthält.*) Eines dieser Tetraëderpaare hat die Plückerebene (*12*) zur Collineationsebene, den „gegenüberliegenden“ Salmonpunkt (*3456*) zum Collineationscentrum, und wird gebildet von den Plückerebenen:

(*13*), (*14*), (*15*), (*16*) und (*23*), (*24*), (*25*), (*26*);

denn letztere schneiden sich paarweise in den vier Cayleygeraden:

(*123*), (*124*), (*125*), (*126*)

der Ebene (*12*), und die homologen Eckpunkte der beiden Tetraëder,

*) Diese nicht unwichtige Bemerkung ist Herrn Cremona a. a. O. entgangen; im Uebrigen beschreibt derselbe die Configuration eingehend. Ueber Configurationen vergleiche man meine beiden Aufsätze in den Acta mathematica I, Christiania 1883.

wie (*1456*) und (*2456*), liegen mit dem Punkte (*3456*) auf je einer der vier Cayleygeraden:

(*456*), (*563*), (*634*), (*345*).

40. In dieser Configuration liegt jeder Plückerebene π ein Salmonpunkt S', und jeder Cayleygeraden c die conjugirte c_1 gegenüber, z. B. der Ebene (*13*) der Punkt (*2456*) und der Geraden (*123*) die conjugirte (*456*). Durch die Configuration ist, wie man leicht nachweist, ein räumliches Polarsystem bestimmt; und zwar ist jeder der 15 Salmonpunkte der Pol der ihm gegenüberliegenden Plückerebene, und jede Cayleygerade c die Polare der gegenüberliegenden c_1. (Vgl. die analoge Configuration in der Ebene, II. Abth. Seite 135).

Die Configuration enthält sechs vollständige Fünfecke und sechs vollständige Fünfflache, deren Eckpunkte, Kanten und Ebenen aus Salmonpunkten, Cayleygeraden und Plückerebenen bestehen. Die fünf Plückerebenen:

(*12*), (*13*), (*14*), (*15*), (*16*)

bilden eines dieser Fünfflache, und die ihnen gegenüberliegenden Salmonpunkte bilden eines der Fünfecke. Dieses Fünfeck macht mit dem Fünfflache zusammen die ganze Configuration aus, seine 10 Ebenen gehen durch je eine Kante, und seine Kanten durch je einen Eckpunkt des Fünfflaches. Die Steinerpunkte der 10 Kanten c des Fünfflaches liegen in der Cremona-Ebene γ des Pentaëders *1*; denn die 5 Ebenen *12*, *13*, ..., *16* von *1* schneiden die gleichnamigen Ebenen des Fünfflaches in ihren 5 Steinergeraden s.

41. Cremona nennt gelegentlich das Sechsflach der Ebenen γ, dessen Eckpunkte und Kanten die 20 Steinerpunkte und 15 Steinergeraden bilden, den Kern der ganzen räumlichen Figur. Mit grösserem Rechte scheint mir die Configuration der 15 π, 20 c und 15 S' diesen Namen zu verdienen; denn nicht nur ist sie mit den 15 Geraden g der cubischen Fläche ebenso innig wie das Sechsflach verbunden, sondern es ergeben sich auch aus ihr sehr leicht diese 15 Geraden, während letztere aus dem Sechsflache allein nicht abgeleitet werden können.

Um beispielsweise die Gerade g zu construiren, in welcher die Ebenen *12*, *34* und *56* sich schneiden (Nr. 33), bemerken wir, dass *56* mit den Ebenen *13* und *24* eine zweite Gerade g_1 gemein hat, und dass durch den Schnittpunkt A von g und g_1 die 4 Pascalgeraden:

1(23), 4(23), 2(14), 3(14)

und die sie paarweise verbindenden Plückerebenen (*23*) und (*14*) gehen (vgl. Nr. 36). Die Gerade *12.34.56* hat also mit der Schnittlinie (*23*) (*14*) dieser beiden Plückerebenen den Punkt A gemein, ebenso aber mit (*13*) (*24*) einen anderen Punkt A_1; die Verbindungsebene der beiden in (*1234*) sich schneidenden Geraden (*23*) (*14*) und (*13*) (*24*) geht folglich durch *12.34.56* oder g (Cremona). Durch Vertauschung von *12* und *34* mit *56* ergiebt sich hieraus:

In der Geraden *12.34.56* der cubischen Fläche F^3 schneiden sich die Ebenen der drei Geradenpaare:

(*23*) (*14*), (*13*) (*24*); (*45*) (*36*), (*35*) (*46*) und (*61*) (*52*), (*51*) (*62*).

Auf diese Weise kann mit Hülfe der 15 Plückerebenen π jede der 15 Geraden g von F^3 als Schnittlinie dreier Ebenen construirt werden. Durch die 15 g aber ist F^3 bestimmt; denn die Ebenen dieser Geraden schneiden die Fläche noch in je einem Kegelschnitte, von welchem acht Punkte bekannt sind als Schnittpunkte mit 8 anderen Geraden g.*)

42. Die Configuration (15_6, 20_3) der 15 paar perspectiven Tetraëder hängt i. A. von 19 Parametern ab. Man kann nämlich von zwei perspectiven Tetraëdern das eine nebst dem Centrum der Collineation ganz beliebig annehmen, von dem anderen aber die vier Eckpunkte beliebig auf den Geraden, welche die homologen Eckpunkte des ersteren mit dem Centrum verbinden; die Collineationsebene und die ganze Configuration sind dadurch bestimmt. Auch die allgemeine cubische Fläche hängt von 19, diejenige mit Doppelpunkt aber von nur 18 Parametern ab.**) Ich habe mich überzeugt, dass jede allgemeine Configuration (15_6, 20_3) auf die soeben angegebene Art zu einer allgemeinen cubischen Fläche F^3 führt, zugleich aber (Nr. 35) zu einer Doppelsechs dieser F^3. Nach einem Satze von Frdr. Schur besteht

---

*) De Paolis hat in seinen „Ricerche sulle superficie di 3° grado" (Memorie della R. Accad. dei Lincei, 1880/1, Serie 3ª, Vol. X) den innigen Zusammenhang der Tetraëder-Configuration (15_6, 20_3) mit einer Gruppe von sechs Flächen dritter Ordnung und sechs Flächen dritter Classe nachgewiesen. Die Fläche dritter Ordnung F^3, welche auf die soeben angegebene Art eindeutig durch die Configuration bestimmt wird, ist jedoch in der Gruppe de Paolis' nicht enthalten.

**) Vgl. meinen synthetischen Beweis in Crelle's Journal f. d. r. u. a. Math. Bd. 104 S. 224.

die Doppelsechs aus sechs paar reciproken Polaren bezüglich eines Polarsystemes; vermuthlich ist dieses identisch mit dem Polarsysteme, in welchem (nach Nr. 40) die Configuration sich selbst zugeordnet ist. Die zu einer cubischen Fläche mit Doppelpunkt gehörige Configuration muss ebenfalls speciell sein. Vielleicht sind ein Punkt derselben und die gegenüberliegende Ebene incident, oder sie sind harmonisch getrennt durch die homologen Eckpunkte der zugehörigen beiden perspectiven Tetraëder.

43. Eine dreifach berührende Ebene △ und eine Plückerebene π, deren Symbole, wie *56* und (*12*), keine Ziffer gemein haben, schneiden sich in einer Kirkmangeraden k. Solcher Geraden k giebt es neunzig, und zwar vertheilen sich dieselben zu sechsen einerseits auf die 15 △, andererseits auf die 15 π.

Jede Kirkmangerade k verbindet zwei der 60 Kirkmanpunkte K mit einem der 45 Punkte A. Denn die beiden Geraden *3*(*12*) und *4*(*12*) der Plückerebene (*12*) gehen mit *1*(*34*) und *2*(*34*) durch einen Eckpunkt A des in *56* liegenden Dreiecks △ (Nr. 36), während die übrigen beiden Pascalgeraden *5*(*12*) und *6*(*12*) von (*12*) die Kirkmanpunkte *5*(*126*) und *6*(*125*) mit *56* gemein haben. Die Schnittlinie k von *56* und (*12*) verbindet also in der That diese beiden Punkte K mit jenem A. Ebenso liegen auf der Kirkmangeraden *12*(*34*) die beiden Kirkmanpunkte *1*(*234*), *2*(*341*) und der Punkt A, welchen die Ebene *12* mit den vier Pascalgeraden

5(*34*), *6*(*34*), *3*(*56*), *4*(*56*)

gemein hat.

Die sechs Kirkmangeraden k, welche in der Ebene eines Dreiecks △ liegen, schneiden sich paarweise in den Eckpunkten von △ und bilden die drei paar Gegenseiten eines vollständigen Vierecks. Denn z. B. diejenigen der Ebene *56* sind die Schnittlinien von *56* mit den drei paar Plückerebenen:

(*12*), (*34*); (*13*), (*24*); (*14*), (*23*);

letztere aber gehen durch je einen Eckpunkt des in *56* liegenden Dreiecks △ (Nr. 36) und sind die drei paar Gegenebenen eines vollständigen Vierkants von Cayleygeraden (Nr. 38).

44. Die vier Kirkmanpunkte K:

1(*234*), *2*(*341*), *3*(*412*), *4*(*123*)

liegen zu zweien auf den sechs Kirkmangeraden k:

12(*34*), *13*(*42*), *14*(*23*), *34*(*12*), *42*(*13*), *23*(*14*),

und diese gehen durch je einen der sechs Punkte A, in welchen die vier Pascalgeraden:

$3(56)$, $4(56)$, $1(56)$, $2(56)$

der Plückerebene (56) sich schneiden (Nr. 43). Die 60 K und die 90 k vertheilen sich demnach auf fünfzehn Tetraëder als deren Eckpunkte und Kanten; und von jedem dieser Tetraëder gehen die vier Ebenen und sechs Kanten durch die vier Pascalgeraden und sechs Punkte A einer Plückerebene π, welche dem Tetraëder zugeordnet ist. Die Kanten eines solchen Tetraëders liegen auf den sechs Ebenen $\triangle$, welche vier Cremona'sche Pentaëder zu zweien gemein haben, sowie auf den zugehörigen sechs Plückerebenen π; letztere gehen durch einen Salmonpunkt S' und zu dreien durch vier Cayleygerade c (Nr. 38).

Den 20 Vierkanten, welche von den Kanten je eines Steiner'schen Triëders und der zugehörigen Cayleygeraden gebildet werden, sind je drei dieser 15 Tetraëder eingeschrieben. Beispielsweise sind die drei Tetraëder, welche je einen der Kirkmanpunkte

$1(234)$, $1(235)$, $1(236)$

zum Eckpunkt haben, dem Vierkant eingeschrieben, welches die Kanten des Triëders 123 mit der Cayleygeraden (123) bilden. Jedem der 15 Tetraëder sind vier der 20 Vierkante umschrieben.

Die acht associirten Schnittpunkte von drei Flächen zweiter Ordnung.

45. Drei Flächen zweiter Ordnung, die keine Linie gemein haben, schneiden sich in höchsens acht Punkten, welche associirte Punkte heissen. Durch sieben beliebige Punkte des Raumes ist der achte associirte Punkt i. A. eindeutig bestimmt (Seite 22); er liegt auf allen Flächen zweiter Ordnung, welche durch die sieben Punkte gehen. Acht associirte Punkte können mit jedem neunten Punkte durch eine Raumcurve vierter Ordnung erster Art und mit zwei beliebigen Punkten durch eine Fläche zweiter Ordnung verbunden werden (Seite 136). Verbindet man sechs der acht Punkte durch eine cubische Raumcurve, so hat diese die Verbindungslinie der übrigen beiden Punkte zur Sehne (Seite 21).

46. Wenn von sieben Punkten drei in einer Geraden oder fünf auf einem Kegelschnitte oder wenn alle sieben auf einer cubischen Raumcurve liegen, so ist ihr achter associirter Punkt unvollständig bestimmt, indem dann jeder Punkt dieser Linie erster, zweiter resp. dritter Ordnung als der achte associirte Punkt betrachtet werden kann (Seite 22). Liegen von acht associirten

Punkten vier in einer Ebene η, so sind auch die übrigen vier in einer Ebene gelegen; denn die Fläche zweiter Ordnung, welche die acht Punkte mit zwei beliebigen Punkten von η verbindet, zerfällt in η und eine andere, durch die letzteren vier Punkte gehende Ebene. Die acht Punkte bilden in diesem Falle zwei vollständige Vierecke, deren acht paar Gegenseiten die Schnittlinie der beiden Ebenen in Punktepaaren einer Involution treffen. Im Folgenden wird von dieser besonderen Lage der associirten Punkte abgesehen.

47. Die Eckpunkte von zwei beliebigen Poltetraëdern eines räumlichen Polarsystemes sind acht associirte Punkte (Hesse); denn sie können mit je zwei nicht conjugirten Kanten der Tetraëder durch eine Fläche zweiter Ordnung verbunden werden (II. Abth. Seite 135), sind also die Schnittpunkte von drei Flächen zweiter Ordnung. Auch die acht Ebenen der beiden Poltetraëder sind associirt, weil sie die acht associirten Eckpunkte zu Polen haben; jede Fläche zweiter Classe, welche sieben dieser Ebenen berührt, tangirt auch die achte.

48. Zwei Tetraëder, deren acht Eckpunkte *1*, *2*, *3*, *4*, *5*, *6*, *7*, *8* associirt sind, bestimmen ein räumliches Polarsystem als Poltetraëder desselben (Hesse). Nämlich die cubischen Raumcurven, welche dem Fünfeck *12345* umschrieben werden können, schneiden die Ebene *678* in Poldreiecken eines polaren Feldes (II. Abth. Seite 225), und zwar ist dieses Feld in dem völlig bestimmten Polarsysteme enthalten, in welchem *1234* ein Poltetraëder und *5* der Pol der Ebene *678* ist. Weil aber von jenen Raumcurven diejenigen drei, welche durch je einen Eckpunkt des Dreiecks *678* gehen, die gegenüberliegende Dreieckseite zur Sehne haben (Nr. 45), so ist *678* ein Poldreieck des polaren Feldes. Die Tetraëder *1234* und *5678* sind also wirklich Poltetraëder des Polarsystemes und bestimmen dasselbe. — Uebrigens bilden acht associirte Punkte die Eckpunkte von fünfunddreissig Tetraëderpaaren, die je ein Polarsystem bestimmen. Die Ebenen eines jeden dieser Paare sind acht associirte Ebenen (Nr. 47).

49. Sind wieder *1*, *2*, *3*, . . ., *8* acht associirte Punkte, so schneiden die zehn paar Gegenelemente des Fünfecks *12345* die Ebene *678* in zehn paar zugeordneten Elementen (Polen und Polaren) eines polaren Feldes (II. Abth. Seite 135), von welchem die Punkte *6*, *7*, *8* ein Poldreieck bilden (Nr. 48). Die zehn paar Gegenebenen des Sechsecks *123456* schneiden die Gerade *78* in

zehn Punktepaaren einer Involution, von welcher *7* und *8* ein eilftes Punktepaar bilden; und zwar besteht diese Involution aus Paaren conjugirter Punkte des polaren Feldes, indem z. B. die Ebenen *123* und *456* (ebenso aber *234* und *156*, *341* und *256*, *412* und *356*) mit *78* zwei conjugirte Punkte gemein haben, weil der Pol von *456* auf *78* und zugleich auf *123* liegt. Diese Sätze gelten auch, wenn die associirten Punkte beliebige acht Punkte einer cubischen Raumcurve sind. Sie enthalten Eigenschaften von acht Punkten dieser Raumcurve und erinnern an den Lehrsatz von Desargues (I. Abth. Seite 149).

50. Je vier der acht associirten Punkte *1*, *2*, ..., *8* werden aus zwei Geraden *a*, *b*, welche zusammen die übrigen vier Punkte enthalten, durch projective Ebenenbüschel projicirt; in Zeichen:

$$\overline{12}(5678) \barwedge \overline{34}(5678); \quad \overline{15}(3478) \barwedge \overline{26}(3478); \text{ u. s. w.}$$

Denn die Regelfläche zweiter Ordnung, welche die acht Punkte mit zwei beliebigen Punkten der Geraden *a*, *b* verbindet, geht durch *a* und *b* und kann durch projective Ebenenbüschel erzeugt werden, welche *a* und *b* zu Axen haben.

51. Von einem einfachen räumlichen Achteck *12345678*, dessen Eckpunkte associirt sind, schneiden sich die vier paar Gegenebenen in vier Strahlen einer Regelschaar; oder die vier Schnittlinien:

$$a = (123, 567),\ b = (234, 678),\ c = (345, 781),\ d = (456, 812)$$

dieser Gegenebenen liegen auf einer Fläche zweiter Ordnung (Weddle, Cambr. and Dublin Math. Journal V p. 58, 1850). Zur Begründung dieses Satzes genügt der Nachweis, dass jede Ebene des Achtecks eine Gerade enthält, welche die vier Geraden *a*, *b*, *c*, *d* schneidet, dass also z. B. die Ebene *123* mit *b*, *c* und *d* drei Punkte einer Geraden *g* gemein hat. Diese drei Punkte sind die folgenden:

$$(23, 678),\ (123, 345, 781) \text{ und } (12, 456).$$

Nun sind aber die Ebenenbüschel $\overline{45}(1236)$ und $\overline{78}(1236)$ projectiv (Nr. 50) und ihre Schnitte mit den resp. Geraden $\overline{12}$ und $\overline{23}$ haben den Punkt *2* entsprechend gemein, sind also perspective Punktreihen. Die drei Geraden, welche die Punkte

$$1,\ (12, 345) \text{ und } (12, 456) \text{ der Reihe } \overline{12}$$

mit den entsprechenden drei Punkten

$$(23, 781),\ 3 \text{ und } (23, 678) \text{ der Reihe } \overline{23}$$

verbinden, gehen folglich durch einen Punkt. Es schneiden sich von diesen drei Geraden die ersteren beiden in dem Punkte

(*123*, *345*, *781*), mit welchem also wirklich die Punkte (*23*, *678*) und (*12*, *456*) in einer Geraden g liegen. W. z. b. w.

52. Wir wollen mit *12345678* nicht nur das einfache räumliche Achteck, sondern zugleich die Regelschaar bezeichnen, welche die Schnittlinien a, b, c, d der vier paar Gegenebenen des Achtecks zu Leitstrahlen hat. Dann gilt der Satz von Zeuthen (Acta math. XII, 1890):

„Die sechzehn Regelschaaren:

12 34 56 78, *12 34 65 78*, *12 34 56 87*, *12 34 65 87*,
21 34 56 78, *21 34 65 78*, *21 34 56 87*, *21 34 65 87*,
12 43 56 78, *12 43 65 78*, *12 43 56 87*, *12 43 65 87*,
21 43 56 78, *21 43 65 78*, *21 43 56 87*, *21 43 65 87*

„liegen in einem linearen Strahlencomplexe (*12*, *34*, *56*, *78*);
„bezüglich dieses Complexes sind b, c und d, a zwei paar zu-
„geordnete Gerade."

Die mit den Regelschaaren gleichnamigen sechzehn Achtecke enthalten, wie man sieht, die vier Punktepaare *12*, *34*, *56*, *78* in derselben Aufeinanderfolge, und aus jedem von ihnen ergeben sich die übrigen durch Vertauschung der Punkte dieser Paare.

53. Der Satz von Zeuthen ist leicht zu beweisen, wenn wir uns erinnern, dass ein linearer Complex bestimmt ist durch zwei paar zugeordnete Gerade, die in einer Regelschaar liegen, oder durch ein paar zugeordnete Gerade und einen zu denselben windschiefen Complexstrahl (II. Abth. Seite 168, 170). Es genügt der Nachweis, dass der lineare Complex (*12*, *34*, *56*, *78*), welcher durch die zwei paar zugeordneten Geraden b, c und d, a bestimmt ist und ausser der Regelschaar *12 34 56 78* u. A. die vier Achteckkanten $\overline{12}$, $\overline{34}$, $\overline{56}$ und $\overline{78}$ enthält, sich durch Vertauschung der Punkte *1* und *2* nicht ändert.

Nun ändern sich aber diese vier Kanten und die zugeordneten Geraden d, a nicht bei Vertauschung von *1* mit *2*, während b und c übergehen in

$$b_1 = (134,\ 678) \text{ und } c_1 = (345,\ 782);$$

der lineare Complex (*21*, *34*, *56*, *78*) aber, welcher durch die zwei paar zugeordneten Geraden b_1, c_1 und d, a bestimmt ist, fällt mit dem vorigen (*12*, *34*, *56*, *78*) zusammen, weil er mit ihm den Strahl $\overline{34}$ gemein hat, und weil bezüglich beider Complexe die Geraden d und a einander zugeordnet sind. W. z. b. w.

Die drei linearen Complexe (*12*, *34*, *56*, *78*), (*12*, *56*, *78*, *34*) und (*12*, *78*, *34*, *56*) haben die vier Strahlen $\overline{12}$, $\overline{34}$, $\overline{56}$, $\overline{78}$

und folglich eine durch letztere bestimmte lineare Congruenz gemein (Zeuthen). Die Symbole (*12, 34, 56, 78*), (*34, 56, 78, 12*), (*78, 56, 34, 12*), (*87, 56, 34, 12*) u. s. w. bezeichnen einen und denselben linearen Complex.

54. Von den beiden linearen Complexen (*12, 34, 56, 78*) und (*23, 45, 67, 81*) ist jeder bezüglich des anderen sich selbst zugeordnet. Der letztere Complex nämlich ist durch die zwei paar zugeordneten Geraden c, d und a, b bestimmt, ebenso wie der erstere durch b, c und d, a; und jedem Strahle des Complexes (*23, 45, 67, 81*), welcher c und d schneidet, ist folglich in Bezug auf (*12, 34, 56, 78*) ein Strahl zugeordnet, welcher b und a schneidet und somit gleichfalls in (*23, 45, 67, 81*) enthalten ist. Damit ist unser Satz bewiesen (vgl. II. Abth. Seite 244).

Der lineare Complex (*12, 34, 56, 78*) ändert sich nicht, wenn die beiden Punkte eines beliebigen der Paare *12, 34, 56* und *78* mit einander vertauscht werden (Nr. 53); er ist folglich sich selbst zugeordnet auch in Bezug auf jeden der fünfzehn linearen Complexe, in welche (*23, 45, 67, 81*) durch diese Vertauschungen übergeht, z. B. in Bezug auf (*13, 45, 67, 82*), (*14, 35, 67, 82*), (*13, 46, 57, 82*).

55. Acht associirte Punkte bilden 3 . 4 . 5 . 6 . 7 oder 2520 einfache Achtecke, welche durch je sechzehn Permutationen der acht Punkte dargestellt werden. Jedes dieser Achtecke bestimmt zwei sich stützende lineare Complexe, welche durch die gleichnamige Regelschaar gehen, z. B. das Achteck *12345678* die beiden Complexe (*12, 34, 56, 78*) und (*23, 45, 67, 81*); weil aber ein beliebiger dieser Complexe noch durch fünfzehn andere Achtecke bestimmt ist (Nr. 52), so giebt es nur 315 so bestimmte lineare Complexe. Durch je vier Achteck-Kanten, welche wie $\overline{12}$, $\overline{34}$, $\overline{56}$ und $\overline{78}$ zusammen alle acht associirten Punkte enthalten, gehen drei dieser 315 Complexe (Nr. 53); man überzeugt sich leicht direkt, dass die 28 Kanten 105 solche Quadrupel bilden. Jeder der 315 Complexe ist sich selbst zugeordnet in Bezug auf sechzehn der übrigen (Nr. 54).

56. Mit den acht Schnittpunkten von drei Flächen zweiter Ordnung hat Otto Hesse sich vielfach beschäftigt, zuerst 1840 in seiner Dissertatio inauguralis, Crelle's Journal Bd. 20, dann in demselben Journal Bd. 24, 26, 73, 85 und 99. Ihm verdanken wir u. A. den bemerkenswerthen Satz:

„Werden einem einfachen räumlichen Sechsecke $U = 123456$,

„welches sechs der acht associirten Punkte zu Eckpunkten hat, „zwei einfache Brianchon-Sechsecke V, V' so eingeschrieben, „dass ihre Hauptdiagonalen durch den siebenten bezw. achten „Punkt gehen, und ihre Eckpunkte der Reihe nach auf den „Kanten von U liegen, so liegen die zwölf Kanten von V und „V' auf einem Hyperboloid."

57. Den Hesse'schen Beweis dieses Satzes (Crelle's Journal 20) vereinfachen wir, indem wir ausgehen von dem oben (Nr. 51) bewiesenen Satze, dass die drei Punkte

$$(12,\ 456),\ (23,\ 678)\ \text{und}\ (123,\ 345,\ 781)$$

in einer Geraden liegen. Durch cyclische Vertauschung der Punkte $5, 7, 6$ ergiebt sich hieraus, dass die beiden Punkte

$$(12,\ 475) = A\ \text{und}\ (23,\ 568) = B'$$

mit $(123,\ 347,\ 681)$ in einer Geraden und folglich mit der Geraden $(347,\ 681)$ in einer Ebene liegen. Diese letztere Gerade aber verbindet die beiden Punkte:

$$(34,\ 681) = C'\ \text{und}\ (61,\ 347) = F,$$

sodass die vier Punkte A, B', C', F in einer Ebene liegen, und die beiden Geraden FA und $B'C'$ sich schneiden.

Wir bezeichnen nun mit A, B, C, D, E, F die resp. sechs Punkte:

$(12, 457)$, $(23, 567)$, $(34, 617)$, $(45, 127)$, $(56, 237)$, $(61, 347)$, von welchen jeder aus dem vorhergehenden durch cyclische Vertauschung der Punkte $1, 2, 3, 4, 5, 6$ sich ergiebt. Statt derselben erhalten wir durch Vertauschung von 7 mit 8 die resp. sechs anderen Punkte A', B', C', D', E', F'. Dann ist $ABCDEF$ das dem Sechsecke $U = 123456$ eingeschriebene Sechseck V, dessen Hauptdiagonalen AD, BE, CF durch den Punkt 7 gehen, und ebenso ist $A'B'C'D'E'F'$ das andere Brianchon-Sechseck V'. Die sechs Kanten des Sechsecks V liegen auf einer Regelfläche zweiter Ordnung, weil jede von ihnen nicht nur die beiden anstossenden Kanten sondern auch die gegenüberliegende Kante schneidet; das Gleiche gilt von V'. Zwei gleichnamige Kanten von V und V' liegen allemal in einer Ebene; so liegen BC und $B'C'$ in der Ebene 234. Dass die Kanten FA und $B'C'$ sich schneiden, wurde schon oben bewiesen; ebenso aber schneiden sich die Kanten AB und $C'D'$, BC und $D'E'$, etc., sowie die Kanten $B'C'$ und DE, in welche BC und $D'E'$ durch Vertauschung von 7 mit 8 übergehen. Die drei Kanten FA, BC, DE werden also von $B'C'$, ebenso aber von $D'E'$ und $F'A'$ geschnitten, und in gleicher Weise sind AB, CD, EF mit jeder der drei Kanten $A'B'$, $C'D'$, $E'F'$ incident. Die Regelfläche zweiter Ordnung, auf welcher die Kanten des Sechsecks V liegen, geht folglich auch durch die sechs Kanten von V', wie der Satz von Hesse (Nr. 56) behauptet.

58. Auf Grund dieses Satzes ergiebt sich zu sieben gegebenen Punkten *1*, *2*, *3*, *4*, *5*, *6*, *7* der achte associirte Punkt *8* durch folgende lineare Construction. Wir bringen die Kanten *12*, *23*, *34*, *45*, *56*, *61* des Sechsecks *123456* in den resp. Punkten A, B, C, D, E, F zum Schnitt mit den Ebenen, welche die ihnen gegenüberliegenden Kanten mit *7* verbinden; dann ist $ABCDEF$ das Brianchon-Sechseck V. Um nun das Sechseck V' zu construiren, bemerken wir, dass dessen Kante $A'B'$ mit AB in der Ebene *123* liegt und die Kanten CD und EF schneidet, also durch die Schnittpunkte von *123* mit CD und EF geht. Ebenso geht $B'C'$ durch die beiden Schnittpunkte der Ebene *234* mit DE und FA, und in derselben Weise werden die übrigen Kanten des Sechsecks V' construirt. Die drei Verbindungsebenen der Gegenkanten von V' aber schneiden sich in dem gesuchten Punkte *8*.

Der F^2-Bündel mit Poltetraëder.

59. Ein F^2-Bündel, dessen Flächen ein Poltetraëder $ABCD$ gemein haben, enthält vier Büschel concentrischer Kegel mit den Mittelpunkten A, B, C, D. Die Grundcurven seiner F^2-Büschel werden nämlich aus den Eckpunkten A, B, C, D des Tetraëders durch Kegel zweiter Ordnung projicirt (Seite 20), und diese Kegel bilden die vier Büschel. Die Poldreikante der vier Kegelbüschel werden von je drei Kanten und drei Ebenen des Poltetraëders gebildet, und die Ebenenpaare der Büschel haben je eine Tetraëderkante zur Doppelgeraden (vgl. I. Abth. Seite 235). Die Kerncurve c^6 des F^2-Bündels, d. h. der Ort der Doppelpunkte seiner singulären Flächen, zerfällt demnach in die sechs Tetraëderkanten. Wenn die Flächen des Bündels sich in acht reellen Basispunkten schneiden, so werden diese aus A, B, C und D durch je ein Vierkant projicirt, welchem die Kegel eines jener vier Büschel umschrieben sind, und auf dessen Kanten je zwei Basispunkte liegen. — Die acht Eckpunkte eines Parallelepipedon bilden die Basis

eines F^2-Bündels, dessen Poltetraëder die drei unendlich fernen Punkte der zwölf Kanten und den Mittelpunkt des Parallelepipedon zu Eckpunkten hat.

60. Ein F^2-Bündel mit gegebenem Poltetraëder $ABCD$ ist bestimmt, wenn noch zwei conjugirte Punkte P, P' beliebig angenommen werden. Wird nämlich dem Punkte P eine durch P' gelegte Ebene π als Polare zugewiesen, so ist dadurch und durch das Poltetraëder ein räumliches Polarsystem bestimmt, und dessen Ordnungsfläche gehört zu dem Bündel. Diese Fläche beschreibt einen F^2-Büschel des Bündels, wenn π um einen Strahl von P' sich dreht. Der Punkt P ist sich selbst conjugirt und ein Basispunkt des Bündels, wenn P' mit ihm zusammenfällt; er ist in diesem Falle von den übrigen sieben Basispunkten durch je zwei Gegenelemente des Poltetraëders harmonisch getrennt. Ueberhaupt gehen die Flächen des Bündels in sich selbst über durch die sieben involutorischen Collineationen, welche je zwei Gegenelemente des Tetraëders zu Involutionselementen haben.

61. Der F^2-Bündel hat entweder keine oder acht reelle Basispunkte. Im letzteren Falle ist ein beliebiger der acht Basispunkte von den sieben übrigen durch je zwei Gegenelemente des Poltetraëders harmonisch getrennt, und er bestimmt mit dem Tetraëder zusammen den F^2-Bündel (Nr. 60). Die acht Basispunkte liegen demnach zu vieren in zwölf Ebenen, welche paarweise durch die sechs Kanten des Tetraëders gehen und sechs Ebenenpaare des Bündels bilden (vgl. Nr. 59). Die beiden Ebenen jedes Paares sind durch zwei Tetraëderebenen harmonisch getrennt.

Der cubische Complex der Strahlen, welche je zwei conjugirte Punkte verbinden und auf je einer Fläche des F^2-Bündels liegen (Seite 137), enthält zwölf Strahlenbündel; die acht Basispunkte und die vier Tetraëdereckpunkte sind die Mittelpunkte dieser Bündel. Die zwölf Punkte werden also aus einem beliebigen Punkte durch zwölf Strahlen eines Kegels dritter Ordnung projicirt;*) drei weitere Strahlen dieses Kegels sind mit je zwei Gegenkanten des Poltetraëders incident.

62. Bezüglich des F^2-Bündels sind jedem Eckpunkte des Pol-

*) Die zwölf Punkte liegen zu dreien in sechzehn Geraden, zu sechsen in zwölf Ebenen und bilden mit diesen Geraden und Ebenen eine Hexaëder- oder Octaëder-Configuration (vgl. Acta mathematica I S. 97). Der obige Satz enthält eine neue Eigenschaft dieser merkwürdigen Configuration.

tetraëders $ABCD$ alle Punkte der gegenüberliegenden Ebene, und jedem Punkte einer Tetraëderkante alle Punkte der Gegenkante conjugirt. Den Punkten einer beliebigen Geraden k sind die Punkte einer zu k projectiven cubischen Raumcurve k^3 conjugirt, welche die Polaren von k bezüglich der Flächen des Bündels zu Sehnen hat (Seite 136) und dem Poltetraëder $ABCD$ umschrieben ist. Den Schnittpunkten von k mit den vier Ebenen des Tetraëders sind auf k^3 die gegenüberliegenden Eckpunkte conjugirt. Da zwei beliebige Punkte P, Q mit den vier Eckpunkten durch eine einzige cubische Raumcurve, ihre conjugirten Punkte P', Q' aber durch eine Gerade verbunden werden können, so ergiebt sich: Jede dem Poltetraëder umschriebene Raumcurve dritter Ordnung ist auf die angegebene Art einer Geraden conjugirt.

63. Wenn ein Punkt P eine Gerade g beschreibt, welche durch einen beliebigen Eckpunkt A des Poltetraëders geht, so beschreibt auch sein conjugirter Punkt P' eine durch A gehende, zu g projective Gerade g'. Denn die Polaren von P in Bezug auf drei Flächen des Bündels beschreiben drei zu g projective Ebenenbüschel, welche die Ebene BCD entsprechend gemein haben und deshalb perspectiv sind, und ihr Schnittpunkt P' beschreibt folglich eine Gerade g'; dem Schnittpunkte von g mit BCD aber ist auf g' der Punkt A conjugirt. Die beiden Geraden g, g', durch welche zwei conjugirte Punkte aus dem Eckpunkte A projicirt werden, sind conjugirt bezüglich des Kegelbüschels mit dem Centrum A (vgl. Nr. 59); sie entsprechen demnach einander in einer involutorischen Verwandtschaft zweiten Grades. Den Strahlen von A, welche eine beliebige Gerade k schneiden und somit in einer Ebene liegen, sind die Strahlen des Kegels zweiter Ordnung conjugirt, welcher aus A die zu k conjugirte cubische Raumcurve k^3 projicirt und (Nr. 62) durch B, C und D geht. Die Tangente von k^3 in A ist dem Strahle conjugirt, welcher A mit dem Schnittpunkte von k und der Ebene BCD verbindet; sie ändert sich nicht, wenn die Gerade k um diesen Punkt sich dreht.

64. Die Paare conjugirter Punkte werden aus jeder Kante des Poltetraëders $ABCD$ durch Ebenenpaare einer Involution projicirt; jede Ebene eines solchen Ebenenpaares enthält alle Punkte, welche den nicht auf der Kante liegenden Punkten der anderen Ebene conjugirt sind bezüglich des F^2-Bündels. Den Geraden von B, welche einen durch A gehenden Strahl g schneiden, sind nämlich (Nr. 63) die Geraden von B conjugirt, welche den con-

jugirten Strahl g' des Eckpunktes A schneiden; der letzte Theil des Satzes gilt demnach für das Ebenenpaar Bg und Bg' der Kante AB. Die conjugirten Punkte einer Geraden k und der entsprechenden cubischen Raumcurve k^3 aber werden aus AB durch Ebenenpaare einer Involution projicirt, in welcher die Tetraëderebenen ABC und ABD einander zugeordnet sind; damit ist auch der erste Theil des Satzes bewiesen.

Die Doppelebenen der sechs Involutionen bilden je ein Ebenenpaar des F^2-Bündels. Den Punkten einer Geraden, welche zwei Gegenkanten des Poltetraëders schneidet, sind die Punkte einer dieselben Gegenkanten schneidenden Geraden conjugirt.

65. Die involutorische cubische Verwandtschaft der conjugirten Punkte ist sehr speciell, aber eben deshalb der Anschauung leicht zugänglich. Wir haben einen besonderen Fall derselben bereits kennen gelernt; die Pole reciprok polarer Axen einer Fläche zweiter Ordnung bilden ihn (vgl. II. Abth. Seite 293). Einen interessanten Fall, in welchem die Mittelpunkte der acht dem Tetraëder $ABCD$ eingeschriebenen Kugeln sich selbst conjugirt sind, hat Herr Eckardt (in den Math. Annalen 5 Seite 30—49) analytisch behandelt, ohne jedoch den zugehörigen F^2-Bündel zu bemerken; zwei conjugirte Punkte sind in diesem Falle die beiden Brennpunkte einer dem Tetraëder eingeschriebenen Rotationsfläche zweiter Ordnung.

66. Die sechs Ebeneninvolutionen, durch welche die conjugirten Punkte aus den Kanten des Poltetraëders $ABCD$ projicirt werden, sind durch das Tetraëder und zwei beliebig gegebene conjugirte Punkte P, P' bestimmt; denn in jeder von ihnen bilden zwei Tetraëderebenen ein Paar (Nr. 64), und die beiden durch P resp. P' gehenden Ebenen ein zweites Paar. Die sechs Involutionen haben je zwei reelle Doppelebenen, wenn P und P' durch keine zwei Tetraëderebenen getrennt sind; und nur in diesem Falle hat der F^2-Bündel acht reelle Basispunkte. Sind P und P' getrennt durch zwei Tetraëderebenen, so haben von den sechs Involutionen entweder nur drei, deren Axen in einem Eckpunkte sich schneiden, oder nur zwei, deren Axen zwei Gegenkanten sind, je zwei reelle Doppelebenen (vgl. I. Abth. Seite 235).

67. Die Flächen zweiter Ordnung, welche dem Poltetraëder $ABCD$ umschrieben werden können, und ihre Durchdringungscurven vierter Ordnung erster Art sind paarweise Punkt für Punkt conjugirt bezüglich des F^2-Bündels. Den Geraden einer

solchen Fläche sind nämlich cubische Raumcurven, und den durch A, B, C, D gehenden cubischen Raumcurven der Fläche sind Gerade conjugirt (Nr. 62), deren Ort eine dem Tetraëder umschriebene Fläche zweiter Ordnung ist. Der Satz ist damit für die geradlinigen Flächen zweiter Ordnung und die Raumcurven vierter Ordnung erster Art, welche dem Tetraëder umschrieben sind, bewiesen; er gilt aber auch für die übrigen umschriebenen Flächen zweiter Ordnung, weil dieselben unendlich viele solche Raumcurven enthalten.

Auch die dem Tetraëder umschriebenen Kegel zweiter Ordnung sind paarweise conjugirt, insbesondere diejenigen, welche durch zwei conjugirte Punkte P, P' gehen. Die biquadratische Schnittcurve von zwei conjugirten Flächen zweiter Ordnung ist sich selbst conjugirt und Grundcurve eines involutorischen F^2-Büschels conjugirter Flächen.

68. Den Punkten einer beliebigen Ebene φ sind die Punkte einer cubischen Fläche F^3 conjugirt, welche durch die sechs Kanten des Poltetraëders $ABCD$ geht (Nr. 62) und dessen vier Eckpunkte zu Doppelpunkten hat (Eckardt a. a. O.). Der Tangentialkegel der Fläche F^3 in einem beliebigen Eckpunkte A ist von der zweiten Ordnung und der Ebene conjugirt, welche aus A die Schnittlinie der Ebenen BCD und φ projicirt (Nr. 63). Längs der beliebigen Kante AB werden die Fläche F^3 und die Tangentialkegel ihrer beiden Doppelpunkte A und B von der Ebene berührt, deren conjugirte den Schnittpunkt von CD und φ mit AB verbindet. Daraus ist leicht zu folgern, dass die Tangentialkegel der vier Doppelpunkte von F^3 einer Fläche zweiter Classe umschrieben sind, welche die sechs Tetraëderkanten berührt (Eckardt).

Die cubische Fläche F^3 enthält noch drei Gerade, welche je zwei Gegenkanten des Tetraëders schneiden und in einer Ebene liegen; dieselben sind drei analog in φ gelegenen Geraden conjugirt (Nr. 64). Die Fläche F^3 schneidet die Ebenen jener drei Geraden noch in je einer Curve zweiter Ordnung und berührt sie doppelt; sie berührt die Verbindungsebene der drei Geraden in deren drei Schnittpunkten.

69. Die Ebene φ berührt i. A. zwei von den Kegeln zweiter Ordnung, welche einen gegebenen Punkt P von φ zum Mittelpunkt haben und dem Poltetraëder $ABCD$ umschrieben sind; diese beiden Kegel berühren die Ebene längs je einer Geraden k

und projiciren aus P die cubischen Raumcurven, welche durch A, B, C, D und P gehen und die Ebene φ in je einem von P verschiedenen Punkte berühren. Daraus folgt (Nr. 62 und 67): Die Geraden, welche die cubische Fläche F^3 in einem gegebenen Punkte P' schneiden und in je einem anderen Punkte berühren, liegen auf zwei Kegeln zweiter Ordnung (Eckardt); diese Kegel sind dem Tetraëder $ABCD$ umschrieben und berühren die Fläche F^3 längs je einer cubischen Raumcurve k^3; sie werden umhüllt von den durch P' gehenden Berührungsebenen der cubischen Fläche. Da hiernach i. A. vier dieser Berührungsebenen in einer beliebig durch P' gelegten Geraden sich schneiden, und andererseits jede Gerade mindestens einen reellen Punkt P' mit F^3 gemein hat, so ergiebt sich: Die cubische Fläche F^3 ist von der vierten Classe.

70. Der Fläche F^3 ist eine Steiner'sche Fläche dritter Classe vierter Ordnung reciprok, welche (Nr. 68) drei Doppelpunktsgerade und in deren Schnittpunkt einen dreifachen Punkt hat, von vier singulären Berührungsebenen in den Punkten je eines Kegelschnittes tangirt wird, mit ihren übrigen Berührungsebenen aber i. A. je zwei Kegelschnitte gemein hat (Nr. 69; vgl. Seite 148). Die vier Berührungskegelschnitte der vier singulären Ebenen liegen auf einer Fläche zweiter Ordnung (Nr. 68).

Das F^2-Gebüsch. Specielle Flächen vierter Ordnung.

71. Ich entlehne der analytischen Geometrie den folgenden Satz, von welchem mir ein einfacher synthetischer Beweis nicht bekannt ist: „Wenn eine Curve vierter Ordnung mit einem Kegelschnitt mehr als acht Punkte gemein hat, so zerfällt sie in diesen und einen zweiten Kegelschnitt.“ Das F^2-Gebüsch Σ, von welchem in den folgenden Nummern die Rede ist, denke ich mir in der früher (Seite 142) angegebenen Weise projectiv auf einen Raum Σ_1 bezogen.

72. *Einem Kegelschnitte des F^2-Gebüsches Σ entspricht in dem Raume Σ_1 entweder eine ebene Curve vierter Ordnung* (Seite 148), *oder eine biquadratische Raumcurve zweiter Art.* Nämlich diese Curve hat mit einer beliebigen Ebene von Σ_1 höchstens vier Punkte gemein, weil der Kegelschnitt die entsprechende Fläche des F^2-Gebüsches in höchstens vier Punkten schneidet. Legen

wir im Falle der Raumcurve durch beliebige neun Punkte derselben eine Fläche L_1^2 zweiter Ordnung, so entspricht dieser in Σ eine Fläche L^4 vierter Ordnung; und weil letztere mit dem Kegelschnitt mehr als acht Punkte gemein hat, so wird sie von dessen Ebene in diesem und einem zweiten Kegelschnitt getroffen. Durch die biquadratische Raumcurve geht also diese eine Fläche L_1^2 zweiter Ordnung; dieselbe schneidet die Steiner'sche Fläche von Σ_1, welche der Ebene der beiden Kegelschnitte entspricht, in noch einer biquadratischen Raumcurve zweiter Art.

73. Einem Kegelschnitte des Raumes Σ_1 entspricht im F^2-Gebüsche Σ eine Raumcurve achter Ordnung, durch welche eine Fläche des Gebüsches geht. Denn jede Steiner'sche Fläche von Σ_1, welche einer Ebene von Σ entspricht, hat mit dem Kegelschnitt höchstens acht Punkte gemein, wenn derselbe nicht ganz auf ihr liegt (Nr. 71).

74. Einer Fläche vierter Ordnung von Σ_1 entspricht in dem F^2-Gebüsche Σ eine Fläche achter Ordnung; einer Fläche zweiter Ordnung von Σ entspricht in Σ_1 entweder eine Ebene oder eine Fläche achter Ordnung.

75. Den Punkten einer beliebigen Geraden des Gebüsches Σ sind (Nr. 73) die Punkte einer Raumcurve siebenter Ordnung associirt, welche mit der Geraden durch eine Fläche zweiter Ordnung verbunden werden kann. Ist jedoch die Gerade ein Hauptstrahl von Σ, so sind ihren Punkten diejenigen einer cubischen Raumcurve associirt, von welcher die Gerade eine Sehne ist.

76. Den Punkten einer beliebigen Ebene sind im F^2-Gebüsche Σ die Punkte einer Fläche siebenter Ordnung associirt (Nr. 74). Die Fläche geht durch alle Hauptstrahlen der Ebene, deren es nach Seite 148 i. A. höchstens drei giebt, und schneidet sich selbst in den cubischen Raumcurven, welche diesen Hauptstrahlen associirt sind. Sie enthält doppelt unendlich viele Raumcurven siebenter Ordnung (Nr. 75); dieselben liegen paarweise auf Flächen zweiter Ordnung, welche von der gegebenen Ebene in je zwei Geraden geschnitten werden. Die Ebene wird von der Kernfläche des Gebüsches in einer Curve vierter Ordnung geschnitten, welche auch auf der Fläche siebenter Ordnung liegt; denn jeder Punkt der Kernfläche fällt mit einem seiner associirten zusammen.

77. Alle Punkte einer Ebene, welche in einer zweiten Ebene associirte Punkte besitzen, liegen auf einer Curve siebenter Ordnung (Nr. 75 oder 76).

78. Wenn, wie wir jetzt annehmen wollen, die Flächen des F^2-Gebüsches Σ einen Punkt A mit einander gemein haben, so sind den Punkten einer durch A gehenden Geraden die Punkte einer cubischen Raumcurve associirt, von welcher die Gerade eine Sehne ist; ebenso ist einer durch A gehenden Ebene φ eine Fläche fünfter Ordnung associirt, welche durch eine cubische Raumcurve beschrieben werden kann. Diese Fläche fünfter Ordnung hat mit der Ebene φ deren nicht durch A gehenden Hauptstrahl u gemein, sowie deren Schnittlinie mit der Kernfläche K^4 des Gebüsches; sie geht zweimal durch die cubische Raumcurve, welche dem Hauptstrahle u associirt ist und auch den Punkt A enthält.

79. Einer Fläche L_1^2 zweiter Ordnung von Σ_1 entspricht im Flächengebüsche Σ eine Fläche L^4 vierter Ordnung, von welcher A ein Knotenpunkt ist. In diesem Knotenpunkte A hat die Fläche L^4 unendlich viele Berührungsebenen; und zwar umhüllen diese einen Kegel zweiter Ordnung, weil ihnen in der Ebene α_1 (nach Seite 153) die Tangenten des Kegelschnittes entsprechen, welchen α_1 mit L_1^2 gemein hat. Zerfällt dieser Kegelschnitt in zwei Gerade, so wird der Knotenpunkt ein „biplanarer" mit nur zwei Berührungsebenen.

80. Im Folgenden werden wir häufig den Satz benutzen: „Wenn zwei Flächen zweiter Ordnung sich in einer Curve η^2 zweiter Ordnung schneiden, so liegen ihre übrigen gemeinschaftlichen Punkte auf einem zweiten Kegelschnitte." Wenn nämlich ausserhalb η^2 noch gemeinschaftliche Punkte existiren, so verbinden wir irgend drei derselben A, B, C durch eine Ebene. Diese schneidet die Ebene von η^2 in einer Geraden, welche entweder den Kegelschnitt η^2 berührt, oder deren Punkte paarweise conjugirt, also durch η^2 und folglich durch jede der beiden Flächen zweiter Ordnung involutorisch gepaart sind. Im ersteren Falle ergiebt sich der Satz aus Seite 77, im letzteren aus Seite 179 der I. Abtheilung. Der zweite Kegelschnitt kann übrigens ebenso wie der erste η^2 in zwei Gerade zerfallen, oder sich auf eine einzige Gerade reduciren.

81. Betrachten wir noch den besonderen Fall des F^2-Gebüsches Σ, in welchem die Flächen desselben fünf und folglich alle Punkte eines Kegelschnittes η^2 mit einander gemein haben. Einer beliebigen Geraden des Raumes Σ_1 entspricht alsdann, abgesehen vom Kegelschnitt η^2, ein Kegelschnitt in Σ, und einem

Punkte von Σ_1 entsprechen nur zwei associirte Punkte von Σ (Nr. 80). Ist Y_1 der Punkt von Σ_1, welcher einem beliebigen, mit η^2 in einer Ebene liegenden Punkte von Σ entspricht, so muss Y_1 allen Punkten der Ebene η^2 entsprechen; denn jeder durch Y_1 gehenden Ebene von Σ_1 entspricht in Σ eine Fläche zweiter Ordnung, welche in die Ebene η^2 und eine zweite Ebene zerfällt. Jeder durch Y_1 gehenden Geraden s_1 entspricht folglich, abgesehen von der Ebene η^2, ein Hauptstrahl s von Σ, dessen Punkte paarweise associirt und dadurch involutorisch gepaart sind, und je zwei dieser Hauptstrahlen liegen in einer Ebene, welcher eine durch Y_1 gehende Ebene entspricht.

82. Alle Hauptstrahlen s des Gebüsches Σ, welche den Strahlen s_1 des Punktes Y_1 entsprechen, schneiden sich in einem und demselben Punkte Y. Denn sie schneiden sich paarweise, ohne doch alle in einer Ebene zu liegen. Die Strahlenbündel Y und Y_1 sind collinear, und der Punkt Y entspricht in jedem Hauptstrahle s dem Punkte Y_1 der entsprechenden Geraden s_1, ist also jedem Punkte der Ebene η^2 associirt.

83. Durch den Punkt Y geht die Ebene jedes Kegelschnittes γ^2, welcher einer beliebigen Geraden g_1 des Raumes Σ_1 entspricht. Daraus folgt: „Wenn vier Flächen zweiter Ordnung einen Kegelschnitt η^2 mit einander gemein haben, so gehen die Ebenen der übrigen sechs Kegelschnitte, in denen sie paarweise sich schneiden, durch einen und denselben Punkt Y." Einem Punkte P_1 von g_1 entspricht in γ^2 ein Paar associirter Punkte oder ein sich selbst associirter Punkt oder gar kein reeller Punkt, je nachdem der Hauptstrahl von Y, welcher dem Strahle Y_1P_1 entspricht, den Kegelschnitt γ^2 in zwei Punkten schneidet, in einem Punkte berührt oder gar nicht trifft. Die Punkte von Σ_1, welchen im Gebüsche Σ je ein sich selbst associirter Punkt entspricht, liegen auf einer Fläche K_1^2 zweiter Ordnung; denn jede Gerade g_1 enthält höchstens zwei solche Punkte, weil an den entsprechenden Kegelschnitt γ^2 aus dem Punkte Y höchstens zwei Tangenten gezogen werden können.

84. Jede Gerade x, welche dem Kegelschnitt η^2 in einem Punkte X begegnet, ist (Seite 152) ebenfalls ein Hauptstrahl des Gebüsches Σ; doch sind ihre Punkte nicht durch Association involutorisch gepaart, sondern die Gerade x ist auf die entsprechende Gerade x_1 von Σ_1 projectiv bezogen, und ihren Punkten sind diejenigen eines anderen Hauptstrahles z associirt. Die Gerade z

begegnet ebenfalls dem Kegelschnitt η^2 in einem Punkte; sie bildet mit x zusammen den Kegelschnitt, welcher der Geraden x_1 von Σ_1 entspricht, liegt also mit x in einer durch Y gehenden Ebene und schneidet x in einem sich selbst associirten Punkte. Geht die Gerade x auch durch den Punkt Y, so fällt z mit ihr zusammen; alsdann ist der Punkt X jedem anderen Punkte von x associirt, und jedem Punkte von x_1 entspricht der Punkt X und noch ein einziger anderer Punkt des Hauptstrahles x. Der letzte Satz von Nr. 81 erleidet demnach folgende Ausnahme:

85. In jedem Hauptstrahle s von Σ, welcher den Punkt Y mit einem Punkte X des Kegelschnittes η^2 verbindet, sind dem Punkte X alle übrigen Punkte associirt; die Gerade s ist projectiv zu der entsprechenden Geraden s_1 von Σ_1, aber alle Punkte der letzteren entsprechen zugleich dem Punkte X. — Wir wollen fortan mit H^2 den Kegel zweiter Ordnung bezeichnen, durch welchen der Kegelschnitt η^2 aus dem Punkte Y projicirt wird, und mit H_1^2 den entsprechenden Kegel des Bündels Y_1.

86. Die Kegelschnitte von Σ_1, welche (Seite 145) den Geraden von Σ entsprechen, haben den Punkt Y_1 mit einander gemein. Einer nicht durch Y gehenden Ebene φ von Σ entspricht (Seite 156) in Σ_1 eine durch Y_1 gehende Regel-, Kegel- oder nicht geradlinige Fläche F_1^2 zweiter Ordnung, jenachdem die Ebene φ mit dem Kegelschnitt η^2 zwei Punkte, einen oder keinen reellen Punkt gemein hat. Jedem Punkte von F_1^2 entspricht in φ ein einziger Punkt, und nur dem Punkte Y_1 eine Gerade; jedem Kegelschnitt von F_1^2 entspricht in φ ein zu ihm projectiver Kegelschnitt, wenn er nicht durch Y_1 geht, sonst eine Gerade.

87. Alle Punkte einer Ebene φ, welche in einer anderen Ebene ψ associirte Punkte besitzen, liegen im Allgemeinen auf einem Kegelschnitt. Den Ebenen φ und ψ von Σ entsprechen nämlich im Raume Σ_1 zwei Flächen zweiter Ordnung; diese haben eine durch Y_1 gehende Curve zweiter Ordnung gemein, welche der Geraden $\varphi\psi$ entspricht, und folglich im Allgemeinen noch einen zweiten Kegelschnitt k_1^2 (Nr. 80). Dem Kegelschnitt k_1^2 entsprechen in φ und ψ zwei associirte Kegelschnitte; dieselben liegen auf der Fläche zweiter Ordnung von Σ, welche der Ebene von k_1^2 entspricht.

88. Einer nicht durch Y gehenden Ebene φ ist (Nr. 87) im Gebüsche Σ eine Fläche zweiter Ordnung associirt, welche durch Y und den Kegelschnitt η^2 geht und eindeutig auf φ bezogen

oder abgebildet ist. Alle sich selbst associirten Punkte von φ liegen folglich auf einem Kegelschnitt, und alle sich selbst associirten Punkte des Gebüsches Σ müssen auf einer Fläche K^2 zweiter Ordnung liegen, welche im Kegelschnitt η^2 von dem Kegel H^2 berührt wird. Die Fläche K^2 ist die Kernfläche des Gebüsches und auf ihr liegen die Mittelpunkte aller im Gebüsche enthaltenen Kegel zweiter Ordnung. Dieser Kernfläche entspricht in Σ_1 wiederum eine Fläche K_1^2 zweiter Ordnung (Nr. 83). Je zwei associirte Punkte liegen mit Y auf einer Geraden, und sind, wenn letztere die Fläche K^2 schneidet, durch K^2 harmonisch getrennt. Offenbar sind wir hier zu derselben involutorischen Beziehung zwischen den Punkten des Raumes gelangt, welche schon früher (II. Abth. Seite 262, Nr. 26) aufgestellt wurde.

89. Einer beliebigen Geraden ist (Nr. 88) im Gebüsche Σ ein durch Y gehender Kegelschnitt associirt, einem beliebigen Kegelschnitte k^2 aber eine ebene oder räumliche Curve k^4 vierter Ordnung, jenachdem k^2 mit Y in einer Ebene liegt oder nicht. Der Punkt Y ist ein Doppelpunkt von k^4 und den beiden Schnittpunkten von k^2 mit der Ebene η^2 associirt. Ist k^4 eine Raumcurve vierter Ordnung, so schneiden sich in ihr der Kegel Yk^2 und die Fläche zweiter Ordnung, welche der Ebene von k^2 associirt ist; sie ist also von der ersten Art und hat Y zum Doppelpunkte (Nr. 88).

90. Wenn ein Kegelschnitt k^2 mit der Curve η^2 auf einer Fläche zweiter Ordnung liegt, so ist ihm nicht eine Curve vierter Ordnung, sondern ein zu ihm projectiver Kegelschnitt associirt. Nämlich der Ebene von Σ_1, welche von irgend drei Punkten A, B, C von k^2 die entsprechenden enthält, entspricht im Gebüsche Σ eine Fläche zweiter Ordnung, welche durch η^2 und A, B, C, also auch durch k^2 geht (Nr. 80). Und diese Fläche wird von dem Kegel Yk^2 zum zweiten Male in dem zu k^2 associirten Kegelschnitt getroffen. Für den Fall, dass die Ebene von k^2 durch den Punkt Y geht, ergiebt sich der Satz aus dem folgenden:

91. Einer beliebig durch den Kegelschnitt η^2 gelegten Fläche zweiter Ordnung ist eine durch η^2 gehende Fläche zweiter Ordnung associirt (Nr. 90), ausserdem aber der Kegel $Y\eta^2$ oder H^2.

92. Einer ganz beliebigen Fläche F^2 zweiter Ordnung ist (Nr. 89) eine Fläche F^4 vierter Ordnung associirt, von welcher Y ein Knotenpunkt ist. Die Flächen F^4 und F^2 sind eindeutig so auf einander bezogen, dass je zwei associirte Punkte derselben

mit Y in einer Geraden liegen und bezüglich der Kernfläche K^2 conjugirt sind (Nr. 88). Die Tangenten von F^4 im Punkte Y bilden einen Kegel zweiter Ordnung, von welchem F^4 noch in einer Raumcurve vierter Ordnung erster Art geschnitten wird; dieser Kegel geht durch den Kegelschnitt, welchen F^2 mit der Ebene η^2 gemein hat. Alle übrigen Tangenten, welche noch aus dem Knotenpunkte Y an die Fläche F^4 gezogen werden können, berühren F^4 in den Punkten einer Raumcurve vierter Ordnung und bilden einen zweiten Kegel zweiter Ordnung, welcher auch die Fläche F^2 berührt. Der Kegelschnitt η^2 ist eine Doppelpunktscurve von F^4, weil F^2 von jedem Strahle des Kegels H^2 im Allgemeinen zweimal geschnitten wird (vgl. Nr. 85). Beliebigen Kegelschnitten von F^2 entsprechen auf F^4 biquadratische Raumcurven erster Art; diese liegen paarweise auf Kegeln zweiter Ordnung, welche Y zum Mittelpunkte haben.

93. Die Fläche F^4 enthält im Allgemeinen vier durch Y gehende Gerade; dieselben verbinden Y mit den Schnittpunkten X von F^2 und η^2 (Nr. 85). Jede Ebene, welche durch zwei der Schnittpunkte X geht, hat mit F^2 einen Kegelschnitt gemein, welchem in F^4 ein zu ihm projectiver Kegelschnitt associirt ist (Nr. 90). Die Fläche F^4 enthält also im Allgemeinen sechs Schaaren von Kegelschnitten, oder kann auf sechsfache Art durch einen veränderlichen Kegelschnitt beschrieben werden; und zwar geht durch einen beliebigen Punkt von F^4 ein Kegelschnitt von jeder Schaar. Eine beliebige Ebene schneidet die Fläche F^4 in einer Curve vierter Ordnung, welche mit jeder der vier Geraden YX einen Punkt gemein hat und im Allgemeinen auf dem Kegelschnitt η^2 zwei Doppelpunkte besitzt; dieser Curve entspricht auf F^2 eine durch die vier Punkte X gehende Raumcurve vierter Ordnung (Nr. 88). Daraus folgt leicht: Die sechs Kegelschnittschaaren von F^4 sind paarweise einander zugeordnet, so dass jeder Kegelschnitt der einen Schaar mit einem Kegelschnitt der zugeordneten Schaar in einer Ebene ε liegt. Von den vier Schnittpunkten dieser beiden Kegelschnitte liegen zwei auf η^2; in den übrigen beiden wird F^4 von der Ebene ε berührt, weil F^2 von der zu ε associirten Fläche zweiter Ordnung ebenfalls in zwei Punkten berührt wird. Die Fläche F^4 besitzt also drei Schaaren doppelt berührender Ebenen, und hat mit jeder dieser Ebenen zwei Kegelschnitte gemein.

94. Aus der Abbildung von F^4 auf F^2 und aus Nr. 93 ergiebt sich sofort: Durch eine beliebige von den sechs Kegelschnitt-

schaaren werden die Punkte jedes Kegelschnittes, welcher der zugeordneten Schaar angehört, involutorisch gepaart, die Kegelschnitte der übrigen vier Schaaren aber projectiv auf einander bezogen. Aus dem ersten Theil dieses Satzes folgt, dass die Ebenen jeder Schaar sich in einem und demselben Punkte U schneiden. Zwei einander zugeordnete Kegelschnitte der übrigen Schaaren werden nun von den Ebenen jener Schaar projectiv geschnitten, und zwar so, dass sie zwei Punkte entsprechend gemein haben; sie erzeugen deshalb im Allgemeinen einen Strahlenbüschel zweiter Ordnung (I. Abth. Seite 137), und es folgt: Jede von den drei Schaaren doppelt berührender Ebenen bildet einen Ebenenbüschel U zweiter Ordnung; die Doppeltangenten von F^4, welche in diesen Ebenen liegen, bilden den von U eingehüllten Kegel zweiter Ordnung. Wäre der letzte Theil des Satzes falsch, so würden durch die Berührungspunkte der Doppeltangenten im Allgemeinen zwei Kegelschnitte von einer und derselben Schaar gehen, im Widerspruch mit Nr. 93. Weil zu den doppelt berührenden Ebenen von F^4 auch die sechs Ebenen gehören, welche die vier Geraden YX paarweise verbinden, so enthält jeder der drei Ebenenbüschel U zwei von diesen sechs Ebenen, welche einander gegenüber liegen.

95. Ist F^2 eine Regelfläche, so enthält F^4 noch zwei weitere Schaaren von Kegelschnitten, die alle durch Y gehen und paarweise auf den, aus Y an F^2 gelegten Berührungsebenen enthalten sind (Nr. 89). Ausser den vier Strahlen YX lassen sich dann noch vier paar andere Gerade auf der Fläche F^4 angeben; dieselben entsprechen den vier paar Strahlen der Regelfläche, welche durch die vier Punkte X gehen, und schneiden paarweise die Geraden YX.

96. Wenn F^2 durch Y geht, so zerfällt F^4 in die Ebene η^2 und eine cubische Fläche. — Von Interesse ist noch die Untersuchung der Fläche F_1^4 von Σ_1, welche einer Fläche F^2 zweiter Ordnung von Σ entspricht. Man findet, dass F_1^4 dieselben Eigenschaften hat, wie die eben betrachtete Fläche F^4. Von Nutzen ist bei dieser Untersuchung der Satz: Die Fläche F^2 enthält eine biquadratische Raumcurve, deren Punkte paarweise associirt sind; nämlich F^2 wird von F^4 in dieser und einer zweiten biquadratischen Raumcurve geschnitten, und zwar liegt die letztere auf der Kernfläche des Gebüsches (Nr. 88).

97. Einer beliebigen Fläche L_1^2 zweiter Ordnung von Σ_1 entspricht in Σ eine Fläche L^4 vierter Ordnung, an welche aus dem

Punkte Y im Allgemeinen unendlich viele Doppeltangenten gelegt werden können. Diese Doppeltangenten bilden einen Kegel zweiter Ordnung, und berühren die Fläche L^4 in den Punkten einer biquadratischen Raumcurve erster Art; sie entsprechen den Tangenten, welche aus dem Punkte Y_1 an L_1^2 gelegt werden können. Aus Y lassen sich ausserdem unendlich viele einfache Tangenten an L^4 legen; die Berührungspunkte derselben liegen auf einer biquadratischen Raumcurve, in welcher L^4 von der Kernfläche des Gebüsches geschnitten wird, und sind deshalb sich selbst associirt. Der Kegelschnitt η^2 ist eine Doppelpunktscurve der Fläche L^4 (Nr. 85), weil L_1^2 von jedem Strahle des Kegels H_1^2 im Allgemeinen zweimal geschnitten wird. Einem beliebigen Kegelschnitt von L_1^2 entspricht im Allgemeinen auf L^4 eine Raumcurve vierter Ordnung erster Art; diese Raumcurven liegen paarweise auf Kegeln zweiter Ordnung mit dem Mittelpunkte Y. Ist L_1^2 eine Regelfläche, so enthält L^4 zwei Schaaren von Kegelschnitten, deren Ebenen durch Y gehen und die Fläche L^4 doppelt berühren. Geht L_1^2 durch Y_1, so zerfällt L^4 in die Ebene η^2 und eine Fläche dritter Ordnung.

98. Es ist nicht meine Absicht, auch diese Fläche L^4 vierter Ordnung eingehender zu besprechen, von welcher die Fläche F^4 der Nr. 92 ein specieller Fall ist; ich begnüge mich mit einer Bemerkung über die Kegelschnitte, welche auf L^4 liegen können. Einem Kegelschnitt k^2 von Σ entspricht im Allgemeinen eine biquadratische Raumcurve in Σ, und nur dann ein Kegelschnitt k_1^2, wenn k^2 mit der Curve η^2 durch eine Fläche zweiter Ordnung verbunden werden kann (Nr. 90). Im letzteren Fall giebt es noch einen zu k^2 associirten Kegelschnitt, welcher ebenfalls dem k_1^2 entspricht. Drei beliebige Punkte A, B, C von Σ können (Nr. 90) allemal durch einen einzigen Kegelschnitt verbunden werden, welchem in Σ_1 wiederum ein Kegelschnitt entspricht; drei Punkte von Σ_1 können im Allgemeinen durch vier Kegelschnitte verbunden werden, welchen in Σ Kegelschnittpaare entsprechen.

99. Von einer nicht durch Y gehenden Ebene φ wird L^4 nur dann in Kegelschnitten getroffen, wenn L_1^2 mit der φ entsprechenden Fläche zweiter Ordnung von Σ_1 nicht eine Raumcurve vierter Ordnung, sondern zwei Kegelschnitte gemein hat, also von der Fläche doppelt berührt wird. Jede Ebene, welche mit L^4 Kegelschnitte gemein hat, ist folglich eine doppelt berührende Ebene

der Fläche L^4. Die Kegelschnitte der Fläche L^4 sind paarweise einander oder in besonderen Fällen sich selbst associirt. — Gerade Linien enthält L^4 nur dann, wenn L_1^2 eine Regel- oder Kegelfläche zweiter Ordnung ist und einzelnen Strahlen derselben Hauptstrahlen des Gebüsches Σ entsprechen, oder wenn L_1^2 durch Y_1 geht.

100. Der in den letzten 19 Nummern betrachtete Fall des F^2-Gebüsches Σ schliesst noch einen ganz besonderen Fall in sich. Nämlich die Flächen des Gebüsches können ausser dem Kegelschnitt η^2 noch einen Punkt mit einander gemein haben. Dieser Punkt übernimmt alsdann die Rolle des Punktes Y, denn durch ihn gehen alle Hauptstrahlen s des Gebüsches, welche den Kegelschnitt η^2 nicht treffen. Die Punkte eines solchen Hauptstrahles s sind jedoch nicht mehr durch Association involutorisch gepaart, sondern die Gerade s ist (Seite 152) auf die entsprechende Gerade s_1 von Σ_1 projectiv bezogen. Gleichwie diese Hauptstrahlen s von Σ alle durch den Punkt Y gehen, so schneiden sich die entsprechenden Strahlen s_1 von Σ_1 alle in dem Punkte Y_1. Letzterem entsprechen alle Punkte der Ebene η^2, und ebenso entsprechen dem Punkte Y die sämmtlichen Punkte einer Ebene η_1^2 von Σ_1 (Seite 153).

101. Die Räume Σ und Σ_1 sind demnach so auf einander bezogen, dass die collinearen Strahlenbündel Y und Y_1 einander entsprechen und je zwei homologe Gerade dieser Bündel projectiv auf einander bezogen sind. Jedem der Punkte Y und Y_1 entspricht übrigens eine nicht durch den anderen gehende Ebene η_1^2 oder η^2. Jeder Ebene des einen Raumes entspricht im Allgemeinen eine Fläche zweiter Ordnung in dem anderen, und alle diese Flächen zweiter Ordnung haben einen Kegelschnitt (η^2 oder η_1^2), ausserdem aber einen Punkt (Y oder Y_1) mit einander gemein. Ueberhaupt ist die Beziehung von Σ zu Σ_1 ganz dieselbe wie die von Σ_1 zu Σ, was von den übrigen Fällen des F^2-Gebüsches keineswegs gilt. Wenn die collinearen Strahlenbündel Y und Y_1 projectiv gleich sind und so auf einander gelegt werden, dass sie alle ihre Elemente entsprechend gemein haben, und wenn alsdann auch die Ebenen η^2 und η_1^2 auf einander fallen, so liegen die Räume Σ und Σ_1 involutorisch. Sie bilden alsdann ganz dasselbe involutorische System, zu welchem wir in Nr. 88 gelangt sind. Einer beliebigen Fläche zweiter Ordnung des einen Raumes entspricht also im anderen Raume eine Fläche vierter Ordnung, deren Haupt-Eigenschaften wir schon in Nr. 92 bis 95 er-

örtert haben. Bemerkenswerth ist noch, dass zwischen je zwei Feldern, deren Ebenen in den collinearen Bündeln Y und Y_1 einander entsprechen, eine geometrische Verwandtschaft zweiten Grades besteht.

Das F^2-Gebüsch mit Poltetraëder.

102. Zum Schlusse besprechen wir noch kurz das specielle F^2-Gebüsch Σ, dessen Flächen ein gegebenes Tetraëder $ABCD$ zum Poltetraëder haben.*) Es giebt in der That dreifach unendlich viele solche Flächen zweiter Ordnung; denn ein Polarsystem und seine Ordnungsfläche sind bestimmt, wenn ein Poltetraëder und ausserdem von einem beliebigen Punkte P die Polarebene π gegeben sind (II. Abth. Seite 133), und die Ebene π kann dreifach unendlich viele Lagen annehmen. Die ∞^3 Flächen zweiter Ordnung mit dem Poltetraëder $ABCD$ bilden aber ein F^2-Gebüsch, weil je zwei von ihnen in einem F^2-Büschel liegen, dessen Flächen das Poltetraëder gemein haben (Seite 17, 18). Ein beliebiger Punkt P liegt auf ∞^2 Flächen des Gebüsches und ist i. A. der Mittelpunkt von einer Fläche desselben. Das F^2-Gebüsch kann, abgesehen von seinen singulären Flächen, auch als eine lineare Mannigfaltigkeit von Flächen zweiter Classe aufgefasst werden, weil es jede durch zwei seiner Flächen bestimmte Φ^2-Schaar enthält. Es ist zu sich selbst polar in Bezug auf jede seiner nicht singulären Flächen.

Concentrische Ellipsoide und Hyperboloide, welche drei gegebene normale Ebenen zu Symmetrie-Ebenen haben, liegen in einem besonderen F^2-Gebüsche, in welches jenes allgemeinere collinear transformirt werden kann.

103. In dem F^2-Gebüsche Σ mit Poltetraëder $ABCD$ ist ein beliebiger Punkt P von seinen sieben associirten Punkten harmonisch getrennt durch je zwei Gegenelemente des Tetraëders. Acht associirte Punkte von Σ sind paarweise einander zugeordnet in sieben involutorischen Räumen; drei dieser Räume sind geschaart und haben je zwei Gegenkanten des Tetraëders $ABCD$ zu Involutionsaxen, die vier übrigen sind centrisch involutorisch und haben je einen Eckpunkt des Tetraëders zum Centrum und dessen Gegenebene zur Involutionsebene. Bewegt sich einer der acht associirten Punkte auf einer Geraden g oder Ebene η, so be-

*) Vgl. die Preisschrift von K. Meister, Ztschr. f. Math. u. Phys. Bd. 31 Seite 321 und Bd. 34 Seite 6.

schreiben die übrigen Punkte sieben zu g projective Gerade resp. sieben zu η collineare Ebenen. Auch die Geraden und Ebenen sind hiernach zu achten associirt in dem Gebüsche.

104. Die Hauptstrahlen des Gebüsches Σ sind wie in dem allgemeinen Falle (Seite 144) die Träger von Involutionen associirter Punkte; sie bilden aber (Nr. 103) in diesem speciellen Gebüsche vier Strahlenbündel mit den Mittelpunkten A, B, C, D und drei lineare Congruenzen, welche je zwei Gegenkanten des Tetraëders $ABCD$ zu Axen haben. In jedem der vier Bündel und in jeder der drei Congruenzen sind die Hauptstrahlen zu vieren associirt und bilden Vierkante bezw. windschiefe Vierecke, deren Gegenebenen je ein Ebenenpaar des Gebüsches ausmachen. Jeder Punkt einer beliebigen Ebene des Tetraëders $ABCD$ ist sich selbst und nur drei anderen Punkten associirt, die in derselben Ebene liegen; er bildet mit diesen ein Viereck, dessen Gegenseiten sich in drei Eckpunkten des Tetraëders schneiden. Jeder Punkt einer Tetraëderkante fällt mit drei seiner associirten Punkte zusammen und ist nur einem anderen Punkte associirt, welcher von ihm durch zwei Eckpunkte des Tetraëders harmonisch getrennt ist.

105. Die ∞^3 Flächen des Gebüsches Σ berühren sich büschelweise in ∞^2 Kegelschnitten, welche in je einer Ebene des Poltetraëders liegen und von welchen allemal drei Eckpunkte des Tetraëders ein Poldreieck bilden. Die ∞^2 Kegelschnitte werden aus dem jeweiligen vierten Eckpunkte durch ∞^2 Kegel des Gebüsches projicirt; diese Kegel aber schneiden sich büschelweise in Quadrupeln associirter Hauptstrahlen (Nr. 104). Die sechs Tetraëderkanten sind Doppelgerade von je ∞^1 Ebenenpaaren des Gebüsches. Die beiden Ebenen, welche irgend zwei associirte Punkte mit einer Tetraëderkante verbinden, sind associirt, und bilden, wenn sie nicht zusammenfallen, ein Ebenenpaar von Σ; sie sind harmonisch getrennt durch zwei Ebenen des Tetraëders (Nr. 103). Die Ebenenpaare des Gebüsches bilden demnach sechs Involutionen, welche je zwei Ebenen des Tetraëders zu Doppelebenen haben. Die vier Tetraëderebenen sind Doppelebenen des F^2-Gebüsches und auf sie reduciren sich vier Flächen desselben; die Kernfläche K^4 von Σ zerfällt daher in die vier Tetraëderebenen. Den Punkten einer Ebene des Poltetraëders ist bezüglich des F^2-Gebüsches der gegenüberliegende Eckpunkt conjugirt.

106. In dem Raume Σ_1, welcher die Polarebenen eines beliebigen Punktes P bezüglich der Flächen des Gebüsches Σ ent-

hält, entspricht jedem Kegel von Σ eine durch dessen Doppelpunkt, jedem Ebenenpaare aber eine durch dessen Doppelgerade gehende Ebene. Den Kegeln von Σ, welche einen beliebigen Eckpunkt A des Poltetraëders $ABCD$ zum Mittelpunkte haben, entsprechen demnach in Σ_1 die Ebenen des Bündels A; und den Hauptstrahlquadrupeln, in welchen jene Kegel sich schneiden, entspricht in Σ_1 je ein Strahl von A. Den Ebenenpaaren von Σ, welche eine beliebige Tetraëderkante AB zur Doppelgeraden haben, entsprechen in Σ_1 die Ebenen des Büschels AB; den Tetraëderebenen als Doppelebenen von Σ entsprechen in Σ_1 Ebenen, die mit ihnen zusammenfallen. Acht associirte Punkte von Σ liegen in sechs paar Ebenen des Gebüsches; diesen Ebenenpaaren entsprechen in Σ_1 die sechs Ebenen, welche die Tetraëderkanten mit dem homologen Punkte von Σ_1 verbinden.

107. Einer mit AB incidenten Geraden von Σ_1 entsprechen in Σ zwei associirte Kegelschnitte, welche die Kante AB in zwei associirten Punkten schneiden und in einem Ebenenpaare des Gebüsches liegen (Nr. 106). Diese Kegelschnitte fallen zusammen, wenn die Gerade in einer Tetraëderebene liegt; sie zerfallen in je zwei Hauptstrahlen und bilden die Kanten eines windschiefen Vierecks, wenn die Gerade zwei Gegenkanten AB und CD des Tetraëders schneidet, und zwar sind AB und CD die Diagonalen des Vierecks. Nicht allein die Hauptstrahlen von Σ, sondern auch die ihnen entsprechenden Geraden von Σ_1 bilden die vier Bündel A, B, C, D und die drei linearen Congruenzen, deren Axen die drei paar Gegenkanten des Tetraëders $ABCD$ sind.

108. Einer durch AB gelegten Ebene π_1 von Σ_1 entspricht in Σ nur dann ein reelles Ebenenpaar, wenn der Punkt P nicht getrennt ist von π_1 durch die Tetraëderebenen ABC und ABD. Denn die Ebenen des Paares sind nicht nur durch die beiden Tetraëderebenen harmonisch getrennt (Nr. 105), sondern auch durch P und π_1, weil π_1 die Polare von P ist bezüglich des Paares (Nr. 106); sie sind imaginär oder reell, jenachdem P von π_1 getrennt ist durch ABC und ABD, oder nicht. Daraus folgt:

Einem Punkte Q_1 von Σ_1 entsprechen in dem Gebüsche acht imaginäre oder acht reelle associirte Punkte, jenachdem Q_1 von P durch zwei Ebenen des Poltetraëders $ABCD$ getrennt ist, oder nicht. Die vier Tetraëderflächen theilen den Raum Σ_1 in acht Theile, und nur den Punkten desjenigen Theiles T_1, welcher den Punkt P enthält, entsprechen in Σ reelle Punkte; den Punkten der übrigen sieben Theile entsprechen in dem F^2-Gebüsche Σ je acht imaginäre Punkte.

109. Einer beliebigen Geraden l von Σ und jeder ihrer sieben associirten Geraden entspricht in Σ_1 ein zu ihr projectiver Kegelschnitt λ_1 (Seite 145); dieser berührt die Ebenen des Tetraëders $ABCD$ in den vier Punkten, welche den vier Schnittpunkten von l mit diesen Ebenen entsprechen. Den ∞^4 reellen Geraden von Σ entsprechen auf diese Weise ∞^4 reelle Kegelschnitte in Σ_1, welche in dem Raumtheile T_1 liegen und dem Poltetraëder $ABCD$ eingeschrieben sind.

Einer beliebigen Ebene φ in Σ entspricht in Σ_1 eine Steiner-sche Fläche vierter Ordnung dritter Classe (Seite 147), welche mit ihren ∞^2 Berührungsebenen je zwei Kegelschnitte gemein hat und die Ebenen des Poltetraëders $ABCD$ längs je eines Kegelschnittes berührt. Diese Fläche ist so auf die Ebene φ bezogen, dass jedem ihrer Kegelschnitte eine zu ihm projective Gerade in φ entspricht. Die drei Diagonalen des Vierseits, in welchem das Poltetraëder von φ geschnitten wird, sind Hauptstrahlen von Σ und schneiden sich in drei associirten Punkten; ihnen entsprechen drei reelle Doppelpunktsgerade der Steiner'schen Fläche, welche durch einen dreifachen Punkt der Fläche gehen.

Vertauschbare Collineationen und Correlationen, und solche, die eine gegebene Collineation oder Correlation umkehren.

(Nachtrag zu der zweiten Abtheilung).

110. Durch eine polare räumliche Correlation χ werden alle Collineationen φ umgekehrt, welche die Eckpunkte irgend eines Poltetraëders von χ zu Doppelpunkten haben; jede dieser ∞^9 Collineationen ist zu χ harmonisch und resultirt aus χ und einer anderen polaren Correlation χ_1.

Seien nämlich A, B, C, D die Eckpunkte und α, β, γ, δ die ihnen gegenüberliegenden Flächen eines Poltetraëders von χ, und sei π_1 die Polarebene eines beliebigen Punktes P. Dann repräsentirt

$\alpha\beta\gamma\delta\pi_1 \;\overline{\wedge}\; ABCDP$ die polare Correlation χ, und

$ABCDP \;\overline{\wedge}\; ABCDP_1$ eine der Collineationen φ,

welche den Punkt P in P_1 transformirt. Aus χ und φ aber resultirt die Correlation:

$$\alpha\beta\gamma\delta\pi_1 \;\overline{\wedge}\; ABCDP_1 \quad \text{oder} \quad \chi_1 = \chi\varphi,$$

welche wie χ eine polare ist, weil auch sie die Ebenen des Poltetraëders $ABCD$ in die gegenüberliegenden Eckpunkte transformirt. Es ergiebt sich:
$\chi_1^2 = \chi^2 = 1, \chi\chi_1 = \varphi, (\chi\varphi)^2 = (\chi^{-1}\varphi)^2 = 1, \chi\varphi\chi = \varphi^{-1} = \chi^{-1}\varphi\chi.$
Die letzte dieser Gleichungen aber lehrt, dass φ durch χ umgekehrt wird, die vorletzte, dass φ zu χ harmonisch ist, und die zweite, dass die Collineation φ aus den polaren Correlationen χ und χ_1 resultirt. W. z. b. w.

111. Aus der Collineation:

$$ABCDP\pi \overline{\wedge} ABCDP_1\pi_1 \text{ oder } \varphi$$

folgt die polare Correlation:

$$ABCDPP_1 \overline{\wedge} \alpha\beta\gamma\delta\pi_1\pi \text{ oder } \chi,$$

und umgekehrt folgt φ aus χ, wenn nämlich die vier Punkte A, B, C, D den resp. Ebenen α, β, γ, δ in einem Tetraëder gegenüber liegen, und wenn P, P_1 zwei beliebige Punkte, π und π_1 aber zwei beliebige Ebenen bezeichnen, die mit keinem Elemente des Tetraëders incident sind.

Denn aus der Collineation φ und der polaren Correlation:

$$ABCDP_1\pi_1 \overline{\wedge} \alpha\beta\gamma\delta\pi_1 P_1 \text{ oder } \chi_1$$

resultirt die polare Correlation:

$$ABCDP\pi \overline{\wedge} \alpha\beta\gamma\delta\pi_1 P_1 \text{ oder } \varphi\chi_1 = \chi,$$

welche mit der polaren Correlation $ABCDPP_1 \overline{\wedge} \alpha\beta\gamma\delta\pi_1\pi$ identisch ist; und ebenso resultirt φ aus χ und χ_1. Der Satz findet sich schon bei von Staudt (Beiträge zur Geometrie der Lage Nr. 516), jedoch mit anderer Begründung.

Auch aus diesem Satze folgt, dass die räumliche Collineation φ durch jede der ∞^3 polaren Correlationen χ umgekehrt wird, welche das Tetraëder der Doppelpunkte $ABCD$ von φ zum Poltetraëder haben. Denn durch χ wird dieses Tetraëder in sich selbst transformirt, während ein beliebiges und überhaupt jedes Paar homologer Punkte P, P_1 von φ in ein Paar homologer Ebenen π_1, π von φ^{-1} übergeht. Aus je zweien der Correlationen χ resultirt eine mit φ vertauschbare Collineation (II. Abth. Seite 92). Die ∞^3 polaren Correlationen χ und die ∞^3 mit φ vertauschbaren Collineationen bilden eine Gruppe.

112. In der Ebene werden durch eine polare Correlation χ alle Collineationen φ umgekehrt, welche die Eckpunkte je eines Poldreiecks von χ zu Doppelpunkten haben. Jede dieser ∞^5 Collineationen resultirt aus χ und einer anderen polaren Correlation χ_1 (vgl. Nr. 110).

Aus der ebenen Collineation:

$$ABCDe \;\overline{\wedge}\; ABCD_1e_1 \text{ oder } \varphi$$

folgt die polare Correlation:

$$ABCDD_1 \;\overline{\wedge}\; abce_1e \text{ oder } \chi,$$

wenn die Geraden a, b, c den resp. Punkten A, B, C in einem Dreieck gegenüber liegen, und D, D_1 beliebige homologe Punkte, e, e_1 aber homologe Gerade von φ bezeichnen. Umgekehrt folgt φ aus χ (vgl. Nr. 111). Eine ebene Collineation φ mit nur drei Doppelpunkten wird hiernach durch zweifach unendlich viele polare Correlationen umgekehrt. Aus je zwei dieser Correlationen resultirt eine mit φ vertauschbare Collineation.

113. Eine nicht polare Correlation χ in der Ebene wird durch einfach unendlich viele involutorische Collineationen φ umgekehrt (II. Abth. Seite 94). Von jeder dieser Collineationen ist das Centrum der Pol der Collineationsaxe bezüglich der beiden Kegelschnitte $\varkappa$, $\varkappa'$, welche die Orte incidenter homologer Elemente von χ bilden; das Centrum liegt mit den beiden Berührungspunkten von $\varkappa$ und $\varkappa'$ in einer Geraden.

Die Correlation χ ist zu jeder sie umkehrenden Collineation φ harmonisch, weil φ involutorisch ist (vgl. II. Abth. Seite 107); aus χ und φ resultirt demnach eine polare Correlation $\chi_1 = \chi\varphi$. Die Correlation $\chi = \chi_1\varphi$ resultirt aus der polaren Correlation χ_1 und der involutorischen Collineation φ, und wird auch durch χ_1, also überhaupt durch ∞^1 polare Correlationen umgekehrt (II. Abth. Seite 92). Jede dieser polaren Correlationen χ_1 transformirt die beiden Kegelschnitte $\varkappa$, $\varkappa'$ in einander und von deren Berührungspunkten jeden in die Tangente des anderen. Das Dreieck, welches die beiden Berührungspunkte und ihre Tangenten enthält, ist demnach ein gemeinsames Poldreieck der ∞^1 Correlationen χ_1.

Mit den ∞^1 involutorischen Collineationen φ und Correlationen χ_1, welche die Correlation χ umkehren, bilden die mit χ vertauschbaren Collineationen und Correlationen eine Gruppe; es giebt deren einfach unendlich viele.

114. Wir bezeichnen nunmehr mit χ eine nicht involutorische räumliche Correlation. Durch χ werden die Punkte P des Raumes in je eine Ebene π_1 transformirt und jede Punktreihe g in einen Ebenenbüschel g_1. Der Ort der Punkte P, welche auf ihren homologen Ebenen π_1 liegen, ist eine Fläche F^2 zweiter Ordnung, und diese Ebenen π_1 umhüllen eine Fläche Φ^2 zweiter Classe (II. Abth. Seite 128). Jede der beiden Flächen F^2 und Φ^2 aber wird so-

wohl durch die Correlation χ als auch durch die inverse Correlation χ^{-1} in die andere, und folglich durch die Collineation χ^2 in sich selbst transformirt. Ueberhaupt transformirt jede Collineation, die als die zweite Potenz einer räumlichen Correlation darstellbar ist, gewisse Flächen zweiter Ordnung in sich selbst.

Die Träger solcher Punktreihen g, die zu ihren homologen Ebenenbüscheln g_1 involutorisch liegen, bilden einen linearen Strahlencomplex Γ; die Axen der Büschel g_1 aber bilden einen zweiten linearen Complex Γ_1 (II. Abth. Seite 129). Jeder der beiden Complexe wird sowohl durch die Correlation χ als auch durch die inverse Correlation χ^{-1} in den anderen, und folglich durch die Collineation χ^2 in sich selbst transformirt. Auch jede der beiden Nullcorrelationen γ, γ_1, aus deren Leitstrahlen die linearen Complexe Γ, Γ_1 bestehen, wird sonach durch die Correlation χ und ebenso durch χ^{-1} in die andere, und durch die Collineation χ^2 in sich selbst übergeführt.

115. Durch die Correlation χ werden die gemeinsamen Strahlen der linearen Complexe Γ, Γ_1 in einander und wird demnach die von ihnen gebildete lineare Congruenz in sich selbst transformirt. Die beiden Axen u, v dieser Congruenz werden durch χ in einander, und jeder Punkt von u oder v wird in eine durch v resp. u gehende Ebene verwandelt. Die reellen oder imaginären Schnittpunkte A, C und B, D der Fläche F^2 mit resp. u und v werden folglich durch die Correlation χ in die resp. Ebenen Av, Cv, Bu, Du transformirt; ihre übrigen vier Verbindungslinien AB, BC, CD und DA aber werden durch χ in sich selbst transformirt, weil beispielsweise in AB die beiden zu A und B homologen Ebenen Av und Bu sich schneiden. Jedem Punkte P von AB entspricht in χ eine durch ihn und AB gehende Ebene π_1; die Gerade AB und ebenso BC, CD und DA liegen demnach auf der Fläche F^2 und zugleich auf Φ^2 (Nr. 114).

116. Die beiden Flächen F^2 und Φ^2, welche die Paare incidenter homologer Punkte und Ebenen der Correlation χ enthalten, haben also die vier Kanten eines reellen oder imaginären windschiefen Vierecks $ABCD$ entsprechend gemein und berühren sich in dessen vier Eckpunkten. Wenn das Viereck reell ist, so sind F^2 und Φ^2 zwei Regelflächen zweiter Ordnung und Classe, und ihre homologen Regelschaaren werden durch χ projectiv so auf einander bezogen, dass sie je zwei Gegenkanten des Vierecks entsprechend gemein haben. Die Diagonalen $AC = u$ und $BD = v$

des Vierecks sind reciproke Polaren bezüglich beider Flächen und werden zugleich mit F^2 und Φ^2 durch jede der inversen Correlationen χ und χ^{-1} in einander transformirt.

117. Wir setzen das windschiefe Viereck $ABCD$ als reell voraus und bezeichnen seine vier Flächen BCD, CDA, DAB, ABC mit resp. α, β, γ, δ. Die Correlation χ und die Flächen F^2 und Φ^2 sind völlig bestimmt, wenn das Viereck und ein beliebiger Punkt P oder Q der Fläche F^2 nebst der ihn enthaltenden homologen Ebene π_1 resp. $\varkappa_1$ der Fläche Φ^2 gegeben sind, und zwar wird χ dargestellt durch:

$$CDABPQ \barwedge \alpha\beta\gamma\delta\pi_1\varkappa_1.$$

Nun bestimmen aber die drei Punktepaare AC, BD und PQ, weil P und Q mit den vier Kanten des Vierecks $ABCD$ auf der Fläche F^2 zweiter Ordnung liegen, eine geschaart involutorische Collineation (II. Abth. Seite 259); und aus dieser involutorischen Collineation:

$$ABCDQP \barwedge CDABPQ \text{ oder } \varphi = \varphi^{-1}$$

und der Correlation χ resultirt die Correlation:

$$ABCDQP \barwedge \alpha\beta\gamma\delta\pi_1\varkappa_1 \text{ oder } \varphi\chi = \chi_1 = \chi_1^{-1},$$

welche eine polare ist, weil A, B, C, D die Eckpunkte und α, β, γ, δ die gegenüberliegenden Flächen eines Tetraëders bezeichnen.

Demnach gelten die symbolischen Gleichungen:

$$(\varphi^{-1}\chi)^2 = (\varphi\chi)^2 = \chi_1^2 = 1,\ \chi = \varphi\chi_1,\ (\chi\chi_1^{-1})^2 = \varphi^2 = 1.$$

Die mittlere dieser Gleichungen lehrt, dass die Correlation χ aus den beiden involutorischen Verwandtschaften φ und χ_1 resultirt, die übrigen drücken aus, dass χ zu der involutorischen Collineation φ und zu der polaren Correlation χ_1 harmonisch ist und durch sie umgekehrt wird (II. Abth. Seite 107).

118. Die räumliche Correlation χ wird durch zweifach unendlich viele polare Correlationen χ_1 und durch ∞^2 geschaart involutorische Collineationen φ umgekehrt. Denn sie wird (Nr. 117) umgekehrt durch jede polare Correlation χ_1, welche $ABCD$ zum Poltetraëder hat und den Punkt P der Fläche F^2 in irgend eine Berührungsebene $\varkappa_1$ der Fläche Φ^2 transformirt; ferner durch jede involutorische Collineation φ, die ausser den beiden Punktepaaren A, C und B, D irgend ein auf F^2 liegendes Punktepaar P, Q enthält. Jede der polaren Correlationen χ_1 transformirt die Flächen F^2 und Φ^2, sowie die Gegenkanten des Vierecks $ABCD$ in einander. Jede der involutorischen Collineationen φ transformirt die Flächen F^2 und Φ^2 in sich selbst und die Gegeneckpunkte des Vierecks $ABCD$ in einander, ihre Involutionsaxen sind reciproke

Polaren in Bezug auf F^2 sowohl wie auf Φ^2 und theilen die Diagonalen AC und BD des Vierecks harmonisch.

119. Die Correlation χ ist mit ∞^2 Collineationen und Correlationen vertauschbar; und zwar bilden diese mit den ∞^2 involutorischen Collineationen φ und Correlationen χ_1, welche die Correlation χ umkehren, eine Gruppe und resultiren aus ihnen (II. Abth. Seite 92). Jede mit χ vertauschbare Collineation φ' hat die Eckpunkte des Vierecks $ABCD$ zu Doppelpunkten und transformirt die Flächen F^2 und Φ^2 in sich selbst. Jede mit χ vertauschbare Correlation χ' transformirt die vier Kanten des Vierecks $ABCD$ in sich selbst und die Flächen F^2 und Φ^2 in einander. Es giebt zwei mit χ vertauschbare Null-Correlationen; in diesen sind die Geraden AC und BD einander und einem beliebigen Punkte P von F^2 die beiden Berührungsebenen von Φ^2 zugeordnet, deren Schnittlinie mit P, AC und BD incident ist. Aus den beiden Nullcorrelationen resultirt eine mit φ vertauschbare involutorische Collineation, welche AC und BD zu Involutionsaxen hat.

120. Durch eine geschaart involutorische Collineation φ werden ∞^9 Correlationen χ umgekehrt; diese Correlationen transformiren die Kanten je eines windschiefen Vierecks $ABCD$ in sich selbst, dessen Gegeneckpunkte aus zwei Punktepaaren A, C und B, D von φ bestehen (Nr. 118).

Durch eine polare räumliche Correlation χ_1 werden ∞^9 Correlationen χ umgekehrt, nämlich alle die Correlationen, welche von je einem Poltetraëder $ABCD$ der Correlation χ_1 zwei Gegenkanten in einander und die übrigen vier Kanten in sich selbst transformiren (Nr. 118).

121. Eine räumliche Collineation φ' ist nur dann mit Correlationen vertauschbar, wenn sie irgend eine nicht singuläre Fläche F^2 zweiter Ordnung in sich selbst transformirt. Sie verwandelt in diesem Falle zugleich die ∞^1 Flächen zweiter Ordnung in sich selbst, in welche die Fläche F^2 durch die mit φ' vertauschbaren Collineationen und Correlationen übergeht, und ist insbesondere mit den polaren Correlationen vertauschbar, welche die ∞^1 Flächen zu Ordnungsflächen haben. Wenn die Collineation φ' vier und nur vier reelle Doppelpunkte hat, so bilden diese ein windschiefes Viereck $ABCD$, dessen Kanten auf F^2 und den übrigen ∞^1 Flächen zweiter Ordnung liegen (Nr. 119). Jede der ∞^3 Correlationen χ aber, welche diese vier Kanten in sich selbst transformiren, ist mit der Collineation φ' vertauschbar.

www.ingramcontent.com/pod-product-compliance
Lightning Source LLC
LaVergne TN
LVHW010557110826
845149LV00003B/681

* 9 7 8 1 4 1 8 1 8 1 2 0 8 *